KB182145

Electrical and Electronic Materials

전기·전자 재료

진경시 · 신재수 공저

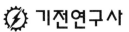 기전연구사

머리말

최근 산업과 전기·전자공학의 발달로 전기·전자의 응용 분야는 나날이 확대 발전되어 삶의 질을 높여주고 있다. 이와 같이 전기·전자공학의 눈부신 발전을 하게 된 것은 전기·전자재료의 연구 개발에 의한 성과로 이루어진 것이다.

따라서 전기·전자 재료에 대한 기초 지식이 없이는 새로 발전되어 가는 전기·전자공학 장치에 대한 이해와 응용이 곤란한 형편이다. 이러한 의미에서 본 서는 오랫동안 대학에서 강의하면서 체험한 경험을 토대로 하여 기초 개념에서부터 각종 재료의 성질 및 응용 분야는 물론 새로 개발되고 있는 신소재에 이르기까지 필요한 지식을 습득할 수 있도록 엮어 본 것이다.

본 서의 내용은 9개의 장으로 대별했는데, 먼저 1장에서는 물성의 기초를 기술하였고, 제2장에서는 도전 재료에 대해 제3장에서는 저항 재료를 기술하였다. 제4장에서는 대이론에 의한 반도체 재료를, 제5장에서는 고전적 이론만으로 충분히 이해할 수 있는 절연 재료를 해설하고, 제6장에서는 자성 재료를, 제7장에서는 정보화 시대를 맞이하여 공학의 한 분야가 되어가고 있는 옵토 일렉트로닉스 재료를 취급하였으며, 이어서 제8장에서는 정보처리 장치의 입력용 장치인 센서재료에 대해 개설하였다. 마지막으로 제9장에서는 그 나라 산업의 성패를 좌우하는 가장 중요한 인자가 되고 있는 신소재 중의 하나인 초전도 재료에 관해 기술하였다.

막상 짧은 기간 내에 책을 엮어 놓고 보니 미흡한 점과 보충할 부분이 많이 있으리라 생각되나, 금후 독자제현의 질책을 받아 서서히 고쳐 가고자 한다.

끝으로 본 서의 출판에 노고를 아끼지 않고 협조해 주신 기전연구사 사장님과 임직원 여러분께 진심으로 감사를 드리는 바입니다.

저 자

차 례

제 5 장   절연재료 ··· 193

제 6 장 자성 재료 ··· 245

제 7 장   옵토 일렉트로닉스 재료 ··· 285

제 8 장   센서 재료 ··· 315

제 9 장 초전도 재료 ··· 343

기초물성

우리 주변의 많은 물질들은 무엇으로 이루어져 있는가에 대한 관심은 고대 희랍시대부터 계속되어 왔다. 그러나 물질을 구성하는 원자의 존재를 확신하게 되기까지는 오랜 세월이 걸렸다. 물질의 구조를 알면 이들로 구성된 전기, 전자 재료의 전기적 성질과 자기적 성질을 이해하기 쉽고, 재료를 사용하는 데에도 큰 도움이 된다. 따라서 본 장에서는 물질을 구성하는 최소 기본단위인 원자 구조에 대하여 설명하고, 다음으로 물질의 결합에 대하여 기술하였다. 마지막으로 고체의 결정 구조와 대이론에 대하여 설명하고자 한다.

1-1 물질의 구조

1-1-1 원자의 구조

우리 주위에 있는 모든 물질은 원자로 구성되어 있다. 원자는 물질의 기본 성분으로써 그 종류는 100여종 정도 있고, 원소(element)라는 종류 명을 갖고 있다. 이들 원자는 양(+)전기를 가진 원자핵(atomic nucleus)과 이것을 둘러싸고 있는 음(−)전기를 가진 몇 개의 전자(electron)로 구성되어 있다.

원자핵은 원자의 중앙에 위치하고 몇 개의 양자(proton)와 중성자(neutron)로 되어 있다. 그림 1-1은 간단한 원자 몇 개에 대한 구조를 나타낸 것이다.

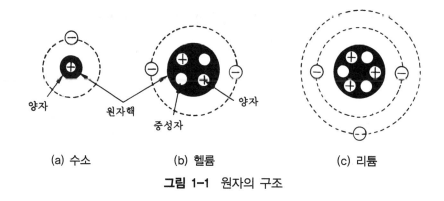

그림 1-1 원자의 구조

원자번호(atomic number) Z인 원자는 Z개의 양자를 가짐과 동시에 $+Ze$의 전하량을 가지며, 이것이 만든 정전기장 속엔 Z개의 핵외전자가 운동한다고 본다. 따라서 원자구조는 핵외전자의 양자역학적 상태, 즉 파동 함수 또는 궤도 함수로 주어진다.

양자 1개가 가지는 전하의 양은 $e = 1.602 \times 10^{-19}$[C]이며, 전자 1개가 가지는 전하의 양은 양자와 같고 반대 부호인 $-e$, 전자의 질량은 매우 적어서 $m_e = 9.108 \times 10^{-31}$[kg]이다. 양자는 전자보다는 훨씬 무거워서 전자의 약 1,836배가 된다.

보통의 상태인 원자에서는 양자와 전자의 수가 같고, 원자 전체로서는 전기적으로 중성이 된다. 그러나 금속의 경우 원자핵 주위를 돌고 있는 전자 중에서 최외각 궤도를 돌고 있는 전자는 원자핵과 결합이 약해 이들 전자는 원자핵을 떠나서 물질 안에서 자유로이 움직이는 성질이 있는데 이들 전자를 자유전자(free electron)라 한다. 전기의 여러 가지 현상은 거의 이들 자유전자의 작용에 의한 것이다.

1-1-2 보어의 이론

1913년 보어(Niels Bohr)는 원자 모형으로 원자핵의 주위에 몇 개의 궤도상을 공전하고 있는 전자를 생각하여 이론적으로 추리한 결과와 실험한 결과가 비교적 일치되는 것을 알았다.

이제, 원자의 가장 간단한 예로서 수소 원자를 살펴보면, 수소 원자는 1개의 전자와 1개의 원자핵으로 구성되어 있으며, 이것을 보어의 모형으로 생각한다. 그림 1-2와 같이 전자가 원자핵을 중심으로 반지름 r인 원궤도 상에서 회전하고 있다고 가정하면 전자와 원자핵 사이에는 고전역학 및 전자기학의 법칙에 의한 쿨롱의 힘이 작용하고, 이 힘은 전자의 회전에 의한 원심력과 평형을 이루므로

$$\frac{e^2}{4\pi\epsilon_0 r^2} = \frac{mv^2}{r} \tag{1-1}$$

의 관계가 성립된다.

여기서, ϵ_0는 진공의 유전율(8.855×10^{-12}[F/m])이다.

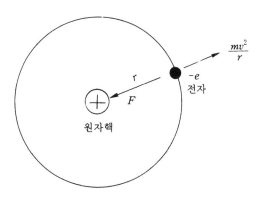

그림 1-2 수소 원자의 모형

또한 궤도의 안정성을 유지하기 위해서 보어는 각운동량이 $\frac{h}{2\pi}$의 정수배에 해당하는 원궤도만이 안정하다는 양자화 조건을 가정하였다. 이러한 상태를 정상상태라고 하며 안정한 궤도라는 것은 다음 식을 만족하는 경우이다. 즉

$$\oint pdq = nh = mv \cdot 2\pi r \ \ (n=1, \ 2, \ 3, \ 4, \ \cdots) \tag{1-2}$$

여기서, h는 프랑크(Planck)의 상수(6.624×10^{-34}[J·S])이며 P는 운동량, n은 주양자수(principal quantum number)이다.

식 (1-1)과 식 (1-2)에서 v를 소거하면 안정된 전자 궤도의 반경 r는 다음과 같이 주어진다.

$$r_n = \frac{\epsilon_0 h^2 n^2}{\pi m e^2} \quad (n=1,\ 2,\ 3,\ \cdots) \tag{1-3}$$

전자 궤도가 갖는 최소 반경은 $n=1$ 즉, $0.529[\text{Å}]$으로 이것을 보어의 반경이라 한다.

다음에 회전하는 전자가 궤도상에서 가지는 전에너지를 E라 하면, 이것은 전자의 위치 및 운동에너지의 합과 같고

$$E = \frac{1}{2}mv^2 - \frac{e^2}{4\pi\epsilon_0 r} = -\frac{e^2}{8\pi\epsilon_0 r} \tag{1-4}$$

가 된다. 식 (1-4)에 식 (1-3)을 대입하여 정리하면 n번째 궤도에서의 에너지 E_n는 다음 식으로 나타낼 수 있다.

$$E_n = -\frac{me^4}{8\epsilon_0^2 h^2} \cdot \frac{1}{n^2} = -\frac{13.6}{n^2}\,[\text{ev}] \tag{1-5}$$

그림 1-3은 수소 원자 내의 전자의 에너지 크기를 나타낸 것이다.

전자의 에너지는 n이 증대할수록 즉 궤도 반경이 커질수록 크게 된다.

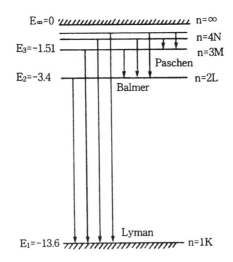

그림 1-3 수소 원자의 에너지 준위도

이 중에 $n=1$에 해당하는 준위가 가장 에너지가 낮은 상태로 이것을 기저 상태 (ground state)라고 하며, 수소 원자에서는 -13.6[ev]이다.

 예제 1-1 수소 원자에 있어서 기저 상태에 있는 전자를 n=3인 궤도로 옮기는데 필요한 에너지를 구하여라.

(풀이) $n=3$인 궤도에 있는 전자의 에너지 E_3는

$$E_3 = -\frac{E_1}{n^2} = -\frac{E_1}{9}$$

기저 상태의 에너지 $E_1 = -13.6$ [ev], 따라서 여기에 필요한 에너지 ΔE는

$$\Delta E = -E_3 - (-E_1) = \frac{8}{9}E_1$$

$$\therefore \Delta E = \frac{8}{9}E_1 = \frac{8}{9} \times 13.6 = 12.09 \text{ [ev]}$$

정상적인 상태에서 핵외전자는 기저 상태에 있게 되나 외부로부터의 에너지를 흡수 하면 보다 높은 에너지 궤도로 뛰어 옮겨지는 경우가 있다.

이와 같이 외부에서 빛, X선, 전자 충돌이 있으면 외각 전자는 그 에너지를 받아 정 상시보다 큰 에너지 상태로 되는 현상을 여기(excitation)라 하고, 이러한 상태 즉 $n \geq 2$인 에너지 상태를 여기 상태라 한다. 여기 상태는 불안정한 상태이므로 어떤 전 자는 되돌아오게 된다.

이때 궤도의 에너지 차만큼 에너지가 남게 되므로 이것은 대부분 빛으로 방출된다. 또 여기 상태가 더 나아가서 $n = \infty$에 대응하는 상태가 되면 핵외전자는 원자핵의 영 향을 벗어나서 원자로부터 이탈하게 되고 원자는 전자를 잃게 되어 양이온이 된다. 이 현상을 전리(ionization)라 하고, 전리에 필요한 에너지의 크기를 전자 볼트로 나타낸 것을 전리전압이라 한다. 전리 에너지를 원자나 분자에 가해 주는 방법으로서는 충돌 전리, 열전리, 광전리 등이 있다.

예제 1-2
네온의 전리 전압은 21.56[V]이다. 광전리에 필요한 빛의 파장을 구하여라.

(풀이) $E = h\nu = \dfrac{hc}{\lambda}$ 가 전리 에너지 이상이어야 되므로

$\lambda \leq \dfrac{hc}{eV}$ 에서

$\lambda \leq \dfrac{6.624 \times 10^{-34} \times 3 \times 10^8}{1.602 \times 10^{-19} \times 21.56} = \dfrac{12,400}{21.56} = 575.2 \times 10^{-10} \, [\text{m}] = 575.2 \, [\text{Å}]$

또한 보어에 의하면, 전자가 한 정상 상태(E_n)에서 다른 정상 상태(E_m)로 궤도를 이동할 때는 양상태의 에너지 차에 해당하는 에너지의 광양자를 방출 또는 흡수한다. 이때 방출 또는 흡수되는 에너지의 진동수를 ν 라 하면 다음 식으로 표현된다.

$$E_n - E_m = h\nu \tag{1-6}$$

여기서 $E_n > E_m$이면 진동수 ν인 빛의 방출이 생기며, $E_n < E_m$이면 흡수가 생긴다. 식 (1-6)을 보어의 주파수 조건이라 한다.

 예제 1-3
원자 내의 전자가 에너지 준위 E_3=-1.51[ev]에서 에너지 준위 E_2=-3.4[ev]로 천이될 때 방출되는 빛의 파장은?

(풀이) $h\nu = E_3 - E_2 = 1.89 \, [\text{ev}]$

$\lambda = \dfrac{C}{\nu} = \dfrac{hc}{h\nu} = \dfrac{6.624 \times 10^{-34} \times 3 \times 10^8}{1.89 \times 1.602 \times 10^{-19}} \doteqdot 6.57 \times 10^{-10} \, [\text{m}] = 6.57 \, [\text{Å}]$

1-1-3 원자 내의 전자 배열

(1) 물질의 입자성과 파동성

빛은 전자파의 일종으로써 파동성이 있다는 것은 잘 알려진 사실이다. 그러나 종래 파동성이라고 생각되었던 빛이 파동성과 입자성을 겸비하고 관측하는 현상, 수단 및 방법에 따라 때로는 입자성으로 나타나고 어떤 때는 파동성이 나타나는 이중성을 지

니고 있다. 이 이중성 때문에 양자역학적인 설명이 가능하다. 빛과 전자는 종종 결합해서 여러 가지 현상을 나타낸다. 이 현상 중 광전효과는 빛의 입자성을 잘 뒷받침하고 있다. 아인슈타인은 빛은 다음과 같은 식으로 표시되는 에너지 및 운동량을 가진 입자라고 생각했다.

$$E = h\nu, \quad P = \frac{h\nu}{c} \tag{1-7}$$

즉 아인슈타인은 진동수 ν, 파장 λ의 빛은 $E = h\nu$의 에너지와 $P = \dfrac{h\nu}{c} = \dfrac{h}{\lambda}$의 운동량을 갖는 광자(photon)란 입자가 이루어지고 있다는 광양자설(light quantum theory)을 제안하였는데 이 이론은 1923년 콤프턴(Compton)에 의해 확인되었다.

그림 1-4는 콤프턴 효과를 설명하기 위한 것이다.

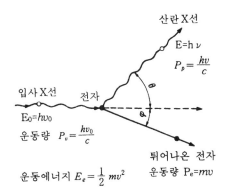

그림 1-4 콤프턴 효과

프랑크(Planck)의 방사 에너지 불연속 이론이나 광전효과, 콤프턴(Compton) 효과 등 종래 파동성이라고 생각되었던 빛에 대해 입자성이 있다는 실험적 사실이 밝혀지게 되자 이와는 반대로 1924년에 드브로이(De Broglie)는 물질을 구성하는 전자, 양자, 중성자 등의 소립자에도 입자성 외에 파동성이 있다는 물질파의 가설을 최초로 제창하였다. 드브로이의 물질파(matter wave)의 이론에 의하면 물질을 구성하는 입자의 에너지 E 및 운동량 P는 파의 진동수 ν와 파장 λ를 써서 다음과 같이 주어진다.

$$E = h\nu, \quad P = \frac{h}{\lambda} \tag{1-8}$$

그림 1-5는 물질파라고 불리어지는 파 φ를 나타낸 것이다.

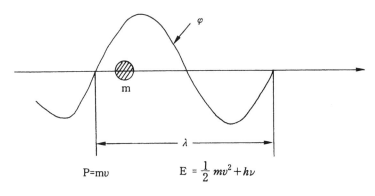

그림 1-5 물질파의 설명도

지금 질량 m인 입자가 속도 v로 운동할 때 입자의 운동량 P는 mv와 같으므로 속도 v로 운동하는 질량 m인 입자에 대한 드브로이파의 파장은 다음 식으로 표시된다.

$$\lambda = \frac{h}{p} = \frac{h}{mv} \tag{1-9}$$

이것은 드브로이의 물질파 또는 드브로이의 파장이라 부르며 이것은 1927년 다비손 (Davission)과 저머(Germer)가 니켈 결정체에 전자선을 투사한 전자 회절(electron diffraction) 실험을 통하여 증명할 수 있었다. 즉, 물질은 어떤 경우에는 파동과 같이 행동한다는 것이다.

 예제 1-4 질량 2[kg]인 입자가 3[m/s]의 속도로 운동할 때 이 입자의 파장은 몇 [m]인 가?

(풀이) $\lambda = \dfrac{h}{mv}$ 에서 $\lambda = \dfrac{h}{mv} = \dfrac{6.625 \times 10^{-34}}{2 \times 3} = 1.1 \times 10^{-34}$[m]

지금 전위차 V로 가속되는 전자의 운동량은 $E = \frac{1}{2}mv^2 = eV$ 및 $P = mv$에서 v를 소거하고 P를 구하면

$$P = \sqrt{2meV} \tag{1-10}$$

가 되므로, 이 전자에 수반되는 물질파의 파장은 다음 식으로 주어진다.

$$\lambda = \frac{h}{\sqrt{2meV}} = \sqrt{\frac{150}{V}} \times 10^{-10}\,[\mathrm{m}] \tag{1-11}$$

(2) 원자의 전자구조와 파울리의 배타 원리

지금까지 설명한 보어의 원자 모형 이론은 이해하기 쉽고 편리하지만 분광학이 발달하게 됨에 따라서 원자의 성질을 충분히 설명하기에는 미흡하기 때문에 전자의 안정한 궤도 운동을 설명하기 위해서는 원자 내 전자들의 상태를 양자수로 표현하는 양자역학의 도입이 필요하다. 한편 좀머펠트(Sommerfeld)는 보어의 이론을 확장하여 원자핵의 주위를 도는 전자의 궤도를 타원이라고 가정하여 수소보다 원자번호가 많은 원자에 대해 보어의 이론과 분광학적 실험과의 미세구조 차이를 설명하는데 성공하였다. 원자핵을 초점으로 한 전자의 타원운동은 2개 운동의 자유로를 갖게 되므로 2개의 양자 조건이 성립한다. 좀머펠트는 동일한 양자수 n속에 또다시 원으로부터 점차 편평으로 되어 가는 n개의 타원 궤도를 생각해 내고, 이들에 대응하는 방위 양자수 l을 도입하였다.

그림 1-6은 좀머펠트의 타원 궤도를 나타낸 것이다.

이것은 마치 태양계에서 혹성이 태양의 주위를 타원 궤도를 그리면서 회전하고 있는 것과 같은 이치이다.

원자 내 전자들의 상태를 표현하기 위해서는 슈뢰딩거(Schrödinger) 방정식을 구좌표계를 이용해서 푼 n, l, m의 3개의 양자수와 스펙트럼의 미세구조를 설명하기 위해서 전자의 자전 때문에 생기는 각 운동량의 양자화에 필요한 s, 도합 4개의 양자수가 필요하다. 여기서 n을 주양자수(Principal quantum number)라 하며 원자 모형에

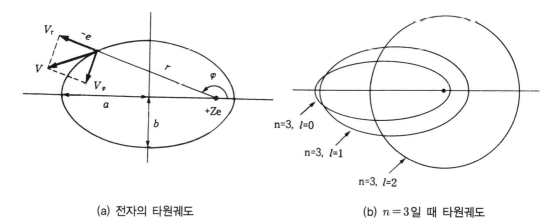

(a) 전자의 타원궤도　　　　　　　(b) $n=3$일 때 타원궤도

그림 1-6 좀머펠트의 타원궤도

서 전자의 에너지를 거의 결정해 주고 궤도수를 표시한다. n은 0이 아닌 양의 정수, 즉 $n=1, 2, 3, \cdots$에 따라서 원자핵에서 가까운 쪽부터 K, L, M, N, $\cdots$ 각(shell)이라고 궤도명을 붙이며, 각 궤도 위의 전자는 $n\dfrac{h}{2\pi}$의 각 운동량을 가지고 있다. l은 방위양지수(azimuthal quantum number)라 하는데, 궤도의 모양이 원 또는 타원임을 결정한다. 주양지수 n이 1, 2, 3, $\cdots$ 중의 한 정수라면 그 값에 대해서 방위양자수 l은 $0 \leq l \leq n-1$로 표시되고 $l = 0, 1, 2, 3, \cdots, n-1$ 중의 하나의 값이 된다. $l = 0, 1, 2, 3, \cdots$에 대응하는 준위를 각각 $s, p, d, f, \cdots$ 등의 기호로 쓴다. 이 기호는 분광학적으로 표시한 방법으로 s(sharp), p(principle), d(diffuse) 및 f(fundamental) 등의 약자이다. l이 클수록 전자 궤도가 타원이 된다.

m은 자기양자수(magnetic quantum number)라 하여 궤도면 경사의 정도를 표시한다. m은 $-l \leq m \leq l$ 사이의 정수를 취한다. 즉, $m=0, \pm1, \pm2, \cdots, \pm l$이 되어 어떤 l값에 대하여 $2l+1$개의 m값이 있다.

그림 1-7은 자장 내에 있어서 궤도 각 운동량의 방향을 나타낸 것이다.

또 스펙트럼의 미세 구조를 설명하기 위해 전자의 자전에 의한 4번째의 양자수를 도입하였다. 이것이 스핀 양자수(spin quantum number) S이다. 이것은 전자의 자전 방향을 표시한 것으로 S에는 다른 양자수의 값에 관계없이 $+\dfrac{1}{2}, -\dfrac{1}{2}$의 두 종류가 있다.

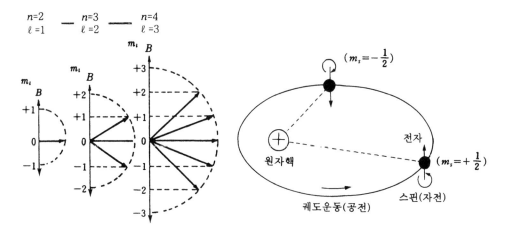

그림 1-7 자장 내에 있어서 궤도의
각 운동량의 방향

그림 1-8 스핀 양자수를 갖는 전자 궤도

그림 1-8은 스핀 양자수를 갖는 전자 궤도를 나타낸 것이다.

1925년 파울리(Pauli)는 이렇게 하여 얻어진 양자 상태로써 원소의 주기율표를 설명하기 위하여 다음과 같은 관계가 성립해야 한다고 제안하였다. 즉, "4가지 양자수 n, l, m, s로 지정된 하나의 양자상태에는 단지 한 개의 전자밖에 들어가지 못한다."이 조건을 파울리의 배타 원리(Pauli's exclusion principle)라 한다. 모든 전자는 가장 낮고 안정한 에너지 준위에 있으려는 성질을 가지며 하나의 에너지 준위에는 $2n^2$개의 전자로 채워지며 그 이상의 전자는 다음 준위에 채워지게 된다. 파울리의 배타원리로써 원소의 전자배열상태를 알아보자.

표 1-1로부터 알 수 있는 바와 같이 $n=1$인 K각에는 $l=0$, $m=0$, $s=\pm\frac{1}{2}$의 2개의 상태가 있으며 이를 $1s$상태라 하며 따라서 K각에는 2개의 전자가 존재할 수 있

표 1-1 전자의 각내에서 배치 상태

	k	L		M			N			
주양자수 n	1	2		3			4			
방위양자수 l	0	0	1	0	1	2	0	1	2	3
부각	1s	2s	2p	3s	3p	3d	4s	4p	4d	4f
전자수	2	2	6	2	6	10	2	6	10	14
총전자수 $2n^2$	2	8		18			32			

다. 또 L각인 $n=2$에 대해서는 $n=2$, $l=0$, $m=0$, $s=\pm\frac{1}{2}$ 대응하는 2개의 상태인 2S와 $n=2$, $l=1$, $m=-1$, 0, 1, $s=\pm\frac{1}{2}$인 2P상태는 6개가 있으므로 L각에는 전체 8개의 상태가 있게 되고 최대 8개의 전자가 L각에 속할 수 있다. 같은 방법으로 d부각에는 최고 10개의 상태가 존재하고, f 부각에는 14개의 전자가 들어간다.

부각에 점유되는 전자의 개수를 멱수처럼 표시한다면 원자번호 $Z=19$인 칼륨(K)원자의 전자 배열은 $1S^2\ 2S^2\ 2P^6\ 3S^2\ 3P^6\ 4S^1$으로 표시된다. 이로써 칼륨 원자의 최외각 전자가 1개임을 알 수 있고, 이러한 성질은 모든 알칼리족 금속(Li, Na, Rb, Cs)에 공통되며 화학적 성질이 비슷하게 되어 주기율표 상의 동일 족에 속하게 된다.

그림 1-9는 궤도상의 전자 배치를 그림으로 표시한 것이다.

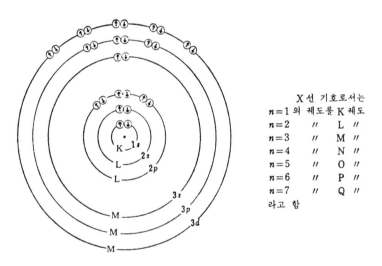

X 선 기호로서는
$n=1$ 의 궤도를 K 궤도
$n=2$ 〃   L 〃
$n=3$ 〃   M 〃
$n=4$ 〃   N 〃
$n=5$ 〃   O 〃
$n=6$ 〃   P 〃
$n=7$ 〃   Q 〃
라고 함

그림 1-9 원소의 각 전자궤도에서의 전자의 배치

결과적으로 파울리(Pauli)의 배타 원리에 의한 전자는 낮은 에너지 상태로부터 차례로 충족되어 가며 양자수 n인 하나의 전자각에 $2n^2$개의 전자만이 수용될 수 있다. 이와 같이 파울리의 배타 원리를 고려하여 전자를 원자번호 Z의 순으로 배열하고, Z개의 핵외전자를 에너지가 낮은 궤도로부터 차례로 채워가면 표 1-2와 같은 전자배치가 얻어진다.

표 1-2 원소의 전자배치

원자번호	원소	K $n=1$	L $n=2$		M $n=3$			N $n=4$	
		$l=0$ 1s	$l=0$ 2s	$l=1$ 2p	$l=0$ 3s	$l=1$ 3p	$l=2$ 3d	$l=0$ 4s	$l=1$ 4p
1	H	1							
2	He	2							
3	Li	2	1						
4	Be	2	2						
5	B	2	2	1					
6	C	2	2	2					
7	N	2	2	3					
8	O	2	2	4					
9	F	2	2	5					
10	Ne	2	2	6					
11	Na	2	2	6	1				
12	Mg	2	2	6	2				
13	Al	2	2	6	2	1			
14	Si	2	2	6	2	2			
15	P	2	2	6	2	3			
16	S	2	2	6	2	4			
17	Cl	2	2	6	2	5			
18	Ar	2	2	6	2	6			
19	K	2	2	6	2	6		1	
20	Ca	2	2	6	2	6		2	
21	Sc	2	2	6	2	6	1	2	
22	Ti	2	2	6	2	6	2	2	
23	V	2	2	6	2	6	3	2	
24	Cr	2	2	6	2	6	4	2	
25	Mn	2	2	6	2	6	5	2	
26	Fe	2	2	6	2	6	6	2	
27	Co	2	2	6	2	6	7	2	
28	Ni	2	2	6	2	6	8	2	
29	Cu	2	2	6	2	6	10	1	
30	Zn	2	2	6	2	6	10	2	
31	Ge	2	2	6	2	6	10	2	1
32	Ga	2	2	6	2	6	10	2	2
33	As	2	2	6	2	6	10	2	3
34	Se	2	2	6	2	6	10	2	4
35	Br	2	2	6	2	6	10	2	5
36	Kr	2	2	6	2	6	10	2	6

표 1-2는 모든 원소의 전자 배치를 나타낸 것이다. K원소와 같이 최외각의 전자는 3d를 넘어 4s에 있는 데 이를 전이원소(transition element)라고 한다. 대표적인 전이원소로서는 $Z=21$인 스칸듐(Sc)에서 $Z=28$인 니켈(Ni)까지의 철족 원소가 있다.

1-1-4 원자의 화학 결합

원자들이 결합하여 다양한 물질을 형성할 때에는 원자의 전자 배치가 중요한 역할을 한다. 많은 원자들은 서로 결합하여 분자나 결정을 형성하는데, 이들 원자들의 결합 상태를 분류하면 이온결합, 공유결합, 판데르발스(Van der waals)결합, 금속결합, 수소결합 등이 있다.

(1) 이온결합

원소의 전자배열표에서 볼 수 있는 바와 같이 나트륨(Na)원자는 3S준위에 느슨하게 결합되어 있는 전자를 한 개 가지고 있으므로 이것을 방출하여 양(+)이온이 되기 쉽고, 염소(Cl)는 3P준위에 5개의 전자를 갖고 있어, 다른 1개의 전자를 받아들여 3P준위를 채워서 음(−)이온이 되기 쉽다. 이와 같이 원자가 전자를 잃거나 아니면 얻어서 생기는 양(+)이온과 음(−)이온과의 정전적인 쿨롱인력이 작용해서 원자의 결합이 이루어지는 결합을 이온결합(ionic bond)이라 한다. 이와 같은 결합으로 만들어지는 결정을 이온 결정(ionic crystal)이라 한다.

그림 1-10은 나트륨(Na)과 염소(Cl)의 이온 결합 상태를 보인 것으로 나트륨의 전자 1개를 Cl의 최외각에 주어서 나트륨은 Na^+ 이온이 되고, 전자를 하나 받은 염소는 Cl^- 이온이 되고 이들 사이에 작용하는 쿨롱 힘을 받아 NaCl분자를 만든다.

이온 결합은 전자 운동으로 전기 전도 현상은 나타나지 않으나 온도가 높아지면 전계의 작용으로 이온 운동이 일어나 전기 전도 특성을 나타낸다. 한편 결합력이 비교적 크기 때문에 용융점이 높고 전해액에 잘 녹는 성질이 있다.

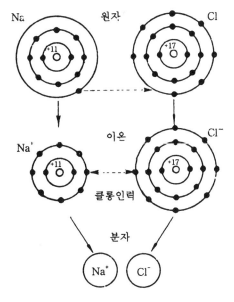

그림 1-10 NaCl의 이온결합 상태

(2) 공유결합

같은 종류의 두 원자가 최외각의 가전자(valence electron)를 서로 공유하므로 결합력이 생기는 것을 공유결합(covalent bond)이라 한다. 이 결합의 좋은 예는 수소 원자가 두 개 결합해서 된 수소 분자(H_2)에서 볼 수 있지만, 그 밖에도 탄소 원자가 만드는 다이아몬드나 실리콘 결정의 원자끼리도 이 형의 결합을 한다. 그림 1-11은 염소(Cl)에 대한 공유결합한 상태를 보이고 있다. M각에서 전자가 1개씩 상대편의 전자를 공유하면서 각 원자는 8개의 전자를 최외각에 갖게 되어 안정상태로 전자각을 형성할 수 있다.

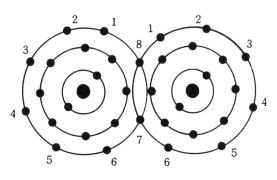

그림 1-11 공유결합하고 있는 염소원자

다이아몬드(diamond)아 같이 특정한 원자간에만 공유결합이 이루어지는 깃은 결합이 강하고 절연체로 된다. 그러나 특정 원자의 점유성이 현저하지 않으면 금속성을 띠게 되어 전기적으로 반도체적 성질을 나타내는데, Ge, Si 등이 이것에 해당한다.

공유결합의 특징은 매우 단단하고, 융점이 높으며, 저온에서의 전기 전도가 작다는 것이다.

(3) 판데르발스결합

네온(Ne), 헬륨(He), 아르곤(Ar)과 같이 화학결합을 하지 않는 불활성 가스(inert gas)라 할지라도 극저온에서는 결합해서 고체 또는 액체로 되며, 이와 같은 결합은 판데르발스 힘(Van der waals force)에 의해 일어나는데 이 결합을 판데르발스결합이라 한다. 일반적으로 그 결합력은, 이온결합이나 공유결합에 비해 매우 약하고 융점과 비점이 낮다.

판데르발스 힘은 분자 또는 원자의 쌍극자모멘트에 기인하는 것이다.

그림 1-12는 판데르발스결합을 나타낸 것이다.

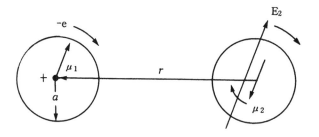

그림 1-12 판데르발스결합

(4) 금속결합

금속이 전기 및 열을 쉽게 전도하고, 또 금속 광택을 나타내는 이런 성질은 금속 결정 내를 자유로이 움직이는 자유전자(free electron)가 존재하기 때문이다. 그래서 금속은 그림 1-13과 같이 다량의 음(-)의 가전자 집단 속에 양(+)이온이 묻혀 줄지어 있는 구조라고 생각할 수 있다.

금속에 있어서는 각 원자의 가전자는 인접한 모든 원자의 영향을 크게 받아 각 원자의 가전자는 쉽게 원자의 속박에서 쉽게 이탈하여 다른 원자 사이를 자유롭게 운동한다. 즉, 공유결합은 가전자가 두 원자만의 공유이었으나, 금속은 양(+)이온이 된 금속 원자 전체가 가전자를 공통으로 가지게 된다. 이것을 금속결합(metalic bond)이라 한다.

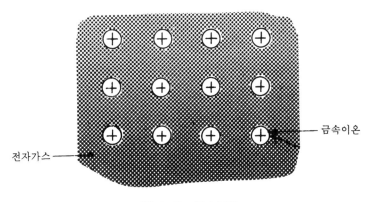

그림 1-13 금속결합

금속결합이 되는 모양을 나트륨을 예로 해서 생각해 보자. 그림 1-14는 금속 나트륨의 금속결합의 예를 도형적으로 나타낸 것이다.

나트륨 원자의 가장 바깥쪽 궤도에는 11번째의 3s 전자가 개개의 원자에 느슨하게 결합되어 있다. 지금 이 원자 옆에 다른 나트륨 원자가 접근해 오면, 3s전자는 차츰

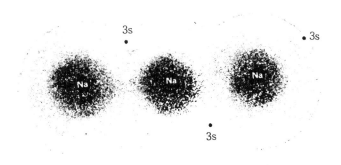

그림 1-14 나트륨의 금속결합의 예

이웃 원자의 영향을 받게 된다. 따라서 그 가까이 원자의 3s전자는 서로 다른 원자에 공유되게 된다. 거기에 또 하나의 나트륨 원자가 가까이 오면, 그 3s전자도 이들 원자들에 공유된다. 이와 같이 차례 차례로 많은 원자가 모이면 그 모든 주위를 돌아다닐 수 있는 전자가 생기게 된다.

이와 같이 금속은 공유결합을 하지 않기 때문에 결합 에너지도 적고 방향성도 없으며 융점이 낮다. 또 금속은 금속선으로 뽑을 수 있고, 두드려서 얇은 금속판으로 만들수 있는 특성을 가지고 있다.

(5) 수소결합

2개의 원자 사이에 수소 원자가 들어감으로써 생기는 약한 화학결합을 수소결합 (hydrogen bond)이라 한다. 일반적으로 수소결합은 산소(O), 질소(N), 플루오르(F), 염소(Cl) 등 전기 음성도가 강한 원자 사이에 수소 원자가 들어갈 때, 양원자를 결합시키는 것이다. 예를 들면, O-H-O에서 H에 속하는 전자는 어느 순간에 좌측의 O로 옮겨서 $O^--H^+\cdots O$와 같이 되어 이온결합으로 H는 좌측의 O와 결합하고 있으며, 다른 순간에는 우측의 O에 와서 $O\cdots H^+-O^-$와 같이 H는 우측과 결합한다고 생각된다. 양쪽의 상태는 확률적으로 같으며, H는 2개의 위치를 왕복하며 양쪽의 산소를 결합시킨다.

물의 결정인 얼음에서는 물의 분자 H_2O가 단독으로 존재하여 결정 격자를 만드는 것이 아니라, 1개의 물분자를 볼 때, 그 안의 산소원자를 중심으로 하여 4개의 물분자가 정사면체 꼴로 둘러싸고, 이것이 무한히 연결된 결정으로 되어 있다.

그림 1-15는 수소결합의 상태를 나타낸 것으로, 이 경우 O-H로 나타낸 부분은 보통 화학결합이지만, $H\cdots O$의 부분 또는 그것을 포함하는 $O-H\cdots O$와 같은 결합은 수소결합이라 한다.

이 결합력은 판데르발스 힘보다는 크고, 공유결합이나 이온결합보다는 작은 값이다. 특징은 유전성에 특이한 성질을 나타내며 투명하다. 수소결합은 H_2O의 결정, 즉 얼음, H_2S 결정, 인산2수소 칼륨(KH_2PO_4) 등에서 볼 수 있다. 특히 생체 내에서 단백질 분자의 결정에서도 볼 수 있다.

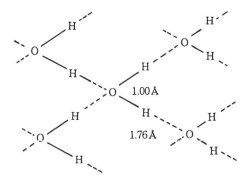

그림 1-15 수소결합(얼음 구조)

1-1-5 고체의 결정 구조

(1) 결정과 비결정성 물체

물질의 분자는 원자 사이에 결합력이 작용하여 형성되듯이 분자 사이에도 결합력이 작용하며, 이 결합력의 크기에 따라 물질은 고체, 액체 또는 기체의 상태로 된다. 결정 조직으로 보면 원자의 배열 상태가 가장 질서정연하고 규칙성이 높은 고체가 공업용 재료로 많이 사용되고 있다. 일반적으로 고체는 대별하여 결정체(crystal)와 비결정체 (amorphous)로 나눌 수 있으며 결정은 다시 단결정(single crystal), 다결정(poly crystal)으로 나누어진다. 그림 1-16은 원자 배열에 따르는 3가지 고체의 분류를 나타낸 것이다.

고체를 구성하는 원자, 이온, 원자군 등이 규칙적으로 주기성을 가지고 배열된 물체

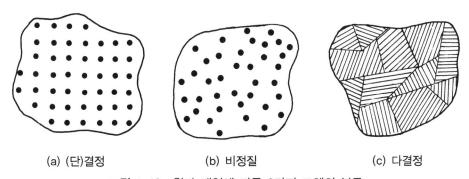

(a) (단)결정   (b) 비정질   (c) 다결정

그림 1-16 원자 배열에 따른 3가지 고체의 분류

를 결정체라 하고, 규칙성이 없고 무질서하게 배열된 물체를 비결정체라 한다. 결정체는 물질 중에서 가장 안정된 상태이다. 그러나 실제의 결정체는 극히 작게 갈라진 결합과 이 물질이 포함된 불규칙한 곳이 포함되어 있다. 즉, 격자 중에 불순물이 포함되거나 격자 결함 때문에 결정의 기계적 강도 및 전기적 특성 등 여러 가지 성질에 미치는 영향은 대단히 크다. 비결정체는 약간 불안정한 상태이지만 화학적으로 매우 안정하고, 결정체에서 볼 수 없는 여러 가지 성능을 가지고 있다. 예를 들면, 절연성, 열가소성, 열경화성, 탄성 등 절연재료로써 구비할 수 있는 많은 특징이 있다. 유리, 고무 또는 고분자 재료 등이 비결정체이다.

(2) 결정 구조

대부분의 고체의 결정은 원자 또는 그 집합이 3차원적으로 규칙 정연하게 주기적으로 배열하여 결정 격자를 이루고 있다. 즉 격자를 어느 방향으로 적당한 거리만을 이동시키면 각 원자를 다시 동일 종류의 원자에 일치시킬 수 있는 병진 대칭의 성질을 갖고 있다.

이러한 성질을 식염(NaCl)을 예로 해서 생각해 보자. X선에 의한 결정 구조의 해석에 의하면 식염에서는 그림 1-17과 같은 구조를 하고 있는 것이 확인되고 있다. 이 그림을 보면 식염의 내부는 나트륨(Na)이온과 염소(Cl)이온으로 구성된 단위체가 공간적으로 일정한 규칙에 따라서 전후좌우로 반복 배열하고 있는 것을 볼 수 있다. 따라

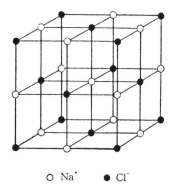

○ Na⁺ ● Cl⁻

그림 1-17 식염의 결정 구조

서 어느 원자를 동일 종류의 원자와 일치시키기 위해서는 다음과 같은 벡터 T를 운동시키면 된다.

$$T = n_1 a + n_2 b + n_3 c \qquad (1\text{-}12)$$

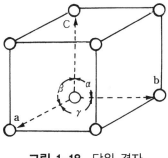

그림 1-18 단위 격자

여기서 a, b, c는 그림 1-18에 나타낸 바와 같이 기본 병진 벡터이고 n_1, n_2, n_3는 임의의 정수이다. 벡터 a, b, c로 만들어지는 평행육면체를 단위 격자(unit lattice)라 하며, 단위 격자가 모여서 공간격자(space lattice)를 만든다. 모든 결정 구조는 이 공간격자를 기초로 하여 형성된다. 단위 격자의 모양과 크기는 축벡터 a, b, c와 이들 사이에 이루어지는 축각 α, β, γ로 정해지며, 이들의 정수를 격자 정수(lattice constant)라고 하고 이들에 의해 결정계가 분류된다.

모든 결정은 표 1-3에 나타낸 바와 같이 7종류의 결정계로 된다. 그 위에 브라베이(Bravais)는 단위 격자를 단순격자, 저심격자, 체심격자 및 면심격자의 4개로 분류하여 생각함으로써 표 1-3에 나타낸 바와 같이 모두 14종으로 분류되고 있는데 브라베이가 제시하였던 것으로 브라베이격자(Vravais lattice)라 한다.

결정은 보통 규칙 정연한 외형을 나타내며, 방향에 의해 물리적 화학적 성질이 달라지므로 결정을 취급할 때는 결정 내의 면 또는 방향을 정하는 것이 필요하다. 한 격자에는 동일하다고 생각되는 수많은 면이 있는데, 이들은 결정의 성질을 논하는데 대단히 중요하다. 결정 내의 격자 면을 정하는 데는 밀러지수(Miller indices)를 이용하고 있다.

표 1-3 결정계와 브라베이격자

결정계	단위격자의 축비와 축각	브라베이(Bravais)격자			
		단순격자	저심격자	체심격자	면심격자
삼사정계 triclinic	$a \neq b \neq c$ $\alpha \neq \beta \neq \gamma \neq 90°$		−	−	−
단사정계 monoclinic	$a \neq b \neq c$ $\alpha = \gamma = 90° \neq \beta$		−		−
사방정계 rhombic	$a \neq b \neq c$ $\alpha = \beta = \gamma = 90°$				
삼방정계 (능면체정계) rhombohedral	$a = b = c$ $\alpha = \beta = \gamma \neq 90°$		−	−	−
육방정계 hexagonal	$a = b \neq c$ $\alpha = \beta = 90°, \gamma = 120°$		−	−	−
정방정계 tetragonal	$a = b \neq c$ $\alpha = \beta = \gamma = 90°$		−		−
입방정계 cubic	$a = b = c$ $\alpha = \beta = \gamma = 90°$		−		

기본축(a, b, c)을 각각 $n_1 a$, $n_2 b$, $n_3 c$에서 끊는 결정면은 $\left(\dfrac{1}{n_1} : \dfrac{!}{n_2} : \dfrac{1}{n_3} \right)$의 비의 최소의 정수비($h : k : l$)로 나타낼 수 있다. 이것을 평면의 밀러지수라 한다. 즉

$$h : k : l = \frac{1}{n_1} : \frac{!}{n_2} : \frac{1}{n_3} \tag{1-13}$$

주요한 몇 개의 입방격자의 각 면을 밀러지수로 나타내면 그림 1-19와 같다.

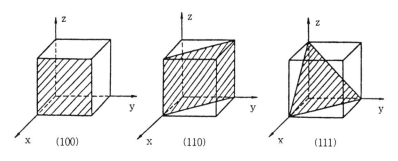

그림 1-19 입방결정의 주요면의 밀러지수

또한 결정의 가장 중요한 성질 중의 하나는 이방성(anisotropy)인데, 가령 탄성계수, 투자율 등은 결정의 방향에 따라 그 특성이 크게 변한다. 결정 방향을 나타낼 때는 편의상 입방격자를 도입하여 그림 1-20과 같이 원점을 지나는 벡터를 생각하여 a, b, c의 좌표에 대하여 최소 정수비를 n_1, n_2, n_3라 할 때 그것이 방향 지수가 되며 $[n_1,$ $n_2,$ $n_3]$로 표시된다. 예를 들면 x축 방향은 [100], y축 방향은 [010], z축 방향은 [001]로 나타낸다.

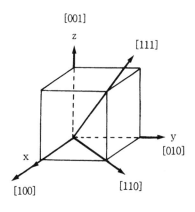

그림 1-20 결정의 방향

(3) 격자 결함

지금까지 설명해 온 결정은 원자 배열이 이상적으로 완전한 결정인 경우만 취급하였으나 실존하는 물질의 대부분은 원자가 완전한 규칙적인 배열을 하지 않고 여러 가지이 거자 결함(lattice defect)을 가지고 있으며 이 결함으로 인하여 물질의 성질에 큰 영향을 주는 격자 결함의 종류로는 다음과 같은 것이 있다.

① 원자 공공(atomic vacancy)

그림 1-21(a)에서 보는 바와 같이 결정격자점의 원자가 빠져나가서 원자가 있어야 할 곳에 빈자리가 생겨난 구멍을 원자 공공이라 한다. 이 원자가 빠진 구멍을 공격자점이라 한다. 이러한 결함은 결정 내의 불완전한 충전이나 온도 상승에 따른 열진동의 결과로 일어날 수 있다.

② 격자간 원자(interstitial atom)

원자 공공과는 반대로 그림 1-21(b)와 같이 격자점의 원자 사이에 원자가 존재하는 경우로서 격자간 원자라 한다.

③ 프렌켈 결함(Frenkel defect)

그림 1-21(c)와 같이 결정격자점에서 빠져나간 원자들이 결정 격자 사이에 끼어들어 공공과 격자간의 원자쌍을 이루는 결함을 프렌켈 결함이라 한다. 즉 한 개의 빈자리와

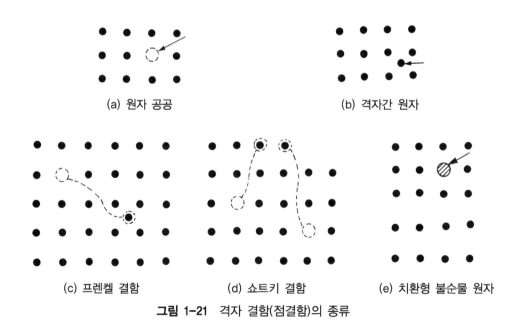

(a) 원자 공공   (b) 격자간 원자

(c) 프렌켈 결함   (d) 쇼트키 결함   (e) 치환형 불순물 원자

그림 1-21 격자 결함(점결함)의 종류

한 개의 격자간 원자를 동시에 갖는 결함을 말한다.

④ 쇼트키 결함(Schottky defect)

결정 격자에서 이탈한 원자가 표면에 옮겨 거기서 새로운 결정층을 만드는 결함을 쇼트키 결함이라 하며, 그림 1-21(d)와 같다. 쇼트키 결함에서는 온도 상승에 따라 보통의 열팽장 이상으로 결정의 부피가 증가한다.

⑤ 불순물 원자(impurity atom)

그림 1-21(e)와 같이 결정이 만들어질 때 그 모체를 구성하는 원자 이외의 원자, 즉 불순물이 혼입하는 경우가 있다. 이를 불순물 원자라고 한다. P형 및 N형 반도체를 만들 때 대단히 중요한 작용을 한다.

⑥ 전위(dislocation)

선결함의 일종으로 결정 내부의 표면이 미끄러짐이 생긴 영역과 미끄럼이 없는 영역을 경계로 하여 나타나는 선상의 결함으로 결정의 소성변형(plastic flow)을 설명하기 위해 발견된 격자결함의 일종이다. 여기에는 칼날 전위(edge dislocation)와 나사 전위(screw dislocation)가 있다. 그림 1-22에 전위 상태를 나타내었다. 실제의 결정에서는 이것들은 단독으로 나타나는 일은 드물고, 양자가 혼재한 혼합전위가 일어난다.

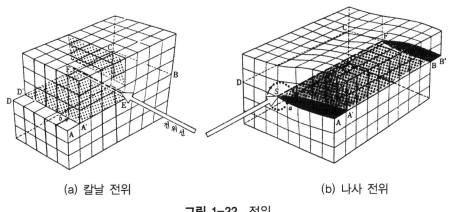

(a) 칼날 전위　　　　　　(b) 나사 전위

그림 1-22 전위

⑦ 결정립계(crystal grain boundary)

단결정립의 불규칙한 집합으로 이루어진 다결정에서 결정 방향이 다른 단결정 사이에는 불균형한 접촉면이 생기는데 이 경계의 면에서의 격자 결함을 말한다. 이는 면결함(surface defect)의 일종이다. 이상에서는 진동하지 않는 상태의 결함에 대해서만 설명하였지만 완전한 결정이라도 원자가 불규칙한 열진동을 하면 주기성이 붕괴되어 격자결함의 일종이 된다. 실제로는 결정 내의 각 원자는 격자점에서 속박되고 있으면서도 격자점에서 그들의 평형 위치를 중심으로 열진동을 하고 있다.

이것을 격자 진동(lattice vibration)이라 한다. 격자의 진동은 결정의 주기성을 붕괴하는 중요한 요인의 하나이다. 전기저항이 온도에 따라 변화하는 것도 전자와 격자진동의 상호작용에 의한 것이다. 또한 격자 진동은 열 에너지의 대부분을 흡수하기 때문에 물질의 열적 성질까지도 지배하는 중요한 인자이다. 이 외에도 격자 진동은 초전도에서의 작용 등 자기적, 전기적 성질에도 많은 영향을 미치고 있다.

1-1-6 고체의 에너지대 이론

전기 전자 재료로 가장 많이 이용되는 고체는 도체, 반도체, 절연체의 세 종류로 크게 나눌 수 있다. 이와 같은 고체의 특성을 설명하기 위해서는 에너지대(energy band) 이론이 중요하고, 전도 현상의 설명도 이 이론을 적용함으로써 쉽게 이해할 수 있다.

(1) 에너지 준위와 대구조

고립된 원자 내의 에너지는 주양자수 n에만 의존하여 선상으로 표현되는 이산적인 특정 값만이 허용되지만, 고체 결정에서와 같이 몇 개의 원자가 서로 근접하고 있을 때에는 전자는 자신이 속해 있는 원자핵만이 아니고 인접한 핵의 영향도 동시에 받는다. 이러한 상호작용에 의하여 그림 1-23과 같이 고립된 원자의 에너지 준위 부근에 여러 값을 취할 수 있기 때문에 폭이 생겨 대(band) 모양으로 퍼져 다수의 준위가 나타나게 된다.

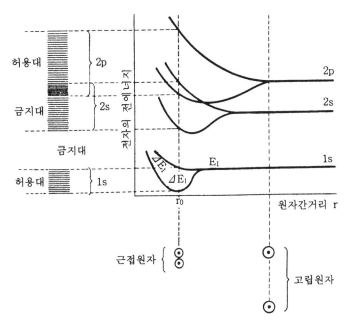

그림 1-23 에너지의 대구조

즉, 결정 중에 존재하는 원자의 수를 N개라고 하면, 전자는 N개의 에너지 준위를 가지게 된다. 그러므로 그림 1-23과 같이 각 원자 E_1, E_2, …에 해당하는 에너지 준위는 $E_1 \pm \Delta E_1$, $E_2 \pm \Delta E_2$, … 등으로 조금씩 갈라지게 되어, 약간씩 값이 다른 에너지 준위가 어떤 폭을 갖는 대를 만든다. 이 대를 에너지대(energy band)라 한다.

큰 원자 궤도를 돌고 있는 전자일수록 상호작용이 크며, 외각 궤도일수록 먼저 갈라지기 시작하고 또 폭이 넓어진다. 이상의 설명에서 고체 내에서의 전자는 어떤 폭을 가진 이산적인 값이 허용된다. 이와 같이 전자가 들어갈 수 있는 에너지 준위 대를 허용대(allowed band)라 하고, 전자가 들어갈 수 없는 에너지 준위 대를 금지대(forbidden band) 또는 에너지갭(energy gap)이라고 한다.

(2) 대구조로 본 도체, 반도체 그리고 절연체

결정의 전기 전도를 에너지대 이론을 적용하여 생각하여 보기로 하자. 결정의 전기적 성질은 에너지대의 전자 점유 상태에 의해 설명할 수 있다. 결정 중에서 전자의 에너지대가 분포하고 있는 상태는 우선 전자는 가장 낮은 에너지대에 들어가나, 이 대에 수용할 수 있는 전자수는 파울리의 배타 원리에 의한 제한을 받게 되며, 여분의 전자는 다음 에너지대에 들어가게 된다. 전자가 완전히 채워져 전자가 이동할 여지가 없는 허용대를 충만대(filled band)라 하며, 부분적으로 채워져 전자가 자유로이 이동되는 허용대를 전도대(conduction band), 전연 전자가 존재하지 않는 허용대를 공핍대(empty band)라 한다. 한편 가전자(valence)로 채워진 허용대를 가전자대(valence band)라 하며 이 가전자대에 있던 전자가 에너지를 받아 공핍대에 올라가면 이 전자는 원자의 속박으로부터 벗어나 자유전자가 되어서 전계에 의하여 자유롭게 거동한다.

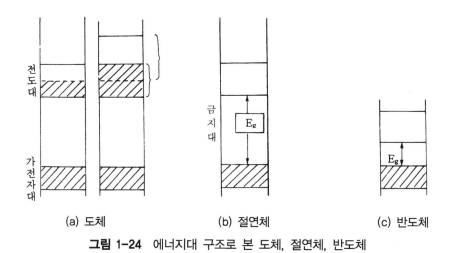

그림 1-24 에너지대 구조로 본 도체, 절연체, 반도체

그림 1-24의 (a)와 같이, 전자가 전도대의 일부를 처음부터 채우고 있을 때에는 다수의 자유전자가 존재하게 되기 때문에, 전자전도를 나타내는 양도체가 된다. 금속은 이와 같은 에너지대를 갖기 때문에 높은 전도율을 갖는다. 절연체는 금지대폭이 넓기 때문에 상당히 큰 에너지를 가하지 않으면 전자가 전도대로 이동할 수가 없어서 전기전도에 기여할 수가 없다. 따라서 절연체는 도전성을 가질 만큼 큰 전계를 가하면 절연 파괴를 일으켜 절연체로서의 역할을 잃고 만다. 그러나 그림 1-24(c)와 같이, 반도체의 금지대폭은 절연체의 그것보다 좁기 때문에 가전자대의 일부 전자는 열이나 빛 등의 에너지를 받아서 쉽게 전도대로 이동하여 전기전도에 기여할 수가 있다.

고체 안에 있는 전자는 파울리의 배타 원리에 따라 허용대의 밑에서 차례로 채워져 페르미준위(Fermi level)까지 전자가 존재하고 그 이상의 준위는 비어 있다.

그림 1-25에서 실선은 0[K]때 에너지대의 전자 분포로써 페르미준위까지 전자가 있다. 온도가 상승하면 파선과 같이 전자의 에너지가 증가하므로 상부의 비어 있는 에너지대로 이동한다.

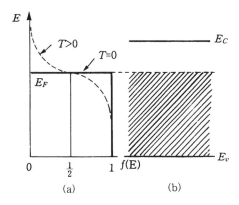

그림 1-25 페르미 디락의 분포

이와 같은 상태에서 이들 전자들이 어떤 상태로 분포되어 있는 가를 통계적으로 취급한 사람이 페르미·디락(Fermi-Dirac)인데, 에너지 준위 E가 전자에 점유될 확률 함수 $f(E)$는

$$f(E) = \frac{1}{\left[1 + \exp\left(\dfrac{E - E_f}{kT}\right)\right]} \tag{1-14}$$

과 같이 주어지는데 이 식을 페르미·디락 분포 함수(Fermi-Dirac distribution function)라 한다. 여기서 E_f는 전자가 0[K]에서 가질 수 있는 최대 에너지인 페르미 준위(Fermi level)이다. 그림 1-25는 이 함수를 그림으로 표시한 것이다. 그림 1-25(a)의 실선과 같이 $T=0$[K]일 때에는 $E < E_f$의 에너지 준위에서 $f(E)=1$, $E > E_f$에서는 $f(E)=0$이 되며, 그림과 같은 계단 함수(step function)가 된다. 즉 $T=0$[K]에서는 페르미 준위 E_f보다 높은 에너지 준위에는 전자가 전혀 점유되지 못하며, 페르미 준위보다 낮은 준위는 전자로 가득히 차 있다.

온도 T가 상승하여 $T>0[\mathrm{K}]$이 경우에는 $E_f - E \gg kT$이면 $f(E) \fallingdotseq 1$, $E-E_f$에 서는 온도 $T[\mathrm{K}]$에 관계없이 $f(E) = \dfrac{1}{2}$ 이다. 한편 고온이 되어 $E > E_f$이고, $E - E_f \gg kT$인 경우에는 $\exp\left(\dfrac{E-E_F}{kT}\right) \gg 1$이므로 식 (1-14)에서 분모의 1은 생략할 수 있으므로

$$f(E) \simeq \exp\frac{-(E-E_F)}{kT} = A\exp\frac{-E}{kT} \qquad (1\text{-}15)$$

단, $A = \exp\dfrac{E_F}{kT}$

으로 된다.

식 (1-15)를 맥스웰-볼쯔만(Maxwell-Boltzmann)의 분포 함수라 한다. $\exp(-E/kT)$를 볼쯔만 인자(Boltzmann factor)라 부른다. 결국 에너지 E가 높은 곳에서는 페르미·디락 분포 함수 대신 맥스웰·볼쯔만의 분포 함수를 이용해도 좋게 되어 실제로 이 근사식을 많이 이용한다.

 예제 1-5 전자 상태의 에너지가 페르미 준위보다 0.2[ev] 높은 경우 실온(300[k])에서 전자가 점유할 확률을 구하여라.

(풀이) $E > E_F$인 경우 $f(E) = 1/[1 + \exp(E-E_F)/kT]$

여기서 $T = 300[\mathrm{K}]$이고,

$E - E_F = 0.2[\mathrm{ev}] = 0.2 \times 1.6 \times 10^{-19} = 0.32 \times 10^{-19}[\mathrm{J}]$이므로

$$\therefore f(0.2) = \frac{1}{1 + \exp\left(\dfrac{E-E_F}{kT}\right)} = \frac{1}{1 + \exp\left(\dfrac{0.32 \times 10^{-19}}{1.38 \times 10^{-23} \times 300}\right)}$$

$$= \frac{1}{1 + \exp 7.74} = 0.044\%$$

1-2 전기 전도 현상

일반적으로 물질에 전계를 인가했을 경우, 전계에 비례해서 전류가 흐른다. 이러한 현상을 전기 전도라 하고, 그 기구에는 금속, 반도체나 유기물에서 볼 수 있는 전자 전도와, 이온결정이나 전해액에서 볼 수 있는 이온 전도가 있다.

1-2-1 고체의 전기 전도

금속과 같은 고체가 전기를 잘 전도하는 것은 자유롭게 이동할 수 있는 많은 자유 전자(free electron)가 존재하기 때문이다. 이 자유전자는 고체를 형성하는 원자를 구성하는 전자의 일부이다. 금속이 양도체라는 것은 잘 알려진 사실이다. 에너지대의 이론을 적용하면 재료의 도전성은 명확하게 설명될 수 있다. 그림 1-26에 구리 금속 결정의 에너지대를 나타냈다.

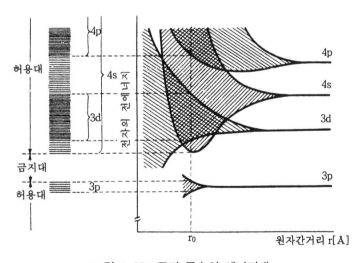

그림 1-26 구리 금속의 에너지대

구리 금속의 전자 배치는 $(1S)^2$, $(2S)^2$, $(2P)^6$, $(3S)^2$, $(3P)^6$, $(3d)^{10}$, $(4S)^1$과 같다.

윗 그림에서 (3d)와 (4S)대는 중복되고, (4S)대에는 반만이 전자가 채워져 있으므로 전자의 이동이 쉽게 이루어진다. 따라서, 대단히 우수한 도체가 된다.

금속 중의 자유전자는 전계 E에 의하여 전계와 반대 방향으로 운동한다. 이때 전자는 많은 다른 전자와 충돌하든가 열진동하고 있는 원자와 충돌하면서 운동하므로 이 운동은 극히 무질서하다. 이 모양을 나타낸 것이 그림 1-27이다.

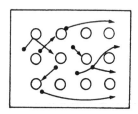

전자의 이동 방향 ➡   전자 •
　　　　　　　　　　　원자 ○

그림 1-27 금속의 전기 전도

따라서 금속 내부 원자는 그 온도에 의한 열에너지를 받아 결정 격자가 전후로 격자 진동을 매우 크게 하므로 전자는 이들 원자와 충돌하여 속도를 잃고 다시 가속되어 또다시 충돌을 되풀이 한다. 따라서 전계 E와 역방향의 속도는 평균하여 어떤 일정속도로 된다. 이 속도를 드리프트속도(drift velocity)라 한다.

지금 도체 중의 전자밀도를 n[개/m³], 도체의 단면적을 A[m²], 전자의 평균속도를 v[m/s]라 할 때 1[m²]의 단면을 흐르는 전류의 크기 즉 전류밀도 i는

$$i = nev \tag{1-16}$$

여기서 전자의 평균 드리프트 속도 v는 전계의 세기 E에 비례한다. 비례상수를 μ라 하면

$$v = \mu E \tag{1-17}$$

이 된다. 여기서 μ는 전자의 이동 용이성을 나타내는 양으로 이동도(mobility)라 한다. 한편 전기 전도도를 σ라 하면

$$\sigma = \frac{i}{E}, \quad i = \sigma E \tag{1-18}$$

이므로 식 (1-16), 식 (1-17) 및 식 (1-18)에서

$$i = ne\mu E = \sigma E \tag{1-19}$$

가 얻어진다. 따라서 금속 내의 전자의 도전율(conductivity) σ는 다음과 같이 정의된다.

$$\sigma = ne\mu = \frac{ne^2}{m}\tau \tag{1-20}$$

여기서 τ는 평균완화시간 즉, 금속 내의 전자의 도전율은 전자의 농도, 전하, 이동도에 의해 결정됨을 알 수 있다.

예제 1-6 가전자대의 전자밀도가 8.5×10^{28}[개/m³]인 금속에 전류밀도가 68×10^5[A/m²]인 전류가 흐르면, 이때의 평균속도는 몇 [m/s]인가?

(풀이) $i = ne\mu E = nev$에서

$$v = \frac{i}{ne} = \frac{8.5 \times 10^{28}}{68 \times 10^5 \times 1.6 \times 10^{-19}} = 5 \times 10^4 \,[\text{m/s}]$$

1-2-2 기체의 전기 전도

기체는 보통 상태에서는 좋은 절연물(insulator)이지만, 어떤 상태의 변화에 따라서는 기체도 전기를 전도한다. 이와 같이 기체가 도전성을 갖게 되는 것은 그 기체 중에 전자나 이온과 같은 대전입자가 존재하기 때문이며, 대전입자가 전계에 의하여 이동함으로써 기체 중에 전류가 생긴다. 이 대전입자가 생기는 것은 지중의 방사성 물질로부터 나오는 방사선, 또는 우주선 이외에 여러 작용에 의해서 기체의 일부분이 전리(ionization)를 일으키기 때문이라고 생각한다. 또, 높은 전압에 의해서 기체의 절연이 파괴되는 경우에는 기체도 도체 상태로 된다. 이렇게 기체가 전기를 전도하는 현상을 방전(electric discharge)이라 하며, 기체의 방전 형식을 분류하면 비자속 방전과 자속 방전으로 크게 분류할 수 있다. 비자속 방전이라 함은 전리를 시키는 외부작용이 없어

지면 전극 사이의 전류 0 으로 되는 범위의 방전을 말하며, 자속방전이라 함은 전기를 시키는 외부작용에 의존하지 않고도 충돌전리 작용에 의하여 전극 사이에 전류가 흐르게 되는 범위의 방전을 말한다. 예를 들면, 공기 중에 놓은 그림 1-28과 같은 한 쌍의 전극을 적당한 간격으로 서로 맞서게 하고, 여기에 전압을 인가하면 처음에는 극히 적은 전류가 흐르게 된다. 전압을 높여가면 전류도 점차로 증가하지만, 어떤 값 이상이 되면 전류는 급격히 증가하여 소리를 내며 불꽃(spark)이 일어난다. 이것의 전압과 전류의 특성을 구하면 그림 1-29와 같이 된다.

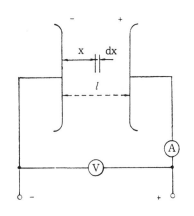

그림 1-28 평등전계 배치

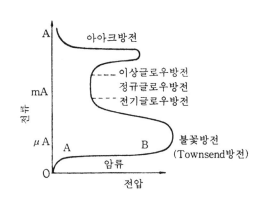

그림 1-29 평등전계에 있어서의 전압-전류 특성

절연체가 도체가 되는 현상을 절연파괴(dielectric breakdown)라고 한다. 이 절연파괴의 연구는 타운센드(Townsend)에 의하여 그 기초가 확립되었다. 타운센드 이론에 의하면 전계가 강해지면 양이온보다 질량이 훨씬 작은 전자가 심하게 가속되어, 기체분자에 충돌하여 전리를 일으킨다. 이것을 충돌전리라고 한다. 이와 같은 전자만의 충돌전리작용을 α작용이라 하였다. 그 후 많은 사람들에 의하여 이론은 수정되었다. 그 중의 대표적인 생각은, 양이온이 음극면에 도달하였을 때 음극면에서 양이온 1개당 γ개의 2차전자가 튀어 나온다고 하고, 이것을 γ작용이라고 불렀다. 다음은 타운센드(Townsend)방전에서 전자가 증가하는 것을 α, β작용을 적용하여 구하면, 다음 식과 같이 된다.

$$n = n_0 \frac{e^{\alpha d}}{1 - \gamma(e^{\alpha d} - 1)} \tag{1-21}$$

여기서 n_0는 음극에서 단위시간당 방출되는 전자이다.

전류의 식으로 정리하면

$$I = nev = \frac{I_0 \cdot e^{\alpha d}}{1 - \gamma(e^{\alpha d} - 1)} \tag{1-22}$$

로 된다. 만약

$$1 - \gamma(e^{\alpha d} - 1) = 0, \quad \gamma(e^{\alpha d} - 1) = 1 \tag{1-23}$$

이면, 식 (1-22)의 분모가 0이 되며, 전류는 무한대로 된다. 식 (1-23)을 불꽃방전의 조건식 또는 자속방전의 조건식이라고도 한다. 한편 기체의 절연 파괴에 대해서는 파셴 (Paschen)의 법칙이 성립하며 기체의 절연파괴전압 V_S는 기체의 압력 P와 전극간 거리 d의 적 Pd에 대하여 그림 1-30과 같은 특성을 나타내며 기체의 종류에 따라 결정되는 일정한 Pd의 값에서 최소값을 갖는다.

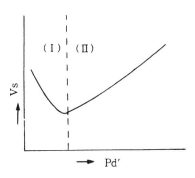

그림 1-30 파셴의 법칙

이 관계를 식으로 나타내면 다음과 같이 된다.

$$V_S = f(pd) \tag{1-24}$$

즉, 전극 및 간극의 치수를 고르게 n배 하고 기압을 $\frac{1}{n}$로 하면 불꽃 전압은 변하지 않는다.

1-2-3 액체의 전기전도

절연유는 보통 상태에서는 좋은 절연체이지만, 어떤 상태의 변화에 따라서는 액체도 전기를 전도한다.

액체 유전체의 전기전도의 원인은 액체 속에 용해되어 있는 불순물 때문인데, 이것은 원자의 전자가 이탈하여 전리하는 것과 같이 불순물의 해리를 원인으로 불순물 분자가 이온으로 나누어진다. 다시 말하면, 극히 정결한 액체 유전체도 전해질, 수분, 공기 등의 불순물을 조금은 포함하고 있으며, 이 액체유전체의 전압과 전류의 특성은 기중방전을 표시한 그림 1-29와 같게 되고, 전압이 낮을 때에는 불순물의 이온화 현상이 일어나며, 기체의 전기전도와 마찬가지로 액체의 일부가 우주선이나 지중의 방사선 물질에서의 방사선 등에 의하여 전리되기 때문이며, 높은 전압에서는 전극의 전자방출 등 여러 가지 원인에 의해 전류가 증가하는 것이다.

1-3 유전체 현상

유전체(dielectrics)는 절연체와 똑같은 물질범주에 속하며, 전계를 가했을 때에 정상 전류는 흐르지 않지만, 전하를 축적할 수는 있다. 유전체와 절연체의 구분은 명확하지 않으나 유전분극현상을 중심으로 다룰 때는 유전체로 취급한다. 이 절에서는 전계 내에 놓여 있는 유전체 내부의 현상과 유전적 성질에 대하여 알아보기로 한다.

1-3-1 유전율과 비유전율

그림 1-31(a)와 같이, 진공 중에 놓인 평행판 커패시터의 정전용량을 C_0라 하고, 여기에 전압 V를 인가할 때 극판에 축적되는 전하를 Q라고 하면, 정전용량 C_0은

$$C_0 = \frac{Q}{V} = \epsilon_0 \frac{s}{d} \tag{1-25}$$

가 된다. 여기서 ϵ_0은 진공의 유전율이다.

　그러나 이 커패시터에 그림 1-31의 (b)와 같이 종이나 운모 등의 절연물로 채우면 정전용량은

$$C = \epsilon_s \, C_0 = \epsilon_s \, \epsilon_0 \frac{s}{d} \tag{1-26}$$

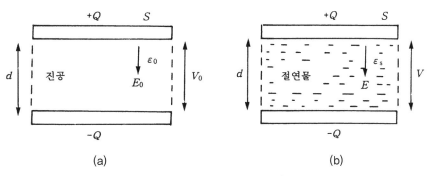

그림 1-31 평행평판 커패시터

가 된다. 이 관계는 1837년 패러데이(Faraday)에 의해 발견되었다. ϵ_s는 도체 형태에는 관계없이, 절연물의 종류와 물리적 상태, 즉 온도나 습도 등에 의해 결정되는 물질의 상수로서, 이것을 비유전율(specific dielectric constant)이라 한다. 그리고 ϵ_s와 진공의 유전율 ϵ_0와의 적을 유전율(dielectric constant)이라고 하는데 이것을 ϵ으로 표시하면

$$\epsilon = \epsilon_s \, \epsilon_0 \tag{1-27}$$

만일 어떤 유전물질의 유전율을 ϵ이라 하면 그 유전물질의 ϵ_s의 값은

$$\epsilon_s = \frac{\epsilon}{\epsilon_0} \tag{1-28}$$

이다. 즉 ϵ_s는 절연물의 유전율이 진공의 유전율의 몇 배가 되는가를 나타내는 무명수

료 항상 1보다 크다. 그 이유는 유전분극이 가해지기 때문이다. 일반적으로 비유전율 ϵ_s가 1보다 큰 값을 가지는 모든 물질을 유전체라 한다. 따라서, 커패시터를 만들 때 정전용량을 크게 하기 위하여 유전체를 사용한다. 표 1-4는 여러 가지 물질의 비유전율을 나타낸 것이다.

표 1-4 유전체의 비유전율

물 질	ϵ_s	물 질	ϵ_s
진 공	1,000000	에보나이트	2.8
공 기	1,000547	베이클라이트	4.5~5.5
변압기 기름	2.2~2.4	운 모	5.5~6.6
에틸 알코올	25.8	유 리	5.4~9.9
물	80.7	자 기	5.0~6.5
종 이	1.2~2.6	산화티탄자기	30~80
파라핀	1.9~2.5	티탄산염자기	15~5,000
고 무	2.0~3.5	비닐수지	4
유 황	3.6~4.2		

1-3-2 유전분극

일반적으로 유전체 내에는 자유전자는 없고, 분자 또는 이온 등으로 구성되어 있고 이들은 양과 음의 전하를 가진다. 이것들은 평상 상태에서 전기적으로 중화상태에 있다. 지금 여기에 전계를 가해주면 양전하는 전계의 방향으로 음전하는 반대 방향으로 힘을 받아 그림 1-32와 같이 전기쌍극자가 배열된다.

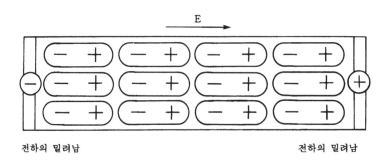

그림 1-32 유전분극

이와 같이 유전체의 구성단위는 균일하게 분극하지만 유전체 내부에서는 양·음의 전하가 서로 상쇄하므로 평균하면 전기적으로 중성이다. 그러나 양단에서는 상쇄할 수 없으므로 단면에 전하가 나타나게 된다. 이와 같이 전계의 작용으로 유전체 전체가 전계방향에 전기 쌍극자 모멘트를 일으키는 현상을 유전분극(dielectric polarization)이라 하며 다음과 같은 종류가 있다.

(1) 이온분극

분자의 구성이온에 전계가 작용하면 그림 1-33에서와 같이 양과 음이온이 서로 반대되는 방향으로 변위하여 분극을 일으키게 된다. 이를 이온분극(ionic polarization) 또는 원자 분극(atomic polarization)이라고도 한다.

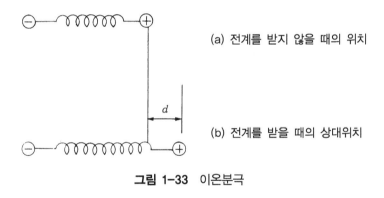

(a) 전계를 받지 않을 때의 위치

d

(b) 전계를 받을 때의 상대위치

그림 1-33 이온분극

운모, 유리 등은 대개 이 분극이다. 또 자기콘덴서의 유전체로서 사용되는 산화티타늄(TiO_2)이 큰 비유전율을 갖는 것은 이 이온분극에 기인한다.

(2) 전자분극

원자는 양전하를 갖는 원자핵과 이와 동량의 음전하를 갖는 전자운(electron cloud)으로 구성되어 있다. 따라서 원자는 전기적으로 중성이다. 그러나 여기에 전계 E [v/m]를 인가하면 그림 1-34와 같이 전자운이 무거운 원자핵에 대해 전계와 역방향으로 약간 변위하여 쌍극자 모멘트 μ_e를 유기한다.

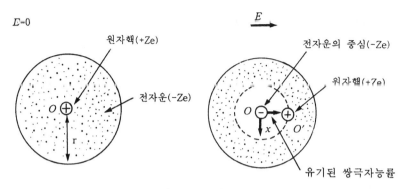

그림 1-34 전자분극

이와 같이 전자운의 변위에 의한 분극을 전자분극(electric polarization)이라 하며, 이때 유기되는 쌍극자 모멘트 μ_e는 다음과 같이 표시된다.

$$\mu_e = \alpha_e E = 4\pi\epsilon_0 r^3 E \tag{1-29}$$

여기서 α_e는 전자분극률이다.

> **예제 1-7**
>
> 헬륨원자의 반경이 r=0.93×10¹⁰[m]인 때 전자분극률은 얼마인가? 또 여기에 전계 E=10⁶[v/m]를 가한 때의 쌍극자 모멘트를 구하여라.

(풀이) 전자분극률 $\alpha_e = 4\pi\epsilon_0 r^3$ 에서

$\alpha_e = 4\pi\epsilon_0 r^3 = 4 \times 3.14 \times 8.855 \times 10^{-12} \times (0.93 \times 10^{10})^3$

$\quad = 0.9 \times 10^{-40}\,[\mathrm{F \cdot m^2}]$

쌍극자 모멘트는 $\mu_e = \alpha_e E = 0.9 \times 10^{-40} \times 10^6 = 0.9 \times 10^{-34}\,[\mathrm{c \cdot m}]$

이 분극은 전계를 가하면, 순간적으로 생기므로 유전손실이 작다. 폴리에틸렌(PE), 4불화 에틸렌(Teflon) 등의 무극성 분자구조로 된 것이 이 분극에 포함된다.

(3) 배향분극

여러 분자 중에는 외부에서 전계를 가하지 않아도 원래부터 양전하의 중심과 음전하의 중심이 일치하지 않고, 소위 영구쌍극자 모멘트를 갖는 분자가 있다. 이와 같은

분자를 유극성 분자(polar molecule)라고 부른다. 그림 1-35(a)와 같이 유극성 유전체에서는 외부로부터의 전계가 없으면 각 분자의 영구 쌍극자 모멘트는 임의의 방향을 향해 전체로서는 평균하면 분극은 0이 된다.

그러나 (b)와 같이 외부에서 전계를 가하면 그 영구쌍극자는 전계 방향에 배향하려고 하는 우력을 분자에 준다. 이 배향에 기인하는 분극을 배향분극(orientational polarization)이라고 한다. 한편, 쌍극자의 회전에 대한 데바이(Debye)의 계산에 따르면 쌍극자농도를 N, 전계를 E[v/m], 온도를 T[k], μ를 영구쌍극자 모멘트라고 하면 배향분극의 크기 P_0는 다음과 같이 표시된다.

$$P_0 = \frac{N\mu^2 E}{3kT} \tag{1-30}$$

이 분극은 온도의 영향을 크게 받으며, 분극치는 온도가 상승하면 감소한다.

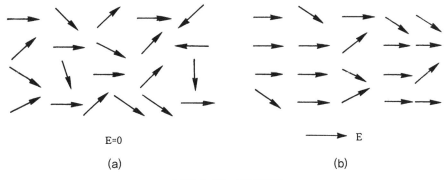

E=0

(a)

E

(b)

그림 1-35 배향분극

1-4 자기 현상

1-4-1 자기의 성질

자철광(Fe_2O_3)은 철편을 끌어당기는 성질이 있는데 이와 같은 성질을 자기(mag-netism)라 하고 자기를 띠고 있는 물체를 자석(magnet)이라 한다.

자석이 철편을 끌어당기는 자용은 양쪽 끝이 가장 강하며, 그 양끝을 자극이라 한다. 그 극성은 정반대이고, N극을 +극, S극을 −극이라 하며, 같은 극은 반발하고 서로 다른 극은 흡인하는 성질이 있다. 또 자석의 근방에 자기를 띠지 않는 철편을 가져오면 이 철편이 자기적 성질을 띠게 된다. 이와 같이 물질을 자기를 가진 상태로 만드는 것을 자화(magnetization)라 하고 이 현상을 자기유도(magnetic induction)라 한다. 그리고 자기유도에 의해 자화되어 자석이 되는 물질을 자성체라 한다. 코일에 철 등의 강자성체를 넣으면 인덕턴스가 증가한다.

그림 1-36은 분자자석설에 의해 자기유도되는 것을 나타내고 있다.

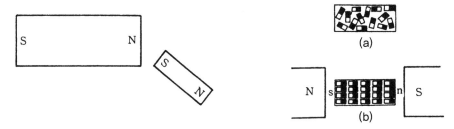

그림 1-36 자기유도(강자성체)

자기의 힘이 미치는 공간을 자장(magnetic field)이라 하며, 자계 중의 한 점에 1[wb]의 점정자극을 놓았을 때 이에 작용하는 힘의 크기 및 방향을 그 점에 대한 자계의 세기 혹은 자기력(magnetic force)이라고 하며, 벡터 H로 표시한다.

지금 m[wb]의 점자하로부터 r[m]의 거리에 있는 점의 자계의 세기 H는 다음과 같이 된다.

$$H = \frac{1}{4\pi\mu_0}\frac{m}{r^3}r \ [\text{A/m}] \tag{1-31}$$

한편 m[wb]의 자화에 작용하는 힘이 F[N]이었다면 자계의 세기 H는

$$H = \frac{F}{m} \ [\text{A/m}] \tag{1-32}$$

가 된다. 여기서 H가 [A/m]와 같은 단위를 갖는 이유는 자계가 자화뿐만 아니라 전

류에 의해서도 만들어지기 때문이다.

1-4-2 전류의 자기작용

그림 1-37에서 보는 바와 같이 전류는 그 주위에 자계 H를 만든다.

이것으로부터 자계의 세기 H를 구하여 보자. 그림 1-38과 같이 도선에 전류가 흐를 때 그 도선을 둘러싼 임의의 폐곡선을 취하고, 이 폐곡선에 따라 H의 선적분을 취하면 그것이 이 폐곡선이 둘러싼 전전류 I와 같다는 관계에 의해 정해진다. 즉

$$\oint H \cdot dl = I \tag{1-33}$$

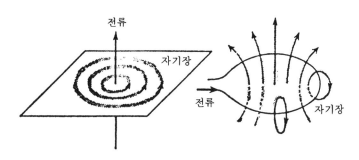

그림 1-37 전류가 만드는 자기장

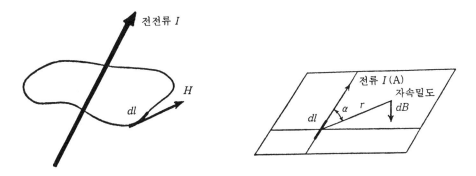

그림 1-38 자기장의 세기 H를 결정하는 선적분　**그림 1-39** 전류가 만드는 자속밀도

한편, 전류에 의해 임의점에 만들어지는 자속밀도 $B[\mathrm{wb/m^2}]$는 그림 1-39에서와 같이 비오-사바르(Boit-Savart)의 법칙으로부터

$$dB = \mu_0 \mu_r \frac{dl}{4\pi r^3} I \times \mathbf{r} = \frac{\mu_0 \mu_r}{4\pi} \frac{I dl \sin\alpha}{r^2} \tag{1-34}$$

로 된다. 여기서 α는 전류 I의 위치벡터 $\mathbf{r}$기 이루는 각이다. 지속밀도와 자계의 세기 사이에는 $B = \mu_0 \mu_r H$의 관계식이 성립한다.

1-4-3 자성의 근원

모든 물질의 구성요소인 원자는 양(+)전하를 갖는 원자핵과 그 주위를 궤도 운동 하는 음(−)의 전하를 갖는 전자군으로 구성되어 있다. 물질이 자성을 나타내는 것은 원자핵의 자기능률(magnetic moment)과 전자의 자기능률의 합으로 이루어지는 원자 의 자기능률로서, 이것이 곧 자성의 원인인 것이다. 그런데 전자의 운동에 의하여 생 기는 자기능률은 원자핵에 의한 것의 약 10^3배 정도로 월등히 크므로 원자핵 주위의 전자운동에 의한 자기능률만 생각하면 물질의 자성을 지배하는 주된 원인을 파악할 수가 있다.

(1) 전자의 궤도운동에 의한 자기능률

전자의 궤도운동으로 인해 일어나는 자기능률은 1회권의 코일에 전류가 흘렀을 때 생기는 것과 근사하다. 따라서 전자 1개의 궤도운동은 1회의 코일에 흐르는 전류와 같으며, 이 전류에 의해서 자계가 생기며 이 코일은 자석과 같은 작용을 하여 자기능 률을 갖게 한다.

그림 1-40과 같이 원자핵을 중심으로 반지름 r되는 궤도를 회전하고 있으면 이 궤 도의 전류 i는 전자의 회전방향과 반대방향으로 다음과 같이 흐른다.

$$i = -ef = -\frac{e\omega}{2\pi} \tag{1-35}$$

이 원전류 i로 생기는 자기능률 μ_m은

$$\mu_m = \mu_0 s i = \mu_0 \pi r^2 \left(-\frac{e\omega}{2\pi}\right) = -\frac{1}{2}\mu_0 e \omega r^2 \tag{1-36}$$

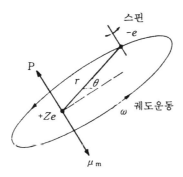

그림 1-40 원자 자기능률

여기서 μ_0는 진공의 투자율($4\pi \times 10^{-7}$[H/m])이다.

한편, 전자의 각운동량 $P_0 = m\omega r^2$이므로 식 (1-36)에서 ωr^2을 소거하면 다음 식이 된다.

$$\mu_m = -\mu_0 \frac{e}{2m} P_0 \tag{1-37}$$

위의 식에서 부($-$)로 되는 것은 전자의 전하가 부이므로 각운동량 P_0의 방향과 자기능률 μ_m의 방향이 서로 반대로 되기 때문이다. 양자역학에 의하면 전자의 각운동량 P_0와 방위양자수 l 사이에는 $P_0 = l\frac{h}{2\pi}$인 관계가 있으므로 이 관계를 식 (1-37)에 대입하면

$$\mu_m = -\frac{\mu_0 eh}{4\pi m} l = -\mu_B l \tag{1-38}$$

인 관계를 얻는다. 여기서 μ_B는 자기능률의 최소단위로서 보어자자(Bohr magneton) 라 하고 다음 식으로 주어진다.

$$\mu_B = \frac{\mu_0 eh}{4\pi m} = 1.165 \times 10^{-29}[\text{wb} \cdot \text{m}] \tag{1-39}$$

(2) 전자의 스핀에 의한 자기능률

궤도회전 이외에 전자는 그 자신의 주위를 역시 돌고 있는데 이것을 스핀운동이라

고 한다. 전자 그 자체의 가운동량이란 전자의 자전을 의미한다. 양자론에 의하면 스핀양자수는 $\pm \frac{1}{2}$이며, 외부자계를 가했을 때 단 두 개의 배치만이 가능하며, 어떤 방향의 스핀 각운동량은 $+\frac{1}{2} \cdot \frac{h}{2\pi}$, $-\frac{1}{2} \cdot \frac{h}{2\pi}$가 된다.

또 원자 스펙트럼에서의 지만(Zeeman)효과로부터 스핀 각운동량과 스핀 자기능률 사이에는 다음 식의 관계가 있음이 유도된다.

$$\mu_s = -\frac{\mu_0 e}{m} P_0 \tag{1-40}$$

위 식을 식 (1-37)과 비교하면 스핀 자기능률은 궤도운동 자기능률의 2배가 되어 있다. 이것을 일반화하여 나타내면 다음 식이 된다.

$$\mu = -g \frac{\mu_0 e}{2m} P_0 \tag{1-41}$$

궤도운동에서는 $g=1$, 스핀에 대해서는 $g=2$가 된다. 이 g를 자이로 자기계수(gyro magnetic ratio), 또는 g인자(g-factor)라고 한다. 실험적으로 g값을 결정하여 물질의 자성에 기여하는 자기능률이 궤도운동에 의한 것인지 아니면 스핀에 의한 것인지 판정된다.

1-5 반도체의 정류현상

전류가 한쪽으로만 흐르고 다른 쪽으로는 흐르지 않는 현상을 정류(rectification)라고 한다. 반도체에서의 정류현상은 금속과 반도체를 접촉시키거나 P형 반도체와 N형 반도체를 접합시킨 경우에 생기는데, 그 중 금속과 반도체의 접합에서는 셀렌 및 아산화구리 정류소자가 있고, PN접합에서는 게르마늄(Ge) 및 실리콘(Si)다이오드가 있다.

1-5-1 금속과 반도체의 접촉

금속과 반도체를 접촉시킬 때 정류작용을 나타내는 것은 접촉부에 생기는 공간전하층에 의해 구성되는 전위장벽(potential barrier)이며 이것은 금속과 반도체의 일함수(work function)의 상대 관계에 의해 정해진다. 금속과 N형 반도체를 접촉시킬 경우에 금속의 일함수를 ϕ_m, N형 반도체의 일함수를 ϕ_s이라 하면 $\phi_m > \phi_s$일 때에는 정류접촉이 나타나고, $\phi_m < \phi_s$일 때는 옴접촉이 된다. 지금 $\phi_m > \phi_s$인 경우에 금속과 N형 반도체를 접촉한 그림 1-41을 생각해 보자. 접촉 전에는 그림 1-41(a)인 상태에 있었던 것이 접촉 후에는 그림 (b)와 같이 반도체의 전도대에 있던 전자들이 금속으로 이동하여 금속의 표면은 부(−)로 대전되고 반도체의 표면층에서 전자는 소멸되어 도우너(donor) 불순물의 정(+)전하가 잔류되므로 전계가 형성된다. 이 전계는 전자에 대하여 전위장벽이 되어 전자가 금속으로 흘러들어가는 것을 방해하는 작용을 하므로 반도체의 에너지 준위는 저하되며 평형상태가 되어 그림 1-41(b)와 같이 양자의 페르미 준위가 일치한다.

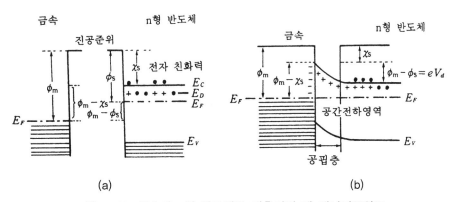

그림 1-41 금속과 n형 반도체를 접촉시킬 때 에너지준위도

금속측에서 본 장벽의 높이는 $\phi_m - x_s$, 반도체측에서 보면 $\phi_m - \phi_s = eV_d$가 된다. 여기서 x_s는 반도체의 전자친화력, V_d는 확산전위이다.

지금 반도체 쪽에 부(−)의 전압을 인가하면, 전위장벽은 $e(V_d - V)$로 감소하므로, 반도체로부터 금속으로 흐르는 전자수는 증가한다. 따라서 전류는 금속에서 반도체로 흐른다. 이것이 순방향 바이어스(forward bias)이다. 반대로 반도체쪽에 정(+)이 되도록 전압 V를 걸어 주면 전위장벽은 $e(V_d + V)$로 커지므로 반도체로부터 금속으로 흐르는 전자수는 감소한다. 이것이 역방향 바이어스(backward bias)이다. 이때 전압과 전류의 특성은 정류성이 나타난다.

그림 1-42에 금속-반도체 접촉의 일례인 셀렌(Se)정류기의 구성과 특성을 표시한다.

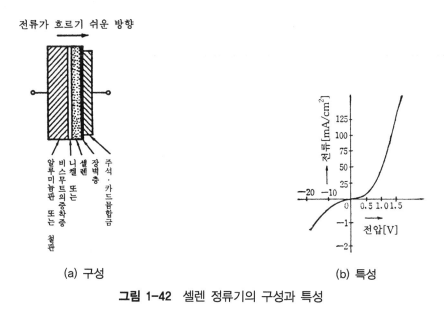

(a) 구성 (b) 특성

그림 1-42 셀렌 정류기의 구성과 특성

1-5-2 PN접합

반도체 결정 내에서 P형 영역과 N형 영역이 접해 있을 때 이 경계를 PN접합이라 하며 정류작용(rectification)이 있다. PN접합의 전기적 특성은 기본적으로 정류작용이라 할 수 있다.

그림 1-43에 PN접합의 개념을 나타낸 것이다. 그림 1-43(a)는 우선 외부로부터 전압을 가하지 않은 단지 양 반도체가 접촉만 한 상태로 각각의 반도체에서 정공 또는 전자가 확산해서 열적으로 평행한 상태를 표시하고, 그 사이에 공핍층(depletion)이 생겨 있다. 이제 그림 1-43(b)와 같이 P형에 정(+), N형에 부(−) 전압을 가하면, 전위차는 $V_0 - V$로 감소하므로 오른쪽의 다수 캐리어(majority carrier)인 전자는 왼쪽에,

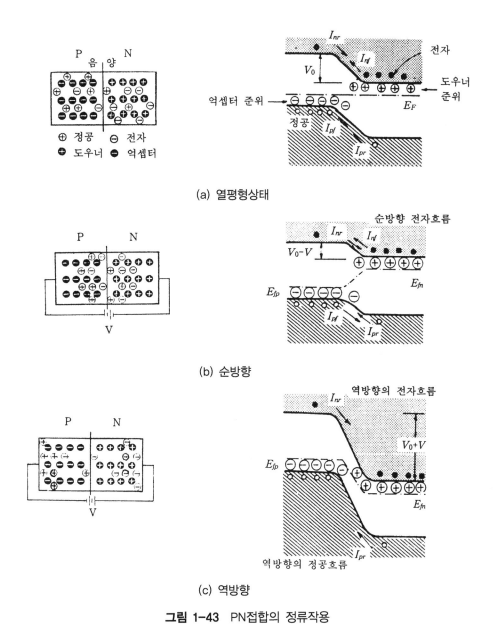

(a) 열평형상태

(b) 순방향

(c) 역방향

그림 1-43 PN접합의 정류작용

왼쪽의 다수 캐리어인 정공은 오른쪽에 용이하게 흘러들어가 전류는 흐른다. 한편 그림 1-43(c)와 같이 역방향의 전압을 가하면 전위의 장벽은 $V_0 + V$로 커지고, 따라서 다수 캐리어는 넘기 어렵게 되어 전류는 흐르지 않고 정류현상을 나타내게 된다.

다음에, 이 역방향의 전압을 더 증가시켜 가면 갑자기 큰 전류가 흐르는데, 이러한 현상을 항복현상(breakdown phenomenon)이라고 하고, 이 전압을 항복전압(break down voltage)이라 한다. 이와 같은 현상이 일어나는 것은 전자사태(electron ava- lanche)효과와 제너(Zener)효과 때문인 것으로 생각된다. 제너항복은 얇은 PN접합 10^{-8}[mm]에서 일어나기 쉽고, 보통 두꺼운 PN접합에서는 전자사태현상에 의하여 항 복현상이 일어난다고 본다.

그림 1-44에 PN접합의 일례인 게르마늄과 실리콘의 정류특성을 표시하였다.

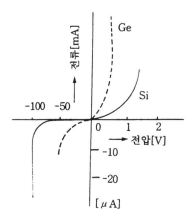

그림 1-44 게르마늄 및 실리콘의 정류특성

또한 제너항복은 주로 불순물 농도가 큰 PN접합에서 일어나는데, 그 이유는 제너항 복이 근본적으로 터널효과(tunnel effect)에 의해 일어나기 때문이다.

1-6 초전도 현상

1911년 네덜란드 라이덴 대학의 하이케 카멜린 온네스(H.K. Onnes)는 수은을 온도 계로 쓸 목적으로 수은의 전기저항을 극저온으로 측정하던 중 약 4.2[k]부근에서 갑 자기 전기저항이 0으로 되는 것을 발견하였는데 이를 그림 1-45에 나타냈다. 이 새로 운 형의 도전현상을 초전도(superconductivity)현상이라고 부르게 되었다. 초전도를 나타내는 물질을 초전도체(superconductor)라고 하며, 납(Pb), 니오브(Nb), 주석(Sn) 등의 금속 및 비금속원소 약 30종과 니오브(Nb)-티타늄(Ti) 합금이나 화합물 세라믹 유기물질 등을 포함하면 천 수백 종에 이른다는 사실이 밝혀졌다.

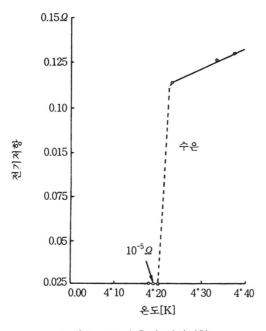

그림 1-45 수은의 전기저항

　이 초전도 현상은 전기저항이 0으로 되므로, 에너지손 없이 대전류를 흘릴 수 있고 또 강력한 자석을 얻을 수 있으므로, 그 응용은 극히 넓지만, 임계온도(critical temperature) Tc가 낮다고 하는 것은 기술적으로나 경제적으로 문제가 있다. 상전도에서 초전도로 이행하는 온도를 임계온도(Tc)라고 한다. 초전도 물체가 널리 실용화되기 위한 경제성의 기준온도는 77[K]이다. 이 온도는 액체질소가 기화하는 온도로서 액체질소는 액체헬륨에 비해 그 값이 10분의 1밖에 안돼 초전도물체를 냉각시키는데 들어가는 비용을 크게 줄일 수 있게 한다. 종래에는 초전도현상이 일어날 수 있는 최고온도는 23[K]였다. 그러던 것이 1987년에 미국 휴스턴 대학의 중국계 물리학자 추(C.W. CHU) 교수가 98[K]를 기록했다.

　대표적인 초전도 물질을 표 1-5에 표시해 두었다.

표 1-5 초전두성을 갖는 원소(숫자는 임계온두[K]를 표시)

1a	2a	3b	4b	5b	6b	7b	8			1b	2b	3a	4a	5a	6a	7a	0
H																	He
Li	Be											B	C	N	O	F	Ne
Na	Mg											Al 1.18	Si	P	S	Cl	A
K	Ca	Sc	Ti 0.39	V 5.03	Cr	Mn	Fe	Co	Ni	Cu	Zn 0.86	Ga 1.09	Ge	As	Se	Br	Kr
Rb	Sr	Y	Zr 0.55	Nb 9.3	Mo 0.92	Te 11.2	Ru 0.49	Rh	Pd	Ag	Cd 0.52	In 3.41	Sn 3.72	Sb	Te	I	Xe
Cs	Ba	희토류	Hf 0.35	Ta 4.48	W 0.01	Re 1.7	Os 0.66	Ir 0.14	Pt	Au	Hg α-4.15 β-3.95	Tl 2.37	Pb 7.19	Bi	Po	At	Rn
Fr	Ra	Ac	Th α-1.37	Pa	U α-0.17 β-1.8	Np	Pu										

희토류	La α-4.9 β-6.3	Ce Pr Nd pm Sm Fu Gd Tb Dy Ho Er Tm Yb Lu

합금화합물의 예

Nb-25%Zr	10.8K	CoSi$_2$	1.22K	CuTh$_2$	3.49K
V$_3$Ga	16.5K	AuSb$_2$	1.22K	V$_2$Si	17.1K
Nb$_3$Sn	18.5K	PdTe$_2$	1.53K	NbB	8.25K
성분 원소는 초전도체		성분 원소는 비초전도체		성분 원소의 1개는 초전도체	

한편 화합물은 성분비율과 제작온도에 따라 초전도 물질이 되기도 하고 그렇지 않기도 한다. 현재 실용화되고 있는 초전도 물질은 니오브-주석과 니오브-티타늄 합금 등 2, 3종류로서 강력한 전자석을 만드는데 쓰이고 있다. 지금까지 50[k] 정도에서는 모두 란타늄-바륨-산화구리(La-Ba-CuO)의 세라믹 화합물이 초전도 물질로 실험되어 왔으나 50[k]가 넘어서는 것들은 이트륨-바륨-산화구리(Y-Ba-CuO) 화합물계통이 쓰이고 있다. 더구나 세라믹 산화물 고온 초전도체는 그 임계온도가 100[K] 정도인 것도 있고 이러한 임계온도의 고온측에의 이행은 액체 질소 온도 77[K]에서 사용할 수 있다는 가능성을 나타내 주목되고 있다. 초전도 현상은 이러한 임계온도 이하에서 전기저항이 0으로 되는 것과 나아가서 초전도 상태에서 완전 반자성, 이른바 자속이 금속 내부로 침입하지 않는다는 특징을 가지고 있다. 그러나 초전도체는 온도가 임계온도 이하라도 자계가 어떤 값 이상이 되면 초전도가 상실되게 되는데, 이때의 자계 강도를 임계자계(critical magnetic field) Hc라고 한다. 또 어떤 크기 이상의 전류를 흘

리면 초전도 현상이 없어지는데, 이 전류를 임계전류(critical current) Jc라고 한다.

따라서 초전도 물질로써 임계온도, 임계자계 및 임계전류의 값은 실용상 특성인데, 표 1-6은 합금계 및 화합물계 초전도 물질의 임계온도와 임계자계이다.

표 1-6 합금계 및 화화물계 초전도 재료의 특성

재료	임계온도 Tc [K]	임계자계 Hc [T]		재료	임계온도 Tc [K]	임계자계 Hc [T]	
Bi-Pb	8.8	1.5	합금	Nb-Zr	10.8	10.5	합금
Hf-Nb	10	11	합금	Nb_3Sn	18	21.5	화합물
NbTa-Ti	10	12.5	합금	V_3Ga	15.3	22	화합물
In-Pb	7	0.4	합금	Nb_3Ge	23	37	화합물
Nb-Ti	9.5	11.5	합금	Ba_2YCu_3Oy	95	90	화합물

초전도 물체는 초전도 상태에서 전류를 거의 무제한으로 많이 흘려줄 수 있게 되어 매우 강력한 자석을 만들거나 전력손실이 없는 송전선을 만드는데 쓰일 수 있다.

발전기의 코일과 송전선의 대용량 케이블에 초전도 금속을 이용하면 종래의 발전기의 중량과 부피가 절반에 가까워지며, 또 강한 자기장을 쉽게 만들어 내기 때문에 종래의 방식으로는 곤란한 고효율 대용량 발전기의 제작이 가능해진다. 초전도 기술은 초전도 발전기 이외에 초전도 전동기, 전자유체(MHD)발전, 자기부상 열차, 에너지 저장 장치(SMES), 핵자기 공명(NMR)진단장치, 센서, 핵융합로 등 폭넓은 분야에 응용이 기대되고 있다.

연습 문제

01. 보어의 이론에 의하여 수소 원자의 기저상태에서의 전자의 운동에너지를 구하여라.

02. 파울리의 배타원리에 대해 설명하여라.

03. 판데르발스결합에 대해 설명하여라.

04. 격자결함의 종류를 열거하고 설명하여라.

05. 에너지대 이론으로 도체, 절연체, 반도체의 차이를 설명하여라.

06. 어떤 도체내의 전자의 이동도가 $\mu = 5 \times 10^{-4}\,[\text{m}^2/\text{v·s}]$라고 한다. 전계 $E = 1\,[\text{v/m}]$를 인가할 때 도체의 고유저항을 구하여라. 단 전자밀도는 $8.5 \times 10^{28}\,[\text{개/m}^3]$이다.

07. γ 작용에 대해 설명하시오.

08. 유전분극의 종류를 열거하고 간단히 설명하여라.

09. 보어자자에 대해 설명하여라.

10. 초전도의 임계자계에 관해서 설명하여라.

11. 빛의 파동성을 입증할 수 있는 증거는?
① 산란현상　　　　　　　　　　② 광전효과
③ 산란과 광전효과　　　　　　　④ 회절현상

12. 두 개의 원자가 가전자를 서로 균등하게 차지하는 결합은?
① 공유결합　　② 이온결합　　③ 수소결합　　④ 금속결합

13. 절대온도 0[K]가 아닌 상태의 에너지 준위에서 입자의 점유율이 ½이 되는 조건은?
① $E > E_f$　　② $E = E_f$　　③ $E = \frac{1}{2}E_f$　　④ $E < E_f$

14. 액체 전기전도의 원인은 무엇인가?
① 암류　　　② 정전력　　　③ 불순물　　　④ 물

15. 원자를 구성하는 전자가 위치를 바꾸어 일어나는 분극은?
① 배향분극　　② 계면분극　　③ 이온분극　　④ 전자분극

16. 실리콘, 또는 게르마늄 등의 반도체 다이오드에 역방향 전압을 주고 그 전압을 높여가며 어떤 값에서 갑자기 역방향 전류가 증가한다. 이 항복현상을 무엇이라고 하는가?
① 제너효과　　② 홀효과　　③ 시백효과　　④ 터널효과

17. 다음에서 초전도재료가 아닌 것은?
① Nb　　　② Fe　　　③ Pb　　　④ V

도전재료

전기를 효율적으로 전달하기 위해 사용되는 재료를 도전재료라 한다. 도전재료로 사용되고 있는 것에는 금속, 비금속을 포함하여 그 종류가 대단히 많지만, 현재 실용적으로 쓰이는 구리, 알루미늄과 이들의 합금 및 복합 금속재료 등 전기전도도가 큰 재료가 주체로 되어 있다. 도전재료는 전기전도 즉 도전이 목적인 경우에는 도체, 전선재료 등이 그 주된 것이지만 접점 재료와 브러시, 전극, 퓨즈 등의 특수 도전재료도 이 부류에 포함된다.

도전재료는 전선과 같이 전류를 잘 흐르게 할 목적으로 사용할 때는 전기저항이 적은 것이 바람직하지만 사용목적에 따라서는 도전율 이외에 열전도율, 열팽창률, 기계적 강도, 열기전력, 용융점, 화학적 안정도 등이 문제가 된다.

2-1 도전재료의 성질

2-1-1 도전재료에 영향을 미치는 요소

(1) 저항률 및 저항온도계수

그림 2-1에 보인 단면적 S, 길이 l인 금속도체에 전류를 흐르게 하는 경우를 고찰해 보면 단면적 S가 넓으면 전류가 잘 전도되고, 길이 l이 길면 전류의 흐름에 방해를 받게 됨을 알 수 있다. 따라서, 금속도체의 저항 R은 길이에 비례하고, 단면적 S에 반비례하므로 도체의 재질에 따라 정해지는 상수 ρ로 써서 다음 식과 같이 표현한다.

$$R = \rho \frac{l}{S} \tag{2-1}$$

여기서 비례상수 ρ는 길이 1[m], 단면적 l[m²]인 물질이 갖는 저항값을 정해 놓은 것으로 저항률(resistivity) 또는 도체의 재질에 따라 고유값을 갖기 때문에 고유저항 (specific resistance)이라고도 한다. 이의 단위로는 $[\Omega \cdot m]$로 정의되나, 비교적 적은 값으로 실용상 $[\mu\Omega \cdot m]$ 또는 $[\Omega mm^2/m]$를 널리 사용한다.

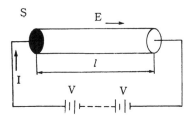

그림 2-1 금속의 전기전도

일반적으로 전선에 널리 사용하는 표준 연동의 저항률 ρ는 1/58[$\Omega mm^2/m$] 즉, 1.724[$\mu\Omega \cdot cm$]로도 나타낸다. 저항률의 역수를 도전율(conductivity)이라 하며, 이 도전율과 국제표준 연동의 도전율과의 비에 대한 백분율을 %도전율(percentage conductivity)이라고 하며

$$\%도전율 = \frac{\sigma}{\sigma_s} \times 100[\%] = \frac{1}{58} \times \frac{l}{RS} \times 10^{-4}[\%] \tag{2-2}$$

으로 나타낸다.

예제 2-1 저항률 2.82×10⁻⁸[$\Omega \cdot m$]의 알루미늄선의 %도전율을 구하여라.

(풀이) $\%도전율 = \frac{\sigma}{\sigma_s} \times 100[\%] = \frac{1}{58} \times \frac{l}{RS} \times 10^{-4}[\%]$ 에서

$\%도전율 = \frac{1}{58} \times \frac{1}{\rho} \times 10^{-4} = \frac{1}{58} \times \frac{1}{2.82} \times 10^8 \times 10^{-4}$

$$= \frac{10^4}{163.56} = 61\,[\%]$$

금속이 전기를 잘 통하는 이유는 약간의 전계에 의해서도 많은 자유전자가 전계에 의해서 쉽게 이동하기 때문이다. 그런데 도체 속의 자유전자가 완전히 자유롭다면, 작은 전계에 대하여서도 매우 큰 속도로 가속되어 전류의 값이 무한히 커질 것이다. 그러나 실제로 도체는 어느 정도 저항을 가지고 있기 때문에 전류는 무한히 커질 수 없다. 그러면 실제로 물질의 전기 저항은 왜 발생하는가를 생각해 본다. 결정의 온도가 높을수록 격자진동도 심하기 때문에 전자는 보다 많은 격자 원자와 충돌한다. 즉 금속의 저항률은 온도가 올라갈수록 커진다. 일반적으로 완전한 결정은 0[℃]에서 전계를 가한 경우, 전자의 운동을 흐트러뜨리는 것이 없으므로 전기저항은 0이다. 그러나 실제로 사용하고 있는 도체는 약간의 불순물이나 격자결함이 있는 경우가 많아 반드시 얼마간의 저항을 가지고 있다. 금속의 저항률 ρ는 마티센(Matthiessen)의 법칙에 따라

$$\rho(T) = \rho_R \, \rho_T(T) \tag{2-3}$$

로 표시할 수 있으며, 여기서 ρ_R은 불순물 또는 격자결함에 의한 격자변형으로 전자가 산란되는데 따른 저항으로, 첨가원소 및 가공변형에 따른 저항이다. 한편 ρ_T는 온도에 의한 결정 격자의 열진동으로 전자가 산란되는 데 따른 저항이다. 즉, 온도가 높아지면 원자는 열진동에 의해서 무질서하게 평형위치에서 벗어나 결정의 주기성이 상실되고 전자는 산란을 일으켜 전기저항이 생긴다. 한편 금속 내의 전자는 외부전계와 열운동에 의해 운동한다.

운동하는 전자의 속도를 v라 하면 전자의 평균 자유 행정 λ는

$$\lambda = v\tau \tag{2-4}$$

로 정의된다. 원자의 열운동은 온도 T가 높을수록 격렬해지므로 λ는 절대온도 T에 반비례한다. 고로 식 (2-4)에서

$$\lambda = v\tau = \frac{k}{T} \tag{2-5}$$

로 표시된다. 식 (1-20)과 식 (2-5)에서 저항률 ρ와 온도 T와의 관계는 다음과 같이 된다.

$$\rho = \frac{m}{ne^2\tau} \propto T \tag{2-6}$$

일반적으로 금속도체의 저항은 온도가 상승하면 금속원자의 열운동 상태가 매우 활발해져 자유전자와의 충돌 횟수가 보다 많아지므로 이로 인해 자유전자의 원자간 이동이 보다 어려워지게 되어 도체 저항이 증가한다. 따라서 0[℃]에서의 저항을 R_0, t[℃]에서의 저항값을 R_t라고 하면, R_t는 실용상 다음의 식으로 표시된다.

$$R_t = R_0(1 + \alpha_0 t) \tag{2-7}$$

여기서 α_0는 온도 0[℃]에 있어서, 도체의 종류에 따라 정해지는 저항 온도계수라고 한다. 국제표준 연동의 0[℃] 및 t[℃]의 저항온도계수 α_0, α_t는 각각 다음의 식으로 표현한다.

$$\alpha_0 \fallingdotseq \frac{1}{234.5}, \quad \alpha_t \fallingdotseq \frac{1}{(234.5 + t)} \tag{2-8}$$

온도에 의한 저항의 증가는 거의 원자의 열운동에 의한 것으로 단일 순금속의 온도계수는 완전가스의 팽창률 $\frac{1}{273} = 0.00366$에 가까운 값이다.

일반적으로 금속도체에서는 $\alpha > 0$인 관계가 성립되지만 탄소, 전해액 및 반도체 등에서는 $\alpha < 0$이 되어 온도가 높아지면 오히려 저항이 감소되는 경향을 보인다.

예제 2-2 저항의 온도계수가 10^{-4}인 니크롬선을 사용하여, 1,000[℃]일 때 20[Ω]의 저항을 갖는 전열선을 만들려면, 상온 20[℃]일 때의 니크롬선의 저항을 얼마로 하여야 하는가?

(풀이) $R_{t2} = R_{t1}\{1 + \alpha_{t1}(t_2 - t_1)\}$에서

$$20 = R_{t1}\{1 + \alpha_{t1}(t_2 - t_1)\} = R_{t1}\{1 + 1 \times 10^{-4}(1,000 - 20)\}$$

$$\therefore 1.098R_1 = 20, \ \therefore R_1 = \frac{20}{1.098} \fallingdotseq 18.2[\Omega]$$

표 2-1에 단체 금속원소의 특성을 나타내었다.

표 2-1

원 소	저항률 $[\mu\Omega \cdot cm]$ (20℃)	% 도전율 (20℃)	저항온도계수 $[\times 10^{-3}/℃]$ (0~100℃)
Ag	1.62	107	4.1
Cu	1.724	100	3.93
Au	2.4	75	3.9
Al	2.826	61	4.03
Mg	4.46	39	4.2
Na	4.6	37	4.6
W	5.5	31	4.6
Mo	5.7	30	4.2
Zn	6.1	28	4.23
Co	6.86	25	6.04
Ni	6.9	25	6.81
Cd	7.5	23	4.3
In	9.0	17	4.7
Fe	10.0	18	6.51
Pt	10.5	16	3.92

(2) 열류밀도와 열전도도

다음에 전기전도와 열전도의 관계를 알아보기로 한다.

물체 내의 두 개의 다른 부분에 온도의 차가 있으면 그 사이에 열이 흐른다. 만일 이 물체가 절연체이면 열전도는 결정격자의 진동에 의해서 운반되며, 반도체에서는 전자의 이동과 격자진동에 의한 양쪽 작용이 합쳐져서 이루어진다. 한편, 금속과 같은 도체에서는 격자원자의 열진동에 의한 열전도와 함께 고온부에서 에너지를 얻은 자유 전자가 저온부로 이동하여 격자원자와 충돌해서 격자에 에너지를 주는 과정을 거쳐

열을 전달하게 된다. 즉, 전도전자가 있을 때는 열전도에 기여하는 것이 파동에 의한 것보다 훨씬 크다. 그러므로 금속은 전기적 절연재료보다 훨씬 큰 열전도도를 가진다. 여기서 등방성의 물질 내에서 x방향으로 열의 흐름이 있고 이것이 정상상태에 있을 때 단위시간당 단위 면적에 흐르는 에너지를 열류밀도 $[\text{W/m}^2]$라 하고, 이것을 Q로 표시하면

$$Q = -K\left(\frac{\partial T}{\partial x}\right) \tag{2-9}$$

로 된다. 여기서 비례상수 K를 열전도도라 한다. 금속에서는 이 열전도도 K와 전기 전도도 σ와의 사이에는

$$L = K\frac{\rho}{T} = \frac{K}{\sigma T} \tag{2-10}$$

의 관계가 성립하는데 이것을 비데만-프란츠(Weidemann-Frantz)의 법칙이라 한다. 여기서 $L = 2.45 \times 10^{-8}[\text{W} \cdot \Omega \cdot \text{K}^{-2}]$로 표시되는데 이 정수를 로렌츠수(Lorentz number)라고 한다. 식 (2-10)은 전기전도도가 양호한 금속은 열전도도가 양호한 것을 의미하며, 전기전도에 기여하는 자유전자가 열전도에도 기여하고 있음을 알 수 있다. L의 실측값의 예를 표 2-2에 나타냈다.

표 2-2 로렌츠수의 실측값

금속	$L \times 10^{-8} [\text{W} \cdot \Omega \cdot \text{K}^{-2}]$ 0℃	100℃	금속	$L \times 10^{-8} [\text{W} \cdot \Omega \cdot \text{K}^{-2}]$ 0℃	100℃
Ag	2.31	2.37	Pb	2.47	2.56
Au	2.35	2.40	Pt	2.51	2.60
Cd	2.42	2.43	Sn	2.52	2.49
Cu	2.23	2.33	W	3.04	3.20
Ir	2.49	2.49	Zn	2.31	2.33
Mo	2.61	2.79			

2-1-2 금속의 전기적 성질

(1) 기계가공과 전기저항

도전재료로 사용되는 금속은 순수한 금속일 때에는 표 2-1과 같은 일정한 성질을 가지지만, 실제 사용하고 있는 금속은 가공 및 열처리한 것이며, 또한 합금으로 사용한다. 이때에 금속은 기계적, 화학적 성질만 변하는 것이 아니고 전기적 성질도 변화한다. 일반적으로 금속은 상온에서 압연, 선인 등의 가공에 의해 전기저항은 증가한다.

그 비율은 금속의 종류에 따라 다르고 Cu나 Al 등에서는 2~4[%]이나, 황동에서는 10~20[%] 정도가 차이가 현저하다. 이와 같이 가공에 의해서 저항이 증가하는 원인으로는 가공에 의해 생기는 변형 또는 전위(dislocation) 등의 격자결함에 따른 것이라고 생각되고 있다. 즉, 가공에 의한 전기저항의 변화는 그림 2-2에서 곡선 (a)처럼 가공변형에 따른 증가의 방향과 곡선 (b)처럼 결정의 미끄럼에 따른 감소가 있지만, 전체적으로는 곡선 (c)와 같이 증가하는 경향을 나타내게 된다.

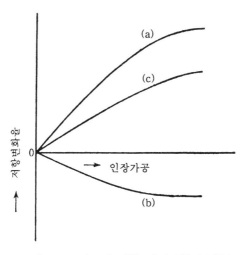

그림 2-2 가공에 의한 전기저항의 변화

그러나 이러한 가공에 의한 현상은 전기저항의 증가뿐 아니라, 기계적 성질도 크게 영향받아 인장강도, 경도의 증가 및 신장률의 감소에서 볼 수 있는데, 이러한 현상을 가공경화(work hardening)라고 한다. 그러나, 탄성한계를 넘지 않고 알맞게 신장하면 금속이 결정은 저항이 작은 방향으로 늘어나기 쉬우므로 저항은 거의 변하하기 않는다. 또한 고온에서 신장가공하는 것을 열간압연이라 한다.

(2) 열처리와 전기저항

가공한 금속을 열처리할 경우, 그 금속의 원자 배열이 변화하므로 전기저항이 변한다. 금속재료를 융점 이하의 적당한 온도로 가열한 다음 냉각속도를 조절함으로써 재료의 성질을 변화시키는 것을 총칭하여 열처리라 한다.

열처리 중의 하나인 풀림(annealing)은 적당한 온도로 가열한 후 재료를 천천히 식히는 열처리이다. 풀림을 하면 재결정이나 결정립의 성장이 생겨 내부 변형이 제거되어 기계적 성질이나 상온가공으로 증대된 전기저항은 다시 감소한다. 풀림 이외의 열처리에는 담금질(quenching)과 뜨임(tempering)이 있는데, 담금질은 금속을 고온으로 가열하여 액체(물, 기름) 등으로 급히 식히는 것으로 그 결과 금속은 경도를 증가시키지만 깨지기 쉬우므로, 이 성질을 작게 하기 위하여 담금질한 금속을 담금질 온도보다 낮은 온도로 재가열하여 천천히 식힌다. 이것을 뜨임이라 한다. 다음은 상온 가공에 의해 전기저항이 증가한 금속을 열처리하면 어떻게 되는지를 알아보자. 이 경우에도 그림 2-3과 같이 전기저항이 증가하는 곡선 (a)와 감소하는 곡선 (b)로 나눌 수 있다. 곡선 (a)와 같이 증가하는 이유는 가공에 의하여 전기저항이 작아지는 방향으로 배열하고 있던 결정격자가 풀림에 의하여 가공하기 전의 상태로 되돌아가기 때문이다. 또, 곡선 (b)와 같이 감소하는 이유는, 원자가 규칙적으로 배열되어 틈이 적어지게 되기 때문이다.

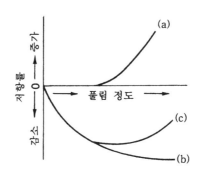

그림 2-3 열처리에 의한 전기저항의 변화

이와 같은 이유로 곡선 (a)와 (b)의 특성이 합쳐져 전체적으로는 곡선 (c)와 같이 되므로 적당한 열처리 과정을 거치면 저항률은 감소한다.

(3) 합금의 전기적 성질

합금(alloy)은 하나의 금속에 이종원소를 가하여 고온으로 용해시켜서 만든 것이다. 금속의 합금은 단체(element)금속에서는 얻을 수 없는 여러 가지 우수한 성질을 가지고 있으며, 그 합금의 조성에 따라 성질이 많이 달라지므로, 전기재료로 많이 사용된다. 합금의 종류에는 성분원소의 혼합방법에 따라 고용체 합금, 공정합금, 금속간 화합물, 석출경화합금 등으로 나눌 수 있다.

① 고용체 합금

금속의 결정격자 중에 다른 원소의 원자가 들어가 1개의 성분이 다른 성분을 용해하여 고용체가 된 합금을 고용체 합금(solid solution alloy)이라 한다. 즉 자수정(amethyst)은 석영의 결정에 Mn이 용해되어 들어가 있는 고용체이다. 이들은 물론, 원자적 또는 분자적 혼합물로서 X선 분석에 의하지 않으면 전자현미경으로도 그 혼합물을 발견할 수 없다. 고용체의 두 성분 원자가 서로 혼합될 때 그림 2-4(a)와 같이 한 금속의 결정격자 사이에 다른 원자가 섞이기 때문에 결정격자의 공간적 불규칙성이 생겨, 자유전자는 운동을 방해받아 전기저항이 증가하게 된다.

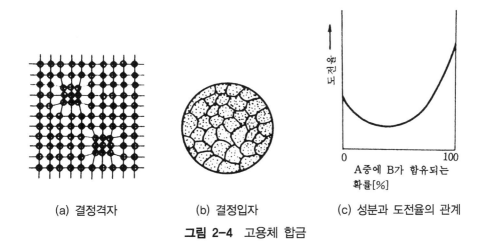

(a) 결정격자   (b) 결정입자   (c) 성분과 도전율의 관계

그림 2-4 고용체 합금

한편, 현미경으로 보면 그림 2-4(a)와 같이 A금속에 B금속이 가해져 합금이 되면 결정격자가 일그러져 도전율은 매우 감소하며, 도전율과 함유성분 사이의 관계는 그림 2-4(c)와 같이 U자형이 된다. 이와 같이, A, B 두 종류의 성분으로 된 합금이 있는 경우 A, B의 어느 것보다 도전율이 큰 것을 만들지는 못한다.

고용체 합금의 예로는 Cu-Ni, Cu-Au, Ni-Fe, Pt-Ir, Ag-Au 등이 있다.

② 공정합금

두 종류의 금속은 혼합 용융하더라도 서로 친화력이 없을 때는 고용되지 않고 단지 기계적으로 각각의 미세한 결정입자들이 혼합되어 이루어진 합금을 공정합금(eutectic alloy)이라 한다. 이 합금을 현미경으로 촬영을 할 때 그림 2-5(a)와 같이 A, B 두 금속의 결정입자를 구별할 수 있다. 공정합금의 도전율은 성분의 혼합비로부터 계산한 것과 거의 같거나 또는 그보다 약간 작다.

따라서, 도전율과 성분과의 관계를 표시하면 그림 2-5(b)와 같이 거의 직선이 된다. Pb와 Sn의 합금은 그 예로 땜납이나 퓨즈(fuse)재료로 사용된다.

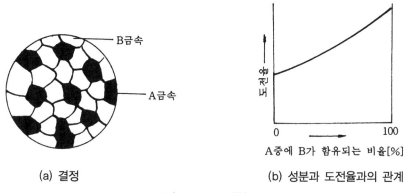

(a) 결정   (b) 성분과 도전율과의 관계

그림 2-5 공정합금

③ 금속간 화합물

두 종류 이상의 금속 원소가 간단한 정수비로 결합하여 성분원소의 원자배열이 규칙적인 합금을 금속간 화합물이라 한다. 보통의 고용체보다 전지저항이 큰 편이며, 또

성분 금속에 비해 현저히 특성이 틀리는 것이 만들어지기도 한다. 금속의 특성을 잃은 것은 전기저항이 높고, 전성과 연성이 낮고, 경도가 낮는 등 특수한 성질을 가진 것이 있다. 예로는 Bi_2Te_3, InSb, CdSe, Nb_3Sn 등이 있다.

④ 석출경화합금

난성이 상한 합금을 만드는 방법으로 A, B 두 종류의 단체금속을 고용시킬 때 A 중에 B가 고용되는 가능고용한계가 가하는 외부 온도에 의하여 다른 경우가 있다. 이와 같은 합금은 용용에서 급히 냉각시키면 상온에서의 고용한계 이상의 B를 포함하는 과포화고용체가 된다. 이것을 다시 수백[℃]로 가열하여 풀림하면 고용한계 이상의 B는 미결정이 되어 합금 중에 석출된다. 이 결과 결정내부에 압력이 작용하여 원자의 배열이 불규칙하게 되고 결정내부에는 슬립(slip)이 일어나기 어렵게 되어 합금은 경화된다. 이와 같은 합금을 석출경화합금(precipitation hardening alloy)이라 한다. 이와 같은 합금으로 된 것은 코르손합금(Cu-Ni-Si), MK강, 베릴륨동(Cu-Be) 등이 있다.

2-2 도전재료

2-2-1 도전재료의 구비조건

도전재료라 함은 가능한 한 전력 손실이 없는 상태로 전류를 통할 수 있게 하는 것을 목적으로 한 것으로 전선, 케이블의 소재, 전기접점 등이 그 대표적인 것이다.

도전재료의 구비조건은 사용 목적에 따라 다를 뿐만 아니라, 사용 방법 또는 사용 장소의 조건에 따라 여러 가지 특성이 요구되지만 가장 많이 사용되는 도전재료가 갖추어야 할 조건은 다음과 같다.

① 저항률이 작을 것

② 기계적 강도(인장강도, 경도, 스프링성)가 클 것

③ 가공이 용이할 것

④ 가요성이 풍부할 것

⑤ 내식성이 클 것

⑥ 산출량이 많고, 값이 쌀 것

은은 표 2-3에서 알 수 있는 바와 같이 저항률이 가장 작아 도전재료 중 가장 적합한 재료이나 값이 비싸기 때문에 그 다음으로 좋은 구리가 도전재료로 널리 사용된다. 금과 은은 산출량 가격면에서 문제가 있으므로 접점, 도전도료 등 특수한 것 외에는 사용되지 않는다. 다음으로는 알루미늄인데, 이것은 자원도 풍부하고 경제적이어서 구리 다음으로 도전재료로 널리 사용된다. 또 나트륨은 경량과 경제성이라는 면에서 주목되어 미국에서는 도전재료로서 실용되고 있다. 구리 및 알루미늄은 도전율이 크

표 2-3 대표적 금속원소의 특성

원소명	기 호	저항률 [$\mu\Omega \cdot cm$] (20℃)	온도계수 20℃부근에서 1℃에 대하여	열기전력 [mV/℃]	비중 (20℃)	선팽창계수 $\times 10^{-6}$	용융점 (℃)
은	Ag	1.62	0.0038	+0.75	10.5	18.9	960.5
구리	Cu	1.72	0.00393	+0.75	8.92	16.6	1,083
금	Au	2.4	0.0034	+0.70	19.3	14.2	1,063
알루미늄	Al	2.82	0.0039	+0.38	2.7	23.03	660
마그네슘	Mg	4.46	0.004	+0.42	1.74	25.6	651
칼슘	Ca	4.6	-	-	1.55	25	810
나트륨	Na	4.6	-	−0.21	0.97	71	97.5
로듐	Rh	5.1	-	+0.65	12.5	84	1,955
텅스텐	W	5.48	0.0045	+0.79	19.3	4	3,370
몰리브덴	Mo	5.7	0.0033	+1.31	10.2	4	2,620
이리듐	Ir	6	-	+0.65	22.4	6.5	2,350
아연	Zn	6.1	0.0037	+0.77	7.14	33	419.4
코발트	Co	6.86	0.0066	−1.99	8.9	12.3	1,480
니켈	Ni	6.9	0.006	−1.43	8.9	12.8	1,452
칼륨	K	7.0	-	−0.94	0.86	83	62.3
카드뮴	Cd	7.5	0.0038	+0.92	8.65	29.8	320.9
오스뮴	Os	9	-	-	22.48	6.1	2,700
리튬	Li	9.3	-	-	0.53	56	186
철	Fe	10	0.005	+1.91	7.86	11.7	1,535
백금	Pt	10.5	0.003	0	21.45	8.9	1,755
파라듐	Pd	10.8	0.0033	−0.48	12	11.8	1,555
주석	Sn	11.4	0.0042	+0.45	7.35	20	231.8

고 비교적 경제성도 풍부해서 도전재료로 우수한 재료이지만 강도가 비교적 작기 때문에 그대로 도전재료로 사용되는 경우는 드물다. 그래서 도전율을 별로 낮추지 않고 강도를 증가시키기 위하여 열처리를 하거나 또는 합금으로 하여 사용한다.

2-2-2 구리 및 구리계 도전재료

(1) 구리

도전재료로서 가장 많이 사용되는 구리는 황동광(CuFeS₂)을 제련하여 조동을 만들고, 이것을 전기분해에 의해 정련하여 순도를 높게 만든 전기동(electrolytic copper)인데, 그 순도는 99.96~99.98%로 극히 미량의 P, As, Sb, Si, Al, Fe, Ag 등의 불순물을 포함하며, 이 밖에 O, H를 함유한다. 불순물의 종류에 따라 그림 2-6과 같이 도전율이 급격히 감소하기 때문에 그 순도를 99.96~99.98[%] 정도의 것을 이용한다.

전기동은 용해, 주조한 후 열간압연하여 직경 25~26[mm]로 거칠게 인선한 후 다시 상온에서 인선가공한다. 이때 상은 가공하는 정도에 따라 반경동 또는 경동(hard copper)이 된다. 이것을 450~600[℃]에서 풀림(annealing)하면 연동(soft copper)이 되어 저항률은 감소한다. 만국표준연동의 체적 저항률은 $0.01724[\mu\Omega \cdot m]$, 경동선의 저항률은 이보다 2~3[%]정도 높다.

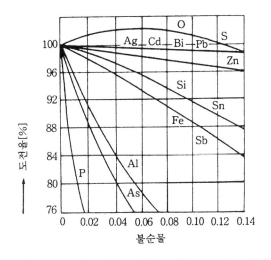

그림 2-6 불순물이 구리의 도전율에 미치는 영향

표 2-4는 가공에 의한 구리선의 성질을 비교한 것이다.

표 2-4 가공에 의한 구리선의 성질

특 성	연동선	경동선
저항률 [Ω·m]	$1.7070 \sim 1.7774 \times 10^{-8}$	$1.7503 \sim 1.7958 \times 10^{-8}$
도전율 [%]	$97 \sim 101$	$96 \sim 98$
인장강도 [kg/mm^2]	$25 \sim 30$	$34 \sim 48$
융점 [℃]	1,083	1,083
비중	8.9	8.9
열팽창계수 [deg^1]	17×10^{-6}	17×10^{-6}
탄성률 [kg/mm^2]	$5,000 \sim 12,000$	$9,000 \sim 12,500$

*국제 표준 구리의 값 1.724×10^{-8} [Ω·m]로 한 값

그림 2-6에 나타낸 바와 같이 구리 속에 미량의 불순물이 포함되면 어느 것이나 구리의 도전율을 저하시킨다. 그러나 산소만은 그 양이 미량일 경우에는 구리의 도전율을 증가시킨다. 산소를 함유한 구리를 환원성인 수소가스 중에서 고온으로 가열하면 수소가 구리 중에 확산되어 내부의 산소와 결합해서 재료의 질을 약하게 만든다. 이것을 수소취성(hydrogen embrittleness)이라 한다.

이러한 현상이 나타나는 이유는 구리에 함유되어 있는 산화제1구리(Cu_2O)가 환원하여 고압 수증기가 됨으로써 구리의 조직이 팽창하여 무수한 공극이 발생되어 재료의 질이 약해지기 때문이라고 생각되고 있다. 보통 전기동 중에는 산소함유량이 0.02~0.05[%] 포함되어 있어 도전율을 저하시키므로 구리 중의 산소를 제거하기 위해서 인 등의 탈산제를 가하여 정제하든가, 수소, 일산화탄소 등의 환원가스 중에 구리를 용해하여 정제하거나 또는 고주파 유도로에서 진공용해에 의해 정제하는 등의 여러 가지 방법으로 제거한다. 이와 같이 정제해서 산소함유량을 0.01[%] 이하로 한 구리를 무산소동(oxygen free high conductivity copper, OFHC) 또는 탈산 구리라 하며 내식성이 크고 연신성이 풍부하며 굴곡성이 좋으므로 가는 선으로 가공하여 코드선이나 동축해저케이블의 외부 도선, 전자부품용 리드선 등으로 이용된다. 또한 고온에서 잘 견디고, 도전율도 저하하지 않기 때문에 진공관의 전극재료 등으로 사용되고 있다.

경동은 송전선, 배전선, 개폐기, 가공트롤리(trolly)선, 정류자편 등의 재료로 사용되고 연동은 옥내배선, 코드(cord)선, 전기기기 내 배선 등에 사용된다.

(2) 구리 합금

순 구리는 도전율은 높지만, 인장강도, 반복응력, 탄성 등의 기계적 성질이 약하고 쉽게 부식되는 결점이 있으므로 이를 개선한 합금이 사용된다.

① 구리-카드뮴 합금

카드뮴은 은 다음으로 구리의 도전율을 비교적 저하시키지 않고 인장강도를 증가시키는 금속이다. 이 합금은 구리에 카드뮴을 1.2~1.4[%] 함유시킨 것으로 %도전율은 80~90[%], 인장강도는 50~60[kg/mm^2] 정도로 연동선의 약 2배로 증가한다. 카드뮴의 함유량이 동선의 성질에 주는 영향을 그림 2-7에 표시하였다.

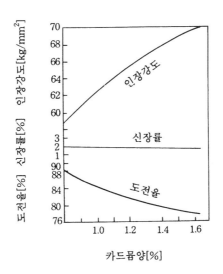

그림 2-7 카드뮴이 구리에 미치는 영향

특히 내식성, 내마모성이 우수하므로 장거리송전선, 전신전화선, 전차선, 공중선, 정류자편 등에 사용되고 있다.

② 구리-은 합금

구리에 은이 0.2[%] 포함되어 있으나, 경우에 따라서는 더욱 적을 경우도 있다. 도전율을 그다지 저하시키지 않으면서 강도를 크게 할 수 있다. 열처리를 적당히 하면 인장강도가 70~100[kg/mm^2], 도전율은 70~90[%]나 되므로 전차선, 회전기의 정류자편, 진공관의 양극재료 등에 사용된다. 특히 내열성 외에 카본과의 내마모성이 좋다.

③ 구리-크롬 합금

구리에 0.5[%]의 크롬을 포함한 석출경화형 합금이다. 약 1,000[℃]에서 담금질하고, 상온 가공 후 500[℃]에서 풀림열처리하면 높은 도전율과 인장강도 및 내열성이 얻어진다. 용접용 전극재료나 통신선 등에 사용된다.

④ 구리-니켈-규소 합금

이 합금은 미국의 코르손(M.G Corson)에 의해 발명된 것으로 코르손합금이라고도 하며, 구리에 규화니켈(Ni$_2$Si)을 3~4[%] 첨가한 것으로 석출경화합금이다. 첨가하는 규화니켈의 양, 담금질, 뜨임온도, 가공법 등에 따라 다소의 차이가 있지만 일반적으로 규화니켈 3~4[%], 담금질 온도 900~950[℃], 뜨임온도는 520~580[℃]이다. 도전율은 25~45[%], 인장강도는 75~95[kg/mm^2]이다. 이 합금은 내열성, 내식성, 특히 내해수성이 강하고 또 고온에서 장시간 사용해도 인장강도가 변하지 않기 때문에 각종 도전성스프링, 바인드선, 가공통신선, 도전성의 개폐기, 가공트롤리선 등에 사용된가.

⑤ 구리-지르코늄 합금

이 합금은 구리에 지르코늄이 0.1~0.2[%] 정도 함유되어 있는 것으로 석출경화형 합금이다. 구리에 비해서 도전율을 저하시키지 않고서도 내열성을 높일 수 있다. 도전율은 90[%]가 된다. 스위치 및 리드재료로 사용되고 있다.

표 2-5는 여러 가지 구리 합금의 특성 및 용도를 나타낸 것이다.

표 2-5 여러 가지 구리 합금의 특성 및 용도

합금명	합금조성(%)	도전율(%)	인장강도	특 징	주요용도
구리-카드뮴	cd : 0.5~1	75~90	50~60	내식성, 내마모성이 우수하다.	송전선, 전차선, 안테나선
구리-규소	Si : 0.02~0.5 Sn : 1	40~50	45~70	내열성이 우수, 도전율이 크다.	통신용가공선, 장거리 송전선, 트롤리선
구리-은	Ag : 0.2 이하	90	70~100	고도전율, 내열성은 100℃ 이상에서 터프피치 구리보다 우수, 내마모성 우수	내열전선, 진공관의 양극재료, 트롤리선
코르손	Ni : 4 Si : 1	25~45	75~95	인장강도가 큼, 내식성(특히 내해수성)이 우수, 고도전율	도전성스프링, 가공통신선, 트롤리선
구리-크롬	Cr : 0.5	85	HT 45	석출경화형, 고도전율, 고강도, 내열성	용접용 전극재료, 기내 배선전선
구리-베릴륨	Be : 2.0 Co : 0.3	25	HT 120	고강도, 탄성 우수, 내마모성 큼, 석출경화형, 고온에서도 탄력이 있음	도전성 스프링, 스위치 부품, 베어링
구리-지르코늄	Zr : 0.15	90	HT 40	석출경화형, 고도전율, 고온강도, 크리프강도	리드재 스위치
인청동	Sn : 5 P : 0.03	30	80	탄성 풍부, 기계적 성질 우수	도전성 스프링 리드재
황동(brass)	Zn : 30~40	약 30	35~56	가격 저렴, 가공 용이	단자, 브러시, 볼트, 너트

*H : 경재, HT : 시효재, 인장강도 : $[kg/mm^2]$

⑥ 구리-아연 합금

구리와 아연의 고용체합금으로 황동 또는 놋쇠라고 불린다. 구리에 아연을 40[%] 가한 것이다. 6, 4황동으로 견고하여 주물로 하고, 아연을 30[%] 가한 것이 7, 3황동으로 선, 판으로 사용한다. 도전율은 30[%]이고, 인장강도는 35~56$[kg/mm^2]$이며, 어느 정도의 내식성이 있다. 이 합금은 절삭가공이 쉽고 순 구리보다 강도도 개선되고 염가이기 때문에 널리 이용되고 있다. 또 이것은 전기기구의 도체단자, 브러시 홀더, 볼트, 너트 등에 이용되고 있다.

⑦ 구리-규소 합금

구리에 주석을 1.4[%], 규소를 0.02~0.52[%] 첨가한 것이다. 도전율은 40~50[%] 이나, 인장강도가 45~70$[kg/mm^2]$이기 때문에 경간이 긴 가공트롤리선 등에 사용된다.

⑧ 인청동

구리에 주석을 10[%] 이하 첨가하고 이에 극히 미량인 인(P)을 함유시킨 것이다. 인은 구리의 도전율을 현저히 감소시키므로, 도전재료로서 인의 함유량을 극히 적게 한다. 도전율은 약 30[%] 이하, 인장강도는 30~80[kg/mm²]이지만, 담금질(quenching)하면 탄성재료로 우수한 성질을 나타내므로 각종 계기 또는 스위치류의 도전용 스프링 또는 축받이 등에 사용된다. 또 전류에 대하여 접촉저항이 적으므로 부품재료나 전기통신기기용 재료로서 사용된다.

한편 전기저항이 클수록 탄성한계가 높고, 압연 등의 가공도를 증가시키면 기계적 성질은 좋아지지만 지나치게 가공도가 커지면 금이 가는 경우도 있다. 그림 2-8은 인청동의 조성과 기계적 성질을 나타낸 것이다.

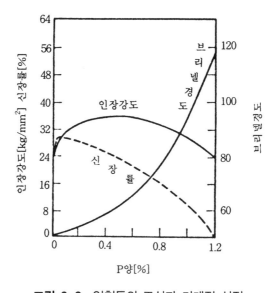

그림 2-8 인청동의 조성과 기계적 성질

⑨ 구리-베릴륨 합금

이 합금은 구리에 베릴륨을 2~2.5[%] 함유시킨 석출경화형 합금이나, 베릴륨은 옥석인 에메랄드에서 채취한 것으로 값이 비싸다. 도전율은 25[%] 정도이고, 인장강도는 상온가공이나 열처리를 적당히 하면 인장강도가 130[kg/mm²]까지도 되므로 다른 구리 합금과 비교하여 현저하게 크다. 또 주조재를 약 800[℃]에서 2시간 가열하여 담금질 한 후 350[℃]에서 3시간 뜨임 열처리를 하면 강도나 경도가 현저하게 증대하여 브리넬(Brinell)경도가 400 이상이나 된다. 그림 2-9에 베릴륨 2.5[%] 함유, 담금질온도 800[℃], 350[℃]에서 뜨임한 경우의 석출경화특성을 나타냈다. 350[℃] 정도의 온도에서 탄성을 잃지 않고, 내마모성, 내식성, 기계적 성질이 우수하지만 값이 비싸다. 각종 전기기기의 특수 도전재료나 계측기의 도전성 스프링, 스위치의 접촉부, 용접기의 전극 등에 사용된다. 가격이 비싸므로 전선재료는 지하철 같은 습한 곳이나 연기가 많은 곳 등 특별한 경우에 사용된다. 베릴륨의 값이 비싸서 그 함유량을 줄이는 연구가 계속되고 있다.

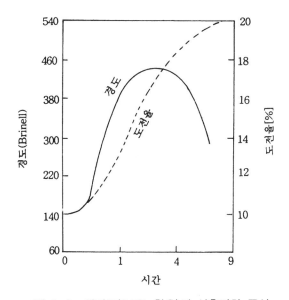

그림 2-9 베릴륨(2.5% 함유)의 석출경화 특성

(3) 구리계 복합선

강선을 중심으로 해서 그 외부를 구리로 융착 피복한 선을 동복강선(weld wire)이라 한다. 이때 강선의 강의 단면적 비는 30~60[%]이고, 인장강도는 80~120[kg/mm²]인 것을 사용한다. 선 전체로서는 인장강도가 70~90[kg/mm²], 도전율은 30~50[%]가 된다. 가격이 싸다는 점에서 최근 사용 범위가 넓어져 장경간이나 풍설이 많

은 지방의 송·배선전, 옥외통신선, 고주파 케이블 등에 사용한다. 또한 인장강도가 특히 크기 때문에 C합금선과 마찬가지로 통신선에 대한 유도 장해 방지대책으로서의 가공 지선용으로 쓰이는 수가 있다.

그림 2-10은 웰드선과 경동선과의 전기저항이 주파수에 의해 변화하는 것을 나타낸 것이다.

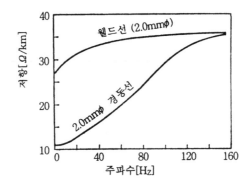

그림 2-10 웰드선과 경동선의 주파수에 의한 전기저항의 변화

2-2-3 알루미늄과 그의 합금

(1) 알루미늄

알루미늄은 구리나 금 다음으로 도전율이 좋은 금속이고 20[℃]에서 저항률이 2.82 [$\mu\Omega \cdot cm$]이다. 또 알루미늄은 금속 다음으로 지구상에 많이 존재하는 원소이므로 구리의 대용품으로 많이 이용되고 있다. 이 알루미늄은 거의 보크사이트($Al_2O_3 \cdot 2H_2O$)라는 광석에서 분리된 알루미나(Al_2O_3)를 용해된 빙정석($AlF_3 \cdot 3NaF$)에 녹여 전기분해 함으로써 만들어진다. 그 순도는 보통 99.5~99.8[%] 정도이지만, 고순도의 것이 요구될 때에는 다시 한 번 전해를 반복함으로써 99.99[%] 이상의 것을 얻을 수 있다. 순 알루미늄의 도전율은 구리의 약 61[%]이고, 비중은 구리의 약 1/3, 중량은 구리의 1/2이다. 인장강도는 작은 편이어서 구리의 약 45[%] 정도이다.

도전재료로서 많이 사용되는 알루미늄의 도전율은 그 순도에 의해 큰 영향을 받는다. 불순물이 첨가되면 도전율이 저하되며, 인장강도나 경도는 증가하나 내식성은 감소한다.

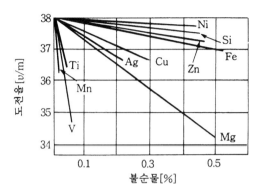

그림 2-11 알루미늄 중의 불순물이 도전율에 미치는 영향

그림 2-11은 알루미늄 중의 불순물이 도전율에 미치는 영향을 나타낸 것이다.

상온 가공에 의하여 저항률이나 인장강도가 증가하는 것은 구리와 비슷하나 이것을 풀림(annealing) 열처리하면 처음에는 저항률이 감소하고 300[℃] 이상이 되면 반대로 증가하기 시작하는 점이 구리와 다르다. 그림 2-12는 알루미늄의 저항률과 열처리와의 관계를 나타낸 것이다. 일반적으로 알루미늄은 구리보다 인장강도가 작고 내식성이 약하지만, 무게가 가볍고 가격면에서 저렴하기 때문에 근래 부족한 구리의 대용으로 많이 사용되고 있다. 알루미늄을 구리 대신 사용할 경우에 장·단점을 들어보면 염가이며, 코로나 손실(Corona loss)이 작아지고 중량이 가볍다는 것을 들 수 있으며 단

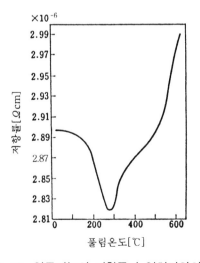

그림 2-12 알루미늄의 저항률과 열처리와의 관계

점으로는 기계적 강도가 작으며, 산화로 인한 표면이 접속이 곤란하고, 직경이 크게 되어 저항의 증가나 바람이나 눈에 대한 영향을 받기 쉽다.

도전재료의 알루미늄은 전해정련한 것을 주조 후 열간압연한 다음에 풀림하여 인선 가공하면 경 알루미늄선이 된다. 특히 유연성을 요하는 경우에는 경 알루미늄을 풀림 하여 연 알루미늄을 만든다. 알루미늄은 모선, 케이블의 시이스(sheath), 리이드선, 자 동차용 배터리 케이블, 항공기, 건축자재 등으로 사용되고 있다. 특히 송전선으로 사 용하는 경우에는 기계적 강도가 부족하므로, 강선 등으로 보강한 강심 알루미늄연선 (ACSR)이 실용되고 있다. 또, 전선 이외의 용도로서는 판과 박막으로서 공기콘덴서의 극판이나 전해콘덴서의 전극판으로 사용된다.

표 2-6은 구리선과 경 알루미늄선의 특성을 비교한 것이다.

표 2-6 구리선과 경 알루미늄선과의 비교

	융점 [℃]	비중	열팽창계수 [1/℃]	인장강도 [kg/mm²]	탄성계수 [kg/mm²]	저항률 [$\mu\Omega \cdot cm$]	도전율 [%]
연동선	1,083	8.89	17×10^{-6}	25	12,000	1.724	100
경동선	1,083	8.89	17×10^{-6}	44	12,300	1.777	97
경알루미늄선	660	2.71	24×10^{-6}	20	7,200	2.827	61

(2) 알루미늄 합금

순 알루미늄은 도전율은 비교적 크지만, 인장강도, 탄성계수 등 기계적 강도가 약간 떨어지기 때문에 다른 원소를 첨가하여 합금을 만든다. 가급적이면 알루미늄이 가진 도전율을 감소시키지 않고 인장강도를 증가시키기 위해서는 상온과 고온에서 용해도 가 크게 다른 금속을 첨가한 합금을 만든다. 알루미늄에 철 0.3[%], 마그네슘 0.4 [%], 규소 0.5~0.6[%]을 첨가하여 적당한 열처리를 하면 알드레이(aldrey)라는 것을 얻을 수 있는데, 이것은 인장강도가 경동에 가깝고 짧은 경간의 송전선에 이용된다. 지르코늄을 0.1[%] 첨가한 내열 알루미늄 합금(heatproof aluminium alloy)의 도전율 은 58[%]이며, 기계적 특성은 경 알루미늄선과 같다. 180[℃]에서의 장시간 가열시의 인장강도는 90[℃]에서의 경 알루미늄선의 값보다 약간 크다. 이 내열 합금선은 고열에 견디고 150[℃]에서 연속사용이 가능하며, 종래의 경 알루미늄선보다 송전용량이 50[%]나 증가되므로 많이 사용되고 있다. 표 2-7은 알루미늄 합금의 특성을 비교한 것이다.

표 2-7 각종 알루미늄 합금의 성질

종 류	성분 [%]	도전율 [%]	인장강도 [Kg/mm^2]	허용온도 [℃]	용 도
알드레이 (Aldrey)	Fe 0.3 Mg 0.4 Si 0.5~0.6	55	37	90	가공송배전선 전화선 변전소 모선
알 둘 (Aldul)	Fe 0.2~0.4 Mg 0.4~0.6 Si 0.4~0.6	48	35	-	변전소 모선 전화선 가공송배전선
콘 달 (Condal)	Fe 0.4~0.65 Mg 0.25~0.4 Si 0.08~0.15	60	14.4	140	모선 기기권선용으로 사용
내열 알루미늄 합금	Zr 0.03~0.12 ZrN 0.03~0.12	55~58	17	150	송전선 모선
고력 알루미늄 합금	Mg 0.8 또는 Mg₂ Si 소량	55~57	22~26	90	송전선 모선에 사용
세선용 알루미늄 합금	Al - Fe Al - Fe - Mg 각 소량	60.5	10.5~15.5	-	옥내배전신 기기권신, 통신케이블, 배터리케이블에 사용

고력 알루미늄 합금선은 알루미늄에 미량의 특수원소를 첨가하여 가공 경화한 합금 선으로서 인장강도가 22~26[kg/mm^2], 도전율은 55~57[%]이다. 최근 개발된 도전율 58[%] 이상의 AAAC(all aluminium alloy conductor)도 이것의 일종이다. 최근에는 강도와 굴곡성을 특별히 보강시킨 세선용 알루미늄 합금(Al-Fe, Al-Fe-Mg)이 옥내 배전선, 통신케이블, 배터리 케이블 등에 사용된다. 또 도전재료는 아니지만 알루미늄 에 구리 3.5~4.5[%], 마그네슘 0.3~1.0[%], 망간 0.5~1.0[%]를 첨가시킨 듀랄루 민(duralumin)은 인장강도가 40~50[kg/mm^2]이고 가볍고 튼튼하므로, 통신, 전자기 기의 케이스, 항공기의 구조 재료로서 많이 사용된다. 그러나 구리를 함유하므로 내식

성이 낮은 것이 결점이다.

2-2-4 나트륨

나트륨은 표 2-3에서처럼 알루미늄, 마그네슘에 이어서 저항률이 작은 금속이다. 나트륨은 화학변화가 일어나기 쉬운 금속원소이고, 공기 중에서 수분과 화합하여 쉽게 수산화나트륨이 되는 맹렬한 화학 반응성을 나타내고, 공기 중에서 취급하는 것도 위험하므로 이대로는 전선재료로 부적당하다. 그러나 나트륨은 가볍고, 연신성, 굴곡성이 풍부하고 선인출이 용이하며, 가격도 저렴한 것 등의 이점을 갖고 있다.

나트륨은 구리에 비하면 도전율이 33[%], 비중이 약 1/9이지만 길이와 전기저항을 같게 할 경우 그 가격은 구리의 약 1/6, 알루미늄에 비해 1/2 정도밖에 되지 않아 경제성이 있는 재료이다. 또한 과전류가 흐르면 녹아서 열을 흡수한다. 만일 나트륨에 대하여 화학적으로 안정하고 또한 공기를 차단하는 값싼 절연피복 재료가 있으면 이들 이점을 충분히 활용할 수 있다. 따라서 근년 미국 등지에서 나트륨 케이블(natrium cable)로 사용되고 있다. 이 케이블은 나트륨을 도체로 해서 폴리에틸렌을 외피로 해서 압축 성형한 것으로 경량이며 경제성이 우수하다. 특히 유연성이 우수한 특성을 갖고 있다.

2-3 전선 및 케이블

전선 및 케이블은 전력 또는 전기신호를 전달하기 위해 사용되는 것인데 송전, 배전, 전기통신 및 기기배선에 사용되는 등, 전기재료로서 중요한 것이다.

일반적으로 절연피복을 하지 않는 나전선과 도체의 외부를 절연물로 피복한 절연전선으로 분류하며 케이블은 심선이 1본 또는 2본 이상의 절연시킨 중심도체를 연합해서 외부를 보호피복한 것이다. 이에는 전력 수송용의 전력케이블과 전기신호 전송용의 통신 케이블이 있다.

2-3-1 나전선

나전선을 구조상으로 분류하면 단선과 연선으로 분류한다. 전선의 굵기를 나타내는 데에는 여러 가지 방법이 있다. 단선에 있어서는 전선의 굵기를 표시하는 방법은 AWG(American wire gauge) 번호나 지름[mm]으로 표시하고, 연선에 있어서는 단면적 [mm^2]과 소선구성(소선수/지름[mm])으로 표시한다. 단선에서는 최대지름을 12 [mm], 최소지름을 0.1[mm]로 하여 이 사이를 42단계로 분류하고, 연선에서는 단면적

표 2-8 연동 연선의 규격(KSC 3103)

공칭 단면적 [mm^2]	연선 소선수	소선지름 [mm]	계단 단면적 [mm^2]	바깥지름 약 [mm]
1,000	127	3.2	1,021	41.6
850	127	2.9	838.8	37.7
725	91	3.2	731.8	35.2
600	91	2.9	601.1	31.9
500	61	3.2	490.6	28.8
400	61	2.9	402.9	26.1
325	61	2.6	323.8	23.4
250	37	2.3	253.5	20.7
200	37	2.6	196.4	18.2
150	19	2.3	153.2	16.1
125	19	2.9	125.5	14.5
100	19	2.6	100.9	13.0
80	19	2.3	78.95	11.5
60	19	2.0	59.70	10.0
50	7	2.8	48.36	9.0
38	7	2.6	37.16	7.8
30	7	2.3	29.09	6.9
22	7	2.0	21.99	6.0
14	7	1.6	14.08	4.8
8	7	1.2	7.917	3.6
5.5	7	1.0	5.498	3.0
3.5	7	0.8	3.519	2.4
2.0	7	0.6	1.979	1.8
1.4	7	0.5	1.375	1.5
1.25	7	0.45	1.113	1.35
0.9	7	0.4	0.799	1.2

1,000[mm²]을 최대로 하고 최소 0.9[mm²]로 하여, 이 사이를 25단계로 나누고 있다. 표 2-8은 연동 연선의 규격을 표시한 것이다.

연선은 단선을 여러 줄 꼬아 만든 것이며, 가요성이 풍부하고 취급하기에 편리하여 지름이 큰 것이 쓰인다. 연선은 동심연선, 복합연선, 가요(flexible)연선 등의 종류가 있는데 이 중 동심연선이 가장 많이 쓰인다. 또 전선을 구성 재료에 의하여 분류하면 단금속선, 합금선, 쌍금속선, 합성연선 등이 있는데, 결국은 단금속선으로서 경동연선과 합성연선으로서의 강심 알루미늄연선이 주로 사용된다. 합성연선은 2종류 이상의 금속선을 꼬아서 만든 전선인데 그 중에서는 강심 알루미늄연선(aluminum cable steel reinforced, ACSR)이 가장 대표적인 것이다. 강심 알루미늄연선은 알루미늄선의 인장 강도를 보강하기 위하여 그림 2-13과 같이 인장강도가 큰(125[kg/mm²] 이상) 강연선을 중심으로 그 주위에 도전율이 높은(약 61[%]) 경알루미늄선을 연합한 것으로, 전류는 주로 저항이 작은 알루미늄선으로 흐른다. 이것은 경동선에 비해서 도전율은 낮지만 기계적인 강도가 크고 중량도 비교적 작기 때문에 장경간용 송전선 도체로서 사용된다. 또 외경이 커 코로나손이 작으므로 특고압 송전선에 쓰인다. 특히 해협을 횡단하는 경우에는 도체에 가호 알루미늄 합금선을 사용한 강심 알루미늄선을 사용하고 있다.

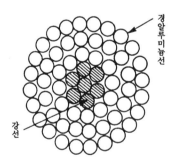

그림 2-13 ACSR의 단면도

알루미늄과 강선 사이에는 틈이 생겨 습기 때문에 강선이 부식될 우려가 있으며, 또한 알루미늄선은 구리보다 표면이 연약해서 상하기 쉽기 때문에 취급할 때 주의하여야 한다. 쌍금속선(bimetallic wire)은 2종의 금속을 융착이나 도금 등에 의하여 일체로 만든 전선이다. 쌍금속선에는 동복강선, 알루미늄복강선(aluminum covered steel wire) 등이 있는데 이 중 알루미늄복강선은 강선 위에 알루미늄 분말을 압축소결하여 황인선을 만들어서, 이것을 신선하여 소정의 치수로 만든 선으로 인장강도가 110～140[kg/mm^2] 정도이고 도전율이 20～30[%]이다. 알루모웰드선(Alumo weld wire, AW)이라고도 하며 이것은 아연도금강선에 비해 도전성, 내열성, 내식성이 풍부하므로 긴 경간 송전선, 가공지선으로 사용된다. 한편 200[KV] 이상의 초고압 송전선에는 코로나손을 작게 하기 위하여 그림 2-14와 같은 중공연선(hollow stranded wire)이 사용되며 I형(Anaconda)과 H형(Hedernheimer)이 있다.

아나콘다형

HA형

H형 측면도

그림 2-14 중공연선

2-3-2 절연전선

절연전선은 도체를 적당한 절연재료와 보호재료로 피복을 한 전선류를 총칭한 것이며 도체, 절연물 및 보호피복 재료 등으로 구성된다. 이 절연전선은, 절연재료에 따라 분류하면 면, 고무 및 합성수지 절연전선으로 나뉘며, 사용용도에 따라 송배전용, 통신용, 전자기기용, 전기기기용 및 교통용으로 분류된다. 이들 전선의 절연체는 절연저항이 크고 절연 내력이 높은 것이 바람직하지만 다시 사용 상태에 따라서 내코로나, 내오존, 내열, 내한, 내식성 등이 우수한 것이 바람직하다.

(1) 면절연 전선

이 전선은 구리선 위에 면편조를 하여 이에 내수성 절연 컴파운드를 함침시킨 것으로, 배전선, 인입선 및 옥내배선 등에 사용되었으나, 최근에는 플라스틱(Plastic)의 획기적 발달과 더불어 염화비닐(Polyvinyl chloride, PVC)전선으로 대체되었다.

(2) 고무절연 전선

도체를 고무 또는 합성고무로 절연한 전선인데, 강도를 크게 하기 위하여 고무 위에 다시 섬유로 편조하든가, 또는 납으로 피복한 것 등이 있다. 고무는 탄력이 풍부하고, 신축성이 있고, 내수성이 좋으며, 절연저항, 절연내력이 크므로 절연전선으로 사용되었으나 최근에는 내유성과 점적률 등의 문제로 배선용 전선에서의 절연용 고무도 내열성이 좋은 스티렌-부타디엔 계의 합성고무(SBR)로 대체되어 가고 있다.

① 600V 고무절연전선

이 전선은 주석 도금한 구리선을 혼합물로 피복하여 고무를 입힌 천 테이프 또는 종이테이프를 겹쳐 감아서 완전히 가황하고 다시 면사로 편조해서 내수성 컴파운드를 침투시킨 것이다. 고무절연전선 중 가장 많이 사용되고 있는 전선이다. 600[V] 이하의 저압배전선에 사용되는 것으로 비닐전선이 출현된 이래 수요가 줄었다.

② 캡타이어 케이블

캡타이어 케이블(captyre cable)은 주석도금한 연동연선에 면테이프, 면서, 견사를 감고 그 위에 고무절연을 한 선심 두 가닥 또는 여러 가닥을 꼬아 만들고, 다시 기계적으로 강도가 좋은 캡타이어 고무로 보호피복한 케이블이다. 사용목적, 구조 및 고무

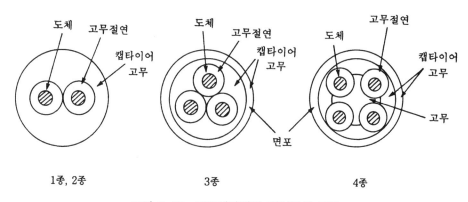

그림 2-15 고무캡타이어 케이블의 구조

질에 따라서 제1종에서 제4종으로 분류되며, 다 같이 내수성, 내마모성, 가요성이 크다. 이들의 구조는 그림 2-15와 같다. 이 케이블은 사용 중 충격, 굴곡 및 기타 영향을 받기 쉬운 곳에 사용되는 것으로 광산, 공장 등의 교류 600[V] 이하, 직류 800[V] 이하의 이동용 전기기기 또는 배선에 사용된다.

(3) 합성수지 에나멜선

이것은 합성수지를 적당한 용제에 용해시킨 것을 동선에 도포하여 소부한 것이다. 절연피막이 합성수지의 성질에 따른 특징을 가지므로 최근에 많이 사용되고 있다. 포르말선(PVF선)이 그 일례인데 동선에 폴리비닐포르말(polyvinyl formal, PVF)을 주체로 하는 절연도료를 완전히 소부한 것으로 기계적 특성, 특히 내마모성이 우수하며 슬립입, 기타공작이 대단히 용이하다. 또 전기적 특성도 양호하고, 내바니쉬성도 우수해서 현재 마그넷 와이어(magnet wire)로서 중요하다.

특히 점적률(space factor)이 좋기 때문에 기기의 소형, 경량화에 기여하고 있다.

(4) 합성수지 절연전선

전선의 절연 및 보호피복에 비닐, 폴리에틸렌 등 합성수지를 사용한 것으로, 절연성, 내유성, 점적률, 고주파특성, 착색성 등이 매우 우수하다.

① 비닐 절연전선(PVC전선)

도체를 폴리염화비닐(polyvinyl chloride, PVC)로 피복한 것으로, 600[V] 이하, 온도 60[℃] 이하에서 사용되는 절연전선이다. 이 전선의 특징은 고무 절연전선과 비교해서 전기적 성질에 관해서는 절연내력 이외에는 보다 우수하다고 할 수 없으나, 내유성, 내약품성, 내수성, 착색성, 내마모성 또는 점적률 등은 오히려 더 우수하고 또 동선을 부식시키지 않는 장점도 갖고 있으나, 열에 대한 성질은 고무보다 뒤지므로 60[℃] 이상이 될 우려가 있는 장소에는 사용할 수 없다. 현재 고무 절연 대신 널리 사용되고 있다.

② 폴리에틸렌 전선

도체를 폴리에틸렌(polyethylene)으로 피복한 전선으로 전기적 성질이 우수하고 유전정접이 작다. 또 절연내력과 내수성이 크고 흡수성이 작기 때문에 고전압 케이블이나 해저 케이블 등에도 사용되고 있다. 특히 고주파 특성이 우수하여 고주파용 전선에 사용되고 있다. 폴리에틸렌은 연화점이 85[℃]로 낮은 것이 단점이지만 현재는 폴리에틸렌에 유기 과산화물을 배합하고, 열처리로 화학 가교를 해서 내열성을 개선시킨 가교 폴리에틸렌이 있다. 이것을 도체에 피복한 전선이 폴리에틸렌 전선이다. 이 전선은 내열성, 내트래킹성, 내약품성이 우수하며, 과전류에 의한 열경화의 걱정이 없으므로 고압가공선, 고압인하선 및 제어용 케이블로 사용되고 있다.

표 2-9는 폴리에틸렌, 염화비닐, 황화고무의 유전적 성질을 비교한 것이다.

표 2-9 폴리에틸렌, 염화비닐, 황화고무의 유전적 성질

성질 재료	폴리에틸렌	염화비닐(PVC)	황화고무
저항률 [Ω·cm] (20[℃])	10^{16}	$10^{13}\sim10^{14}$	$10^{13}\sim10^{15}$
절연파괴의 세기 [V/mm]	$60\sim1,000$	$300\sim1,000$	$500\sim700$
비유전율 (10^3[Hz])	2.3	$4.2\sim5.5$	2.7
유전체 손실 (10^3[Hz])	0.0005	$0.1\sim0.16$	0.004

③ 테플론 전선

4불화 에틸렌을 고압 하에서 중합하면 폴리4불화에틸렌(polytetra fluoro ethylene, PTFE)이 얻어지는데, 이것의 상품명이 테플론(teflon)이다. 테플론 전선은 도체를 테플론으로 피복한 전선으로 화학약품에 대해 내구력이 매우 강하고, 내식성도 좋을 뿐아니라, 전기적 성질도 뛰어나 325[℃]의 고온에서도 안정하다. 따라서 이 전선은 절연재료, 코팅 및 내열 고주파 전선으로 사용된다.

2-3-3 전력케이블

전력케이블은 전력의 송배전에 사용되는 것으로 주로 지중 또는 해저 등에 시설되어 사용되는 것이다. 전력케이블은 도체, 절연체 및 외장에 의해서 구성되고 있다. 종

래로부터 케이블의 절연체로서는 절연지가 전적으로 사용되어 왔으나, 최근에는 합성수지나 합성고무의 개발과 새로운 설계에 의해 새로운 케이블이 만들어져 실용화되고 있다. 그러나 신뢰성 있는 케이블의 절연체로서 아직도 많이 사용되고 있다. 또한 초고압케이블로 되면 아직은 모두 유침지 절연케이블이다.

(1) 솔리드 케이블

도체에 절연지의 테이프를 감고 이에 절연컴파운드를 함침시키고, 그 위에 연피를 씌운 것으로 절연지와 컴파운드로 채워 있어 솔리드 케이블(solid cable)이라고 한다. 솔리드 케이블은 구조상, 벨트 케이블, H 케이블 및 SL 케이블 등으로 분류하며 보호피복으로 납은 무겁고 강도가 약하므로 최근에는 합성수지인 폴리에틸렌과 합성고무인 부틸고무가 대체되어 쓰이고 있다.

① 벨트 케이블

그림 2-16과 같이 도체 위에 절연지를 감고, 이를 2개 또는 3개를 연합하여 틈이 생

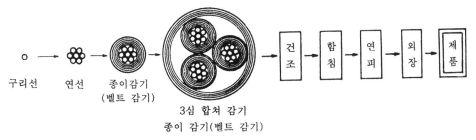

구리선　　연선　　종이감기　　3심 합쳐 감기
　　　　　　　(벨트 감기)　　종이 감기(벨트 감기)

건조　함침　연피　외장　제품

(a) 벨트 케이블의 제조과정

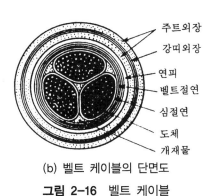

주트외장
강띠외장
연피
벨트절연
심절연
도체
개재물

(b) 벨트 케이블의 단면도

그림 2-16 벨트 케이블

긴 곳은 충전물(jute)로 채우고, 이들을 절연지로 싼 다음 이를 진공건조하여 절연컴파운드를 함침시키고, 그 위에 연피를 씌운 것이다. 필요에 따라 연피 위에 보호물로 주트외장 및 강대외장한 것이다.

이 케이블은 구조가 간단해서 접속이나 시공이 용이하지만, 구조상 절연층 중에 갭(gap)이 발생하기 쉽고 전계가 절연지층에 직각이 아니고, 개재물에도 가해지므로 일반적으로 송배전용 및 인입선용으로 10[KV] 이하의 전압에 사용된다.

② H 케이블

3심 벨트 케이블의 전계의 불균일을 개량하기 위하여 고안한 것인데, 일명 차폐 케이블(screen cable)이라고도 한다. 이것은 그림 2-17과 같이 절연한 심선 위에 금속화지 또는 동테이프를 감은 후 이것을 다시 개재물과 함께 원형으로 연합한 다음 그 위에 동선입테이프로 감아서 유침 건조시킨 후 연피로 외장한 케이블이다. 이 케이블은 심선이 차폐되어 있어 절연성능이 향상되어 벨트 케이블보다 열방산도 좋고 송전용량을 증대시킬 수 있다. 이 케이블의 용도는 30[KV] 정도의 고압 송배전용이다.

③ SL 케이블

SL 케이블은 도체를 유침지로 절연한 다음 그림 2-18에 보인 바와 같이 그 위에 연피를 한 단심의 케이블 3개를 충전물과 함께 연합하여 이를 외장한 것이다. 외장에도 연피를 씌운 것을 SLL 케이블이라고 한다. SL 케이블이 벨트 케이블과 다른 점은 연피

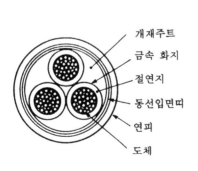

그림 2-17 H 케이블

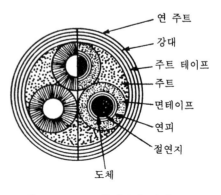

그림 2-18 SL 케이블의 단면도

로 정전차폐를 하고 있기 때문에 전기력선은 항상 절연층과 수직이고 절연 경화의 영향이 적다는 점이다. 또, SL 케이블은 각 심선 위에 연피를 별도로 씌우기 때문에 냉각 효과가 크고 열방산이 좋아 송전용량을 크게 할 수 있다. 이것은 10~30[KV]급의 도시 송배전용으로서 많이 사용되고 있다.

(2) OF 케이블

솔리드 케이블의 단점을 보완하기 위한 것인데, 연피의 납은 비탄성이기 때문에 온도가 상승하여 팽창하게 되면 처음 상태로 되돌아오지 않는다. 이 때문에 절연물 사이에 틈이 생겨 사용 중에 그 속에서 국부적인 방전이 일어나 절연파괴를 일으킨다. 따라서, 이 틈이 생기지 않도록 그림 2-19와 같이 케이블 중에 기름 통로를 만들어 절연유로 내부를 채워줌으로써 케이블 속의 압력이 항상 대기압 이상으로 유지되도록 절연유의 양을 조정하는 유량 조절장치가 설치되어 있다. 이 케이블은 급유 장치가 필요하지만, 고압용으로 사용할 수 있고 실용적으로 60~280[KV]에 사용된다.

이 케이블의 특징으로서는

① 전리 현상에 의한 절연체의 열화가 없다.

② 외기의 침입이 방지되는 구조이다.

③ 유압을 높임으로써 절연체의 두께를 얇게 할 수 있다.

④ 사용 온도가 높아 송전용량이 증대된다.

(3) 저가스압 케이블

솔리드형 케이블의 결점은 부하의 변동에 따라 절연유가 이동하거나 연피가 팽창 수축하여 절연체 안에 공극이 생겨서, 누적적 이온화를 초래하든가, 또는 연피가 피로되는 것 등이다. 이와 같은 문제를 개선하기 위하여 공극 내에 대기압보다 높은 압력의 N_2가스나 SF_6가스를 봉입한 것이다. OF 케이블과 같이 가스통로가 되는 관이 있다. 가스압 케이블에는 그림 2-20과 같이 11~13[KV]를 목표로 한 압력 1[kg/cm^2] 정도의 저가스압 케이블과, 66~154[KV]를 목표로 한 15[kg/cm^2] 정도의 고가스압 케이블이 있다. 보통 GF 케이블이라 하면 저가스압 케이블을 말한다. 이것은 0.8~1.2

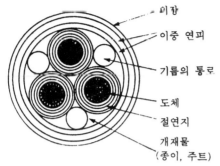

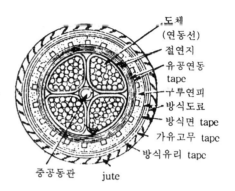

그림 2-19 OF 케이블의 단면 구조   **그림 2-20** 저가스압 케이블

기압의 질소를 넣으므로 연피를 특별히 보강할 필요가 없다. 고가스압 케이블은 15기압 정도의 가스압을 사용하므로 보강된 연피 또는 강관을 사용한다.

저가스압 케이블의 특징은 전기적으로 안정하고, 절연층의 두께를 얇게 할 수 있으므로 재료의 절약, 중량의 경감이 가능하고, 장기간 사용해도 열화가 극소하며, 설비비와 유지비가 비교적 싸다는 것 등을 들 수 있다.

(4) 파이프형 케이블

솔리드형 케이블과 같은 제조 방식으로 만든 케이블을 강관에 넣고, 12~15[kg/mm²] 정도의 고압 가스 또는 기름을 압입하여, 절연체에 직접 또는 얇은 연피나 폴리에틸렌 등의 피복사이에 압력을 가해서, 절연물 중에 공극이 생기지 않도록 한 것이다. 파이프형 케이블에는 압축(compression)형과 충전(filled)형이 있다. 압축형에는 가스압형 파이프 케이블과 유압형 파이프 케이블이 있고, 충전형에는 가스봉입형 파이프 케이블과 오일로 스태틱형 파이프 케이블이 있다. 보통은 가스압형 파이프 케이블(gas compression pipe type cable)이 사용된다. 그림 2-21은 70[KV] 외압형 파이프형 케이블의 단면도를 나타낸 것이다. 가스압형 파이프형 케이블의 특징은 다음과 같다.

① 전기적으로 안정하다.

② 케이블이 자기감시를 한다.

③ 부설이 비교적 용이하다.

이 케이블의 사용전압은 케이블의 구조 압력 등에 따라 다르지만 60~200[kv] 정도
이다.

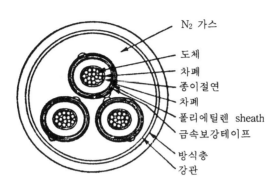

그림 2-21 가스압형 파이프형 케이블의 단면도

(5) 고무, 합성수지 케이블

종래의 솔리드 케이블과 비교해서, 일반적으로 전기적, 기계적 성능이 우수하고 취
급 및 접속이 수월하기 때문에 지금은 6[KV]급 이하의 전선로는 거의 이 종류의 케이
블이 사용되고 있다.

22[KV]급 및 22[KV]급 이상의 고전압 케이블에도 사용되고 있다.

① 부틸고무 전력케이블

그림 2-22와 같이 도체 위에 부틸고무로 절연하고 다시 클로로프렌고무로 시스
(sheath)한 것으로서, 솔리드 케이블에 비하여 내수성이 풍부하고 내오존성, 내열성,
진동성이 우수하며, 전식의 우려가 없고, 또 접속과 말단처리가 간단하고 보수가 용이
하다는 등의 특징이 있기 때문에, 22[KV]급의 진동이 잦은 곳이나, 급경사된 굴곡된
장소, 수저 및 부식의 우려가 있는 경우 등에 사용된다.

② 폴리에틸렌 전력케이블

폴리에틸렌 전력케이블은 절연체에 폴리에틸렌, 외부 피복에 폴리염화비닐을 사용
한 그림 2-23과 같은 구조의 케이블이다. 이 케이블은 전기적 특성이 대단히 우수하
며, 더구나 기계적, 화학적 성질도 대단히 우수하다. 그러나 105[℃] 부근에서 급격히

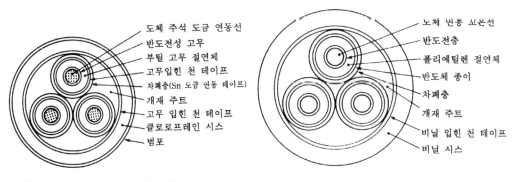

그림 2-22 부틸고무 전력케이블 　　　　 **그림 2-23** 폴리에틸렌 전력케이블

연화하므로 주위온도가 높아지는 장소에는 부적당하다. 이 케이블에는 일반용 외에 지중 케이블, 수갱용, 수저용 케이블 등이 있다. 사용 전압은 600[V]~6[KV]가 규격으로 정해져 있다.

③ 가교 폴리에틸렌 케이블

이 케이블은 CV 케이블이라고도 부르는데, 폴리에틸렌을 가교 반응에 의하여 입체 망목상 구조로 해서, 폴리에틸렌의 결점인 내열성을 대폭 개선하여 연속 사용 허용온도를 90[℃]로 향상시킨 것이다. 그 구조는 그림 2-24에 보인 바와 같이, 도체를 가교 폴리에틸렌으로 절연하고 금속테이프로 차폐한 후 염화비닐 또는 폴리에틸렌으로 시스를 한 고무 플라스틱 케이블의 대표적인 것이다. 이 케이블은 3.3~77[KV] 정도의 지중 전선로용 케이블로도 사용되며 유침지 케이블에 대신해서 사용되고 있다.

이 케이블의 특징은 다음과 같다.

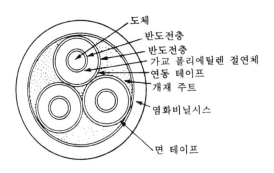

그림 2-24 가교 폴리에틸렌 케이블

① 전기적 특성이 우수하고 전류용량이 크다.

② 가요성, 내약품성, 내수성이 양호하다.

③ 물리적, 기계적 성질이 극히 우수하다.

④ 경량으로 보수도 필요없고 부설이나 접속이 용이하다.

이러한 특징 때문에, 종래까지는 조고압 케이블로서 OF 케이블이 많이 사용되었으나, 앞으로는 이 OF 케이블에 비해 보수 운용이 간단한 이 가교 폴리에틸렌 케이블이 더욱 더 많이 이용될 전망이다.

2-3-4 통신 케이블

초기의 통신 선로는 가공 나선로였지만 비나 바람에 침식되어 불안정하고 회선수도 많이 취할 수 없으므로 차츰 케이블화 되었다. 통신 케이블은 용도 및 사용거리에 따라 시내 케이블, 시외 케이블, 고주파 동축 케이블, 특수 케이블 등으로 나눠진다.

(1) 시내 케이블

서로 절연된 많은 왕복선을 묶은 전선으로 전화교환국과 가입자 사이, 또는 같은 시내의 교환국 상호간의 중계용으로 사용되는 비교적 단거리용의 케이블이다. 구조상 쌍케이블, 성형케이블, 유닛케이블(unit cable) 등으로 분류한다. 도체로서 국과 가입자간에는 직경 0.4, 0.5, 0.65 및 0.9[mm]의 연동선이 사용되며, 여기에 두께 0.04~0.09[mm]인 테이프형 절연지가 나선상으로 감겨져 있다. 또, 절연지를 뜨는 공정을 생략하여 펄프상태에서 직접 도체에 피복시키는 방법도 있으며, 최근에는 절연지 대신 폴리에틸렌, 폴리염화비닐 또는 발포 폴리에틸렌으로 절연하는 방식 등이 있다. 이와 같이, 절연한 전선을 심선(conductor)이라 하며, 이 심선 두 가닥을 평등하게 연합한 것을 쌍(pair), 4개를 정사각형의 대각선 위에 위치하도록 평등하게 연합한 것을 성형 쿼드(star quad)라 한다. 400쌍 이상의 케이블에서는 도체를 쉽게 식별하기 위해서 100쌍의 전선을 하나의 유닛단위로 하고, 이 유닛이 다시 연합되어 케이블을 이룬다. 이런 케이블을 유닛 케이블이라 한다.

선형 쿼드를 쓰면, 지름이 작아지고 외피의 사용량도 10[%] 이상 절약된다. 그림 2-25는 유닛 케이블의 구조를 나타낸 것이다.

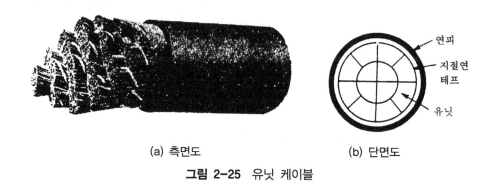

(a) 측면도   (b) 단면도

그림 2-25 유닛 케이블

(2) 시외 케이블

대도시의 전화국간의 중계 또는 장거리 반송용으로 사용되는 케이블로 시외 성형 케이블, 중신 케이블, 반송 케이블 등이 있다. 도체로서는 감쇠를 방지하기 위해 시내 케이블보다 굵은 직경 0.6[mm]나 0.9[mm]의 연동선이 사용되며, 장거리용으로는 1.4[mm]의 복합 케이블도 사용된다.

시내 케이블과 마찬가지로 성형 쿼드가 채용되고 있다. 절연재료로서는 절연 종이 테이프와 폴리에틸렌이 사용되고 있으나, 최근에는 절연물로 발포 폴리에틸렌(PEF)이 많이 사용되고 있다. 시외 케이블 중 반송 케이블은 무장하로 100[km] 이상인 도시간의 장거리 다중 통신에 동축케이블과 더불어 사용하는 간선용 케이블이다. 이것은 정전용량과 유전손을 감소시켜 감쇠량을 작게 하기 위하여 1.2[mm]의 코르델(kordel)을 감고, 그 위에 이것과 반대방향으로 절연 종이 테이프를 조밀하게 감은 4조의 심선을 성형 쿼드로 연합해서 연피를 한 케이블이다. 사용할 때에는 연피의 부식과 기계적인 보호를 위하여 주트(jute)외장 또는 강대외장을 한다.

(3) 특수 케이블

① 해저 케이블

해저 케이블에는 무연피 케이블과 종이 절연 연피 케이블의 두 종류가 있으며, 전자는 주로 대수가 적은 것에 후자는 대수가 많은 것에 사용된다.

무연피 케이블의 심선 구조는 그림 2-26(a)와 같고, 도체는 연동단선이나 단선 주위에 평각동테이프를 감은 것 등이 사용된다. 절연물은 전선용으로 굿타펠카(gutta-percha), 전화용으로는 발라타(balata), 굿타펠카 등이 사용되어 왔으나, 최근에는 폴리에틸렌이 많이 사용되고 있다.

종이절연 연피 케이블은 누화방지를 위해 회선간 정전 차폐용으로 알루미늄박을 넣고 케이블 양단 가까운 곳에 동 강대로써 전자차폐를 한다. 이 밖에도 방수를 하고, 부식을 방지하기 위하여 연피를 이중으로 하거나 혹은 일중연피 위에 고무의 보호 피복을 하고, 기계적 강도를 높이기 위하여 철선외장을 실시하고 철선의 부식을 막기 위하여 비닐로 피복하는 경우도 있다.

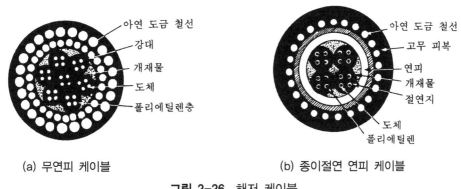

(a) 무연피 케이블　　　　　　　(b) 종이절연 연피 케이블

그림 2-26 해저 케이블

② 고주파 동축케이블

고주파 동축케이블(coaxial cable)은 감쇠량이 적고 선로의 불균등성이 작은 것이 요구되므로 내부도체는 고주파 절연재료로 지지하고 외축에 구리 또는 알루미늄의 테이프를 병렬로 감은 외부도체를 많이 사용한다. 두 도체 사이의 절연에는 여러 가지 방법이 있으며 절연물에는 고주파 절연성이 우수한 스테아타이트(steatite), 폴리에틸렌, 4불화에틸렌, 폴리스틸렌 등이 사용된다. 중심 도체를 지지하는 방법은 도체에 폴리스틸렌을 나선형으로 감거나 폴리에틸렌으로 절연한다. 외부 도체의 외측은 염화비닐로서 보호 피복한다. 이의 임피던스는 대략 50~75[Ω] 정도이며, 감쇠정수는 200

[MHz]에서 0.04~0.2[dB/m]이다. 그림 2-27은 동축케이블의 구조를 나타낸 것이다.

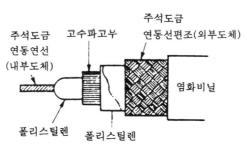

그림 2-27 동축케이블의 측면 구조

고주파 동축케이블은 고주파기기의 접속, 내부배선 및 급전선(feeder) 등에 사용된다.

2-4 인쇄 배선

인쇄 배선 기술은 전자응용기기나 장치를 소형화 하는 데 가장 근본이 되는 기술이다. 인쇄 배선이란 절연성 기판 위에 미리 결정한 회로를 어떤 방법에 의해 형성시켜서 전기 회로로 한 것으로, 새시(sash) 내의 각 점 사이를 수작업에 의해 배선한 것과 구별하고 있다. 인쇄 배선의 장점은 다음과 같다.

① 전자기기의 소형화, 유닛화 된다.

② 경량화가 된다.

③ 제품의 균일성으로 대량 생산이 가능하다.

④ 생산방식의 합리화가 된다.

이와 같은 장점으로 인하여 라디오, TV, 통신기기, 전자계산기, 전동기 등의 배선에도 사용되고 있다. 인쇄 배선 제조 방법에는 많은 방법이 있으나 그 중 중요한 것만 들어 보면, 동장적층판 부식법, 진공 증착법, 도포법, 전기도금법, 정전사진법, 화학 도급법 등이 있다. 이 중에서 가장 널리 사용되는 것은 동장적층판 부식법이다. 인쇄 배선 재료에 사용되는 합성수지 절연판으로는 페놀포름알데히드 수지가 일반적으로 많이 사용되지만, 용도에 따라 에폭시수지, 불소수지, 멜라민수지, 페놀수지 등의 유리섬유 적층판이 사용되고 있다.

2-5 특수 도전재료

지금까지는 대표적인 도전재료에 대해서 공부하였으나, 그 밖에도 여러 가지 도전재료가 각 분야에 걸쳐서 널리 사용되고 있다. 예를 들면, 접점재료, 브러시재료, 전극재료, 퓨즈재료, 바이메탈재료 및 열전대재료 등이 있다.

2-5-1 접점재료

전기·전자 회로를 개폐하는 부분의 접촉부에 사용되는 재료를 접점재료라고 하며, 이것이 매개체가 되어 전류의 단속의 이루어진다.

접점재료는 장기간에 걸쳐서 양호한 접촉을 유지하고 그 기능을 발휘하기 위해서는 다음과 같은 조건들이 구비되어야 한다.

① 접촉저항이 작고 장시간 사용해도 변화하지 않을 것
② 아크에 의한 소모 및 이전이 적을 것
③ 융점, 비점이 높고 중기압이 낮을 것
④ 내식성, 내산화성이 좋을 것
⑤ 기계적 성질이 양호할 것

(1) 접촉저항

2종의 도체가 기계적으로 접촉되어 있는 부분에 전류가 흐르면 이 접촉부의 경계면에는 다른 부분에 비하여 높은 전기저항이 나타난다. 이 저항을 접촉저항(contact resistance)이라 한다. 접촉저항이 나타나는 원인으로서는 다음의 집중저항(convergent resistance)과 경계저항(transitional resistance)을 들 수 있다.

그림 2-28은 도체의 접촉을 나타낸 것이다.

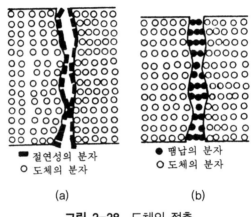

■ 절연성의 분자
○ 도체의 분자

● 땜납의 분자
○ 도체의 분자

(a)   (b)

그림 2-28 도체의 접촉

① 집중저항

도체의 표면이 완전히 평활하지 않으므로 두 도체의 접촉면을 확대해 보면 그림 2-29(a)와 같이 도체 사이의 접촉면이 외관상의 접촉면보다 작게 되어 전류의 통로가 이들 소접촉면에 집중되어 흐르기 때문에 생기는 저항을 집중저항이라 한다.

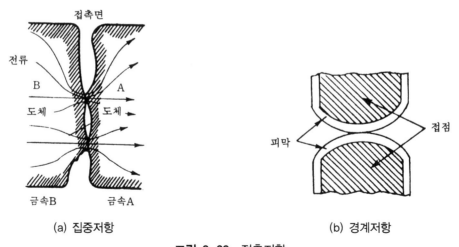

(a) 집중저항   (b) 경계저항

그림 2-29 접촉저항

집중저항은 일반적으로 다음 식으로 표시된다.

$$R_C = \frac{\rho_A + \rho_B}{4} \sqrt{\frac{\pi f}{nF}} \qquad (2\text{-}11)$$

여기서 ρ_A, ρ_B는 접점재료의 저항률, f는 접점재료의 탄성재료, F는 접촉하중, n는 접촉점의 수이다.

② 경계저항

경계저항은 그림 2-29(b)와 같이 접촉면에 존재하는 산화 피막 및 절연성 피막 등이 원인이 되어 생기는 저항으로서 다음 식으로 표시된다.

$$R_f = \frac{h^2 d}{\sqrt{2m\varphi}S} \exp\left(\frac{\pi d}{h}\sqrt{2m\varphi}\right) \qquad (2\text{-}12)$$

여기서, m은 전자의 질량, φ는 재료의 일함수, S는 접촉면적, h는 플랑크 상수, d는 절연피막의 두께이다.

이 식으로부터 경계저항은 피막의 두께가 작고, 접촉면적이 클수록 작아짐을 알 수 있다. 막의 두께가 수~수십[Å] 정도인 경우에는 금속 중의 자유전자는 터널효과 (tunnel effect)에 의하여 비교적 용이하게 접촉면을 통과하여 이동할 수 있으므로, 경계저항을 무시할 수 있지만, 절연 피막의 두께가 100[Å] 이상인 경우에는 접촉저항은 대단히 크게 되어 절연물에 가깝게 된다. 이와 같은 경우에는 접촉력에 의해 기계적으로 막이 파괴되든가, 접촉면에 가해지는 전압이 충분히 크면 이 피막은 코히러 현상 (coherer effect)이 일어나 전기적으로 파괴된 후에 도전성을 보이게 된다. 코히러 현상 또는 코히러 효과라고 하는 것은 고저항을 갖는 접촉면에 인가하는 전압이 어느 정도 높아지면 그 피막이 전기적으로 파괴되어 접촉저항이 급격히 감소하는 현상을 말한다. 이 현상을 일으키는 전계는 접촉 금속에 따라 다르다.

(7) 접점재료의 종류

① 백금계 및 그 합금

백금(Pt)계 재료에는 Pt, Ir, Pd, Os, Rh, Ru 등이 있다. 이것들은 어느 것이나 접점 재료로서 극히 우수한 특성을 가지고 있지만 고가이기 때문에 용도에 제약이 있다.

순백금은 접촉저항이 작고 화학적으로 안정해서 내산화성이 우수한데 융점이 그렇게 높지 않고 유연하므로 비교적 용착이나 소모변형이 일어나기 쉽고 또 충격에도 약하다는 결점이 있다. 따라서 순백금은 접촉압력이 낮고, 더구나 확실성을 요구하는 계기용 계전기, 전화계전기, 화재경보기 등에 사용된다. 이 계통의 합금으로서는 Pt-Ir, Pt-Ru, Pt-Rh, Pt-Os 등이 있다. 백금에 이리듐을 첨가하면 융점, 경도 및 내산화성이 증대되며 이전이 잘 일어나지 않기 때문에 Pt에 Ir을 10~30[%] 합금시킨 것이 많이 사용된다. 또, Os는 백금족 중에서 최고의 용융점을 갖고 있으나 대단히 약하므로 단독으로는 사용치 않고 Pt-Ir-Os 등의 합금으로 하여 사용된다. Os의 함유량이 높은 합금은 용착이 적게 되므로 최근 주목되고 있는 재료이다.

② 텅스텐 및 그 합금

텅스텐(W)은 융점이 아주 높고, 경도도 크기 때문에 이전, 용착이 어렵고, 소모가 작아서 접점재료로 널리 쓰이고 있으나, 공기 중에서 산화되기 쉽고, 접촉저항이 높고, 가공이 어려운 것이 결점이다. 텅스텐은 경부하용 계전기, 통신기용 바이브레이터 등에 사용된다. 공기 중의 산화를 막기 위해 구리 또는 은으로 소결합금하여 사용한다. 합금으로 W-Ag는 Ag의 첨가로 도전성을 개선하고, W로 내아크성을 가지게 하는 등 복합효과를 이용한 것으로 릴레이, 중부하스위치, 기중차단기 등에 사용된다. W-Cu는 W-Ag와 같은 합금이지만 약간 산화하기 쉽고 접촉저항이 크다. 그러나 W-Ag에 비해 염가이고 열용량이 커서 유입개폐기, 강전류 중부하스위치 릴레이로 사용된다.

③ 구리 및 그 합금

구리는 저항률은 작으나 접점재료로서는 충분한 성능을 가지고 있지 못하지만 가격이 저렴하므로 개폐기 이외의 접촉자로 널리 사용되고 있다. 그러나 표면이 산화되기 쉬우므로 접촉저항의 증가가 일어나기 쉽다. 이 계에 속하는 합금으로는 Cu-Ag, Cu-Be, Cu-Zn, 청동-흑연 등의 합금이 있다.

Cu-Ag 합금은 소전류용으로 특수한 목적에 쓰이고, Cu-Be 합금은 기계적 강도가 고온에까지 유지되므로 개폐가 빈번한 접점에 쓰인다. 또 Cu-Zn 합금은 유입차단기에 쓰이고 청동과 흑연의 소결합금은 기중차단기의 접점으로 사용된다.

④ 은 및 그 합금

은(Ag)은 융점이 비교적 낮으므로 용착, 소모란 점에서는 그다지 좋은 것은 아니지만 접촉저항이 매우 작고 안정되므로 주로 소전류용 접점으로 많이 사용된다. 순은의 결점을 개선하기 위하여, 이것에 금을 첨가한 GS합금, 백금과 금을 첨가한 PGS합금, Ag-Cu, Ag-Pd, Ag-CdO 등이 은합금으로 여러 가지 접점재료로 사용된다. Ag-Au 합금은 GS합금으로 널리 알려졌으며 미약전류 접점에 쓰이며, PGS합금이라 불리는 Pt-Au-Ag 합금은 백금대용 접점으로서 전화용 계전기에 쓰인다. Ag-Pd의 접점은 Pd의 첨가량이 증가하는데 따라서 합금의 융점은 높아지지만 경도 및 전기저항은 Pd 60[%]부근에 최대가 있다. Pd 20~30[%] 정도의 합금은 통신기용 계전기의 접점에 사용되고 Pd 40~60[%]-Ag 합금은 전화교환기용이나 특수 용도의 계전기 등에 사용된다. 한편 Ag-CdO 접점은 CdO의 증기압이 높으므로 이 증기압에 의해 아크가 소거되므로 용착이 어렵고, 아크에 의한 소모를 감소시키는 등 Ag의 접점성능을 개선하는데 도움이 된다. 이들 합금 중 CdO 10[%] 정도의 것은 내아크성, 내용착성은 다소 뒤지지만 접촉저항 및 전기저항이 낮은 것이 요구되는 경우에 사용된다. CdO 13.5 [%] 정도의 것은 교류 또는 직류의 소형차단기 또는 계전기에서 내용착성과 저접촉 저항을 요구하는 경우 등에 적당하다.

2-5-2 브러시재료

브러시(brush)는 발전기, 전동기 회전변류기 등에서 회전자와 외부 회로의 사이를 습동(side) 접촉해서 통전하기 위해 정류자(commutator) 또는 슬립링(slip ring)에 장착하는 것으로 일반적인 브러시의 필요조건은 다음과 같다.

① 정류기능이 좋으며 불꽃의 발생이 잘 되지 않을 것

② 저항률이 작고 열전도율이 클 것

③ 접촉저항이 작을 것

④ 기계적 강도가 어느 정도 높을 것

⑤ 마찰계수와 탄성률이 작을 것

이들 조건을 제일 만족하는 것으로서 탄소질계 재료가 가장 많이 쓰이고 있다. 탄소 브러시(carbon brush)는 주로 탄소분말 또는 천연 흑연분말에 피치나 타르(tar) 등의 결합제를 가해 균일하게 가압, 성형해서 장시간동안 보통 1,500[℃] 부근의 온도에서 가열 소결하여 만든다. 원료나 가공 처리 등을 달리함에 따라 사용되는 브러시 재료로서는 다음과 같은 것이 있다.

(1) 탄소질 브러시

피치(pitch), 코크스(coke) 등의 비정질 탄소를 주 원료로 하여 만든 브러시이다. 일반적으로 저항률과 마찰계수가 크며, 기계적 강도도 크다. 또, 절삭성도 좋다. 탄소에 흑연을 혼합한 탄소 브러시도 있는데 이는 소용량, 저속도 직류기용 브러시로 사용된다.

(2) 흑연질 브러시

천연 또는 인조흑연의 미분을 주 원료로 하여 만든 것으로 브러시 중에서 경도가 가장 낮다. 기계적 강도는 작지만 섭동음이 낮고, 또 저항률이 작으므로 전류용량을 비교적 크게 할 수 있다. 미끄러짐이 좋으므로 주로 중전압 이상의 고속도 또는 대전류 직류기 및 교류기의 브러시 혹은 가정용 소형 정류자 전동기에도 사용된다.

(3) 탄소흑연질 브러시

결정질의 탄소와 흑연을 혼합하여 만든 것으로, 그 성질도 탄소질 브러시와 흑연질 브러시의 중간 특성을 갖는다. 주로 일반의 직류 발전기, 유도전동기 등의 브러시에 사용된다.

(4) 전기흑연질 브러시

각종 탄소의 미분말을 전기로 중에서 고온(2,000~2,500[℃]) 처리하여 인공적으로 흑연화한 것으로, 천연흑연에 비해 불순물의 함유량이 대단히 적으며 기계적 강도가 크면서도 비교적 전류용량을 크게 잡을 수 있다. 탄소질 및 흑연질 브러시에서의 각각의 결점을 보완한 특성을 가진 것이라 할 수 있다. 주로 직류기, 활동환용 브러시, 회전 변류기, 고속도기계에 사용된다.

(5) 금속 흑연질 브러시

구리 등의 금속 분말에 흑연을 혼합하여 소결한 것과 흑연분말을 구리도금하여 성형시킨 것 등이 있다. 저항률 및 접촉저항이 대단히 작으며, 전류밀도를 크게 할 수 있는 장점이 있다. 따라서 저전압 대전류의 직류기, 회전변류기, 유도전동기의 브러시 및 슬립링에 사용된다.

표 2-10은 각종 브러시재료의 특성과 용도를 보인 것이다.

표 2-10 각종 브러시재료의 특성과 용도

종류	원료	성질	저항률 [$\mu\Omega \cdot cm$]	전류밀도 [A/cm²]	용도
탄소 브러시	비결정질의 탄소(피치코크스·주석 등의 미분말)	체적저항률이 크다. 전류밀도가 적다. 기계적 강도가 소음을 내기 쉽고 동분이 나오기 쉽다.	2,000~6,000	4~7	소용량·저속도의 직류기의 브러시, 차단기 등의 접촉자
흑연 브러시	천연흑연이나 인조흑연이 주이고 비결정질의 탄소를 약간 혼합한다.	체적저항률이 작다. 접촉저항이 작다. 전류밀도는 비교적 크다. 기계적 강도가 작다. 미끄럽다.	1,300~2,500	7~10	고속도 또는 대전류의 직류기·교류기의 슬립링, 가정용 소형 전동기의 브러시
탄소흑연질 브러시	결정질의 탄소와 흑연을 혼합한다.	탄소브러시와 흑연질 브러시의 중간정도의 성질을 표시함.	3,000~5,000	6~8	일반의 직류발전기·유도전동기 등의 슬립형

종류	원료	성질	저항률 [$\mu\Omega \cdot cm$]	전류밀도 [A/cm^2]	용도
전기흑연질 브러시	각종 탄소의 분말을 전기 로 속에서 열처리하여 흑 연화 한다.	체적저항률이 작다. 접촉 저항이 중간, 기계적 강도 가 크다. 불순물은 매우 적다.	1,700~5,000	6~9	일반 직류기 · 회전변류 기와 고속도의 전기기 계의 브러시
금속흑연질 브러시	(1) 구리와 같은 금속분을 주로 하고 여기에 흑연을 첨가해서 열처리 한다. (2) 구리 도금한 흑연분말 을 열처리 한다.	체적저항률이 작다. 접촉 저항이 가장 작다. 전류밀 도가 최대 (2)의 제법인 것 은 특히 기계적 강도가 크 다. 미끄럼 중 정도.	10~35	13~30	저전압 대전류의 직류 기 · 회전변류기 및 일 반유도 전동기의 슬립링

한편 탄소브러시와 구리브러시를 비교한 경우, 탄소브러시의 장점은 정류자와의 접촉이 좋아서 정류자를 마멸시키는 일은 적고, 접촉저항이 높아서 무불꽃 정류를 얻기가 비교적 용이하다는 점이다. 단점으로는 부서지기 쉬우므로 파손의 걱정이 있으며, 전류밀도가 작아서 동일 전류에 대해서는 형상을 크게 할 필요가 있다는 점이다.

2-5-3 퓨즈재료

퓨즈(fuse)는 일종의 자동차단기로 전기 · 전자기기를 사용 중 단락 또는 과부하로 인하여 전기회로에 정격 이상의 전류가 흐를 때 발생한 열에 의하여 용단되어 전류를 자동적으로 차단함으로써 전기회로 및 기기의 단락보호에 사용되는 것이다. 이 퓨즈는 값이 싸고 간단하기 때문에 널리 이용되고 있다. 퓨즈는 그 사용 목적에 따라 크게 나누면 전기 퓨즈와 온도 퓨즈로 나눌 수 있지만, 일반적으로 퓨즈라는 경우에는 전기 퓨즈를 말한다.

(1) 퓨즈재료

퓨즈는 항상 전류가 흐르고 있으므로 저항이 작은 금속 재료이어야 하며, 또 과전류에 용단되어야 하므로 용융온도가 낮아야 한다. 퓨즈 재료에는 Pb와 Sn의 합금, 또는 이것에 Bi나 Cd을 첨가한 합금이 가장 일반적으로 사용되지만, 비교적 큰 전류에 대해서는 높은 융점을 가지는 Zn, Al, Cu, Ag, Fe, Pt와 같은 금속이나 콘스탄탄(Cu-Ni),

황동, 양은(Cu-Ni-Zn)과 같은 합금이 쓰이고, 정밀한 전류제한을 필요로 할 때에는 W과 같은 고융점 금속도 쓰인다. 저융점 금속합금으로 되는 퓨즈는 용단전류값이 주위의 온도나 통풍의 영향을 받기 때문에 신뢰도가 낮은 반면, 고용융 금속의 퓨즈는 주위의 영향을 거의 받지 않는다. 특히 W는 고용융 금속이지만 정밀한 치수를 가지는 극세선으로 만들어 소전류용으로 쓰이며, 이러한 퓨즈를 마이크로 퓨즈(micro fuse)라 하며, 전화용, 전자기기용, 계기용의 소전류 정밀급 퓨즈로 쓰인다. 표 2-11에 퓨즈로 쓰이는 금속과 이들 합금의 조성과 융점을 나타내었다.

표 2-11 퓨즈용 금속 및 합금의 조성과 그 융점

금속	융점 [°C]	합 금	조 성 (%)				융점 [°C]
			Sn	Bi	Cd	Pb	
Sn	231.9	Wood 합금	12.5	50.0	12.5	25.0	68
Bi	271	Lipowitz 합금	13.3	50.0	10.0	26.7	70
Cd	320.9	D' Arcet 합금	25.0	50.0	-	25.0	93
Pb	327.3	Newton 합금	15.5	52.5	-	32.0	96
Zn	419.5	Rose 합금	22.0	50.0	-	28.0	100
Al	659	더어모퓨즈	58.0	30.0	-	12.0	100~120
Ag	960.8	Bi-Pb	-	58.0	-	42.0	125
Cu	1,083	Sn-Bi	42.0	58.0	-	-	135
Fe	1,539	Sn-Bi	50.0	50.0	-	-	160
Pt	1,769	Sn-Cd	72.0	-	28.0	-	177
W	3,380	Sn-Pb	33.3	-	-	66.7	217

(2) 퓨즈의 종류

퓨즈는 실제로 사용목적에 따라 크게 전기 퓨즈(electric fuse)와 온도 퓨즈(thermo fuse)로 나눌 수 있으며 재료에 요구되는 성질도 약간 다르다. 즉, 온도 퓨즈는 단지 열에 의하여 쉽게 용단되면 되지만, 전기 퓨즈는 열 이외에 과전류에 의해서도 쉽게 용단되어야 한다. 전기 퓨즈는 어떤 일정값이 넘는 전류가 어떤 시간 흘렀을 때 그 가용부분이 용단함으로써 전기회로를 보호하는 것으로 사용전압이나 전류에 따라 전력 퓨즈(power fuse), 저압 퓨즈, 배선 퓨즈, 전자기기용 통형 퓨즈 등이 있다. 특히 고전

암용 퓨즈는 용단시에 아크가 발생하므로 이것을 방지하기 위하여 붕산(H₃BO₃), 사염화탄소 등의 소호제가 사용된다. 붕산을 소호제로 사용한 것을 붕산형 퓨즈라 하고, 붕산이 아크에 의해 물을 방출해 B₂O₃로 변화할 때 발생하는 수증기를 소호매체로 한 것이다. 한편, 온도 퓨즈는 전열기구 등의 과열방지를 위해 사용되는 퓨즈인데, 통상 회로에 직렬로 넣어 과열인 경우에는 용단으로 회로를 차단하는 구조에 사용되고 있다.

따라서, 이 퓨즈는 과열에 대하여 즉응성과 신뢰성이 요구되므로 전기 퓨즈와는 달리 녹기 쉬운 합금만이 사용되며, 주로 Sn, Pb, Bi, Cd 등을 성분으로 한 이용 합금이 사용된다. 퓨즈는 모양에 따라서 개방형과 밀폐형으로 분류되어 개방형에는 실 퓨즈(wire fuse), 판 퓨즈(Plate fuse), 실 퓨즈나 판 퓨즈의 양쪽 끝에 구리 단자 판을 붙인 훅 퓨즈(hook fuse) 등이 있다. 밀폐형에는 주로 소호작용이 큰 화이버로 만든 절연성의 통형 퓨즈(cartridge fuse), 플러그 퓨즈(plug fuse) 등이 있다.

또, 끊어지는 시간에 따라 속단형과 시간 지연(time lag)형이 있다.

① 훅 퓨즈

훅 퓨즈는 저압용으로서, 퓨즈에 금속 단자를 붙인 것과 퓨즈에 단자가 바로 붙어 있는 것이 있다.

② 통형 퓨즈

퓨즈를 절연통 속에 넣은 것으로서 그림 2-30(b)와 같이 양쪽의 단자는 홀더에 끼울 수 있게 되어 있다. 전력형은 퓨즈가 녹아서 끊어질 때 금속 증기가 발생함과 동시에 아크가 발생하므로, 소호제를 통 속에 놓아 소호시키는 것과, 금속 증기를 밖으로 방

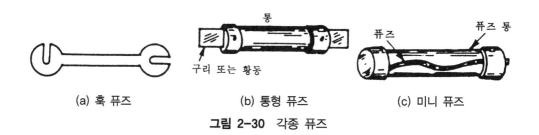

(a) 훅 퓨즈	(b) 통형 퓨즈	(c) 미니 퓨즈

그림 2-30 각종 퓨즈

출시켜 소호하는 것이 있다. 통의 재료는 자기, 경질 유리, 요소 수지가 사용된다.

③ 미니 퓨즈

검류계, 라디오, 텔레비전 등 전자기기의 보호용으로 사용되는 퓨즈로 미소전류에 의해 작용하는 퓨즈이다. 통상은 유리관 속에 가는 선의 퓨즈를 장치한 것이다. 동작 전류는 보통 [mA]단위이다. 퓨즈 재료로는 Ag 또는 Ag의 합금 및 가는 선의 W가 사용된다. 그림 2-30(c)는 미니 퓨즈의 보기이다.

④ 시간 지연 퓨즈

전동기의 보호에 사용되는 것으로서, 시동 전류에 의하여 녹아 끊어지지 않도록 된 것으로서, 규정된 과전류 영역에 대해 용단 시간을 특별히 증대시킨 퓨즈이다.

2-5-4 전극재료

(1) 축전기용 전극재료

축전기의 종류와 용도에 따라 전극재료는 달라지게 되나 일반적으로 금속화지 축전기에는 고순도(99.92[%] 이상)의 Zn이 쓰인다. 불순물로서 보통 Pb, Fe, Cd 등이 함유되어 있다. 운모나 자기를 유전체로 하는 축전기에는 Ag 소부전극이 널리 사용된다. Al은 종이 축전기, 플라스틱 박막 축전기, 금속화지 축전기, 전해 축전기 등에 쓰인다. Ta의 산화 피막을 유전체로 이용되는 Ta 전해 축전기의 양극에는 Ta의 박과 분말 소결체가 쓰이며, 음극은 Ta나 Ag가 이용된다. 보통 순도는 99.9[%] 이상인 것이 쓰인다.

(2) 전지용 전극재료

공기건전지, Mn건전지, 수은 건전지 등은 1차전지의 대표적인 것으로서 전해액은 각각 다르나 음극재료는 Zn이 사용된다. 그러나 새로운 전지에는 Pb(과염소산전지), Mg(염화은전지, Mg전지, 염화제1동 전지) 등을 음극재료로 사용하는 것도 있다. 양극 재료 중 활성물질은 제외하고 도전재료만을 주목하면 공기건전지, 망간건전지는 C를 사용하며, 수은 건전지는 Fe를, 새로운 전지에는 Ni(과연소산전지), Ag(과산화은전지), Cu(염화제1동 전지) 등도 사용되고 있다.

2차전지에는 연축전지, 알칼리 축전지, 니켈-카드뮴계 알칼리 축전지가 있다. 연축전지는 음극에 Pb를, 양극에 PbO_2를, 전해액은 묽은 황산을 사용하는 전지이다. 알칼리 축전지는 Fe를 음극으로, Ni_2O_3를 양극으로 가성 칼륨의 수용액을 전해액으로 한 전지이다. 또한 니켈-카드뮴계 알칼리 축전지는 대개 위의 알칼리 축전지의 음극을 Cd 또는 Cd와 Fe의 혼합물로 대치한 것이다. 양극은 다수의 세공을 가진 Ni 도금한 동제의 편평한 소상 중에 $Ni(OH)_2$와 인편상 흑연을 채운 것을 사용한다. 음극에는 양극과 같은 모양의 소상 중에 Cd와 Fe의 혼합분말을 채운 것이 사용된다.

(3) 접지용 전극재료

접지용 전극재료로서는 C, Cu, Fe 등이 쓰인다. 탄소 접지봉은 흑연을 주체로 한 소결체에 도선을 접착한 것이다. 금속접지봉은 구리나 강봉에 구리를 도금한 것 또는 동복 강선을 사용한다.

(4) 반도체용 전극재료

반도체를 응용한 각종 소자나 부품, 장치에서는 전극재료와 전극을 접합시키는 방법이 매우 중요하다. 진공증착법, 전기도급법을 써서 정류성 접촉을 만드는 방법은 반도체 표면에 특정한 금속전극을 붙임으로써 표면장벽형 정류성 접촉을 얻을 수 있다. Si나 Ge 이외의 반도체에서도 대체로 방법은 비슷한데, 일반적으로 반도체에서는 진공증착법을 써서 Au, Ag, Al, Sn, Ni 등의 박막 전극을 붙이고 있다.

(5) 전기용접용 전극재료

전기용접용 전극재료는 도전율 및 열전도율이 클 것, 피용접물과의 사이에 접촉저항이 작을 것, 기계적 강도가 크고 특히 고온에서 경도가 클 것 등이 요구된다. 이와 같은 요구에 대체로 합치되는 것으로서 Cu와 Cu합금이 쓰인다. Cu합금으로는 Cu-Cd, Cu-Cr-Be, Cu-Co-Be 등이 있는데, 경도와 항장력을 증대시키기 위하여 저온

가공이나 특수 열처리한 것들이 쓰인다. Ag-Cu합금은 철이나 황동(Cu-Zn)의 용접에 좋은 성능을 나타낸다. 또 W도 사용되는데 W-Cu 또는 W-Ag의 소결재료도 전기용접용 전극으로 사용된다.

2-5-5 열전대재료

서로 다른 2종류의 금속의 양끝을 접합시켜서 폐회로를 만들고 접합점에 온도차가 있을 때 발생하는 열기전력을 이용하여 역으로 온도차를 측정하는 장치가 열전대(thermocouple)라 하고 이것을 이용한 온도계를 열전온도계라 한다. 열전대를 이용한 측온방법은 전기, 기계, 화학공업분야는 물론 차량, 선박, 항공기, 방재관계 부분에서 온도 및 조절에 큰 역할을 한다.

열전대재료가 구비해야 할 조건은 다음과 같다.

① 내열성이 클 것
② 경년 변화가 작을 것
③ 온도와 열기전력의 관계가 적정할 것
④ 계기에의 호환성이 있을 것

열전대는 사용되는 금속의 종류에 따라서 귀금속 열전대와 구리, 철계 열전대로 나누어진다. 귀금속 열전대의 대표적인 것은 Pt와 Rh을 주체로 한 것으로 Pt-Rh-Pt, AuCo-Au 등이 있다. 구리, 철계 열전대의 대표적인 것은 알루멜-크로멜, 구리-콘스탄탄, 철-콘스탄탄 등이 있다. 또 특수한 것으로는 고온용으로 SiC-C, W-WMo 등이 있다.

이들 열전쌍은 그 종류에 따라 온도에 대한 열기전력 값이 다르며, 또 사용온도 한계 및 사용 분위기도 다르기 때문에, 사용하는 경우에는 그 특성을 잘 알고 나서 선택해야 한다. 표 2-12는 대표적으로 사용되는 열전대의 종류와 특성을 보인 것이다.

표 2-12 열전대의 종류와 특성

종 류	재료명칭	열전대의 구성		열전대의 사용한도(예)		
		+각	-각	선경 [mm]	사용온도 [℃]	과열 사용온도 [℃]
PR 열전대	백금-백금로듐	Pt 60%, Rh 30% 합금	Pt 94%, Rh 6% 합금	0.5	1,500	1,700
		Pt 87%, Rh 13% 합금	Pt 100%	0.5	1,400	1,600
		Pt 90%, Rh 10% 합금	Pt 100%			
CA 열전대	크로멜-알루멜	Ni, Cr을 주로 한 합금	Ni을 주로 한 합금	0.65 3.2	650 1,000	850 1,200
CRC 열전대	크로멜-콘스탄탄	Ni, Cr을 주로 한 합금	Cu, Ni를 주로 한 합금	0.65 3.2	450 700	500 800
IC 열전대	철-콘스탄탄	철	Cu, Ni를 주로 한 합금	0.65 3.2	400 600	500 750
CC 열전대	구리-콘스탄탄	구리	Cu, Ni를 주로 한 합금	0.32 1.6	200 300	250 350

2-5-6 바이메탈재료

바이메탈(bimetal)은 열팽창계수가 서로 다른 2장의 금속판을 접합시켜, 온도가 상승하면 열팽창계수가 큰 금속이 보다 더 늘어나므로 열팽창계수가 작은 금속 쪽으로 휘어짐으로 인해 선단의 접점을 직접 또는 간접으로 개폐하도록 하여 전류를 단속하는 것이다. 바이메탈은 구조가 간단하고, 동작이 정확하고, 설비비도 저렴하므로, 가정용, 공업용을 불문하고 많은 응용면을 가진다. 비교적 저온인 전기다리미, 전기항온조, 건조기 등의 온도제어에 사용한다. 또, 바이메탈을 이용하여 배전선의 과부하 조절을 하는 경우, 그것을 노퓨즈 브레이커(no fuse breaker)라 한다.

바이메탈의 재료로는 인바(Invar)와 황동의 조합이 가장 많이 쓰이며 용도에 따라 표 2-13과 같은 재료가 사용된다.

열에 의한 팽창이 적은 측의 재료에는 인바(Invar)라고 하는 Fe-Ni의 합금이 거의 사용된다. 그 이유는 그림 2-31의 Ni량에 의한 팽창계수의 차이에서도 알 수 있듯이 Ni 36%의 합금이 상온 부근에서 팽창계수가 가장 작아지기 때문이다. 따라서 저팽창측 재료에는 거의 인바가 사용되기 때문에 바이메탈에 요구되는 특성의 대부분은 고팽창측 재료에 의해 좌우된다.

표 2-13 바이메탈재료의 조합과 사용온도 범위

	고팽창재료	저팽창재료	사용온도 [℃]
저온용	황　동 Zn 30~40% 　　　 Cu 70~60%	니켈강 Ni 34% 　　　 Fe 66%	100 이하
	황　동 Zn 30~40% 　　　 Cu 70~60%	인　바 Ni 36% 　　　 Fe 64%	150 이하
고온용	모넬메탈 　　 Ni-Cu-Mn 합금	니켈강 Ni 34~42% 　　　 Fe 66~58%	250 부근
	니켈강 Ni 20% 　　　 Fe 80%	니켈강 Ni 42~54% 　　　 Fe 58~46%	400 부근

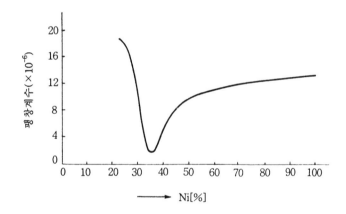

그림 2-31 철-니켈 합금의 니켈성분에 의한 팽창계수의 변화

그러므로 바이메탈재료는 고팽창계수를 갖는 쪽이 우수해야 하며 다음과 같은 조건을 구비한 것이 요구된다.

① 열팽창 계수가 클 것

② 내열성이 양호할 것

③ 인바와의 접착성이 좋을 것

④ 내식성이 좋을 것

⑤ 균질적인 판재를 만들기가 용이할 것

　와권 및 나사권상의 바이메탈은 구조가 복잡하지만, 온도변화에 의한 바이메탈의 힘 및 변위는 평판바이메탈에 비해 크다. 보통의 바이메탈은 3[℃] 정도의 온도변화로 동작하도록 만들었다.

01. %도전율에 대하여 설명하여라.

02. 실온(300[K])에서 구리의 저항률은 1.7[$\mu\Omega\cdot$cm]이다. 비데만-프란츠의 법칙이 성립된
다고 가정하고, 실온에 있어서 구리의 전자만에 기인한 열전도도를 구하여라.

03. 도전재료가 갖추어야 할 조건을 열거하여라.

04. 수소취성에 관해서 설명하여라.

05. 코르손 합금에 대하여 설명하여라.

06. 알드레이에 관해서 설명하여라.

07. 나트륨 케이블에 대하여 설명하여라.

08. 접촉저항의 종류를 열거하고 설명하여라.

09. 미니 퓨즈에 대하여 설명하여라.

10. 바이메탈재료로서 구비할 조건을 열거하여라.

11. 구리에 주석을 10[%] 이하 첨가하고 극히 미량인 인을 함유시킨 것은?
① 황동　　　　　　② 무산소동　　　③ 인청동　　　　④ 코르손 합금

12. 다음 구리 합금 중 인장강도가 가장 큰 합금은?

① 베릴륨-동   ② 은-동   ③ 카드뮴-동   ④ 아연-동

13. 알루미늄에 지르코늄을 0.03~0.12[%] 함유하고 도전율 58[%], 인장강도 17[kg/mm^2]을 갖는 것은?

① 경알루미늄   ② 고력알루미늄   ③ 세선용알루미늄   ④ 내열알루미늄

14. 집중저항을 경감하기 위한 방법이 아닌 것은?

① 저항률이 작은 재료를 선택할 것   ② 탄성한계를 크게 할 것

③ 접촉하는 부분의 수를 많이 할 것   ④ 접촉하중을 크게 할 것

15. 적당한 온도로 가열한 후 재료를 천천히 식히므로 기계적 성질이나 상온가공으로 증대된 전기저항이 다시 감소하는 열처리는?

① 담금질   ② 풀림   ③ 뜨임   ④ 템퍼링

16. 퓨즈 재료로 사용되지 않은 것은 다음 중 어느 것인가?

① 은   ② 구리-니켈 합금

③ 아연-주석 합금   ④ 탄소

17. 열전대재료가 구비해야 할 조건이 아닌 것은?

① 내열성이 클 것

② 경년변화가 작을 것

③ 온도와 열기전력의 관계가 비직선적일 것

④ 계기에의 호환성이 있을 것

CHAPTER 03

저항재료

저항재료는 도전재료에 속하는 것은 틀림없으나 그 특성이나 현상 및 응용이 전류를 흘리는데 그 주목적을 두고 있는 도체와는 다르다. 어떤 물질의 전기저항은 그 물질의 종류, 처리방법, 주어진 조건 등에 의해 변하는데 이들의 특성이나 현상을 전기응용에 연결시킨 것을 저항재료라 한다. 따라서 저항재료는 회로에 저항을 연결하여 전류를 조정하거나 전압을 강하시키며, 발생하는 주울열을 이용하거나, 발광현상을 광원으로 이용하는 것이다.

3-1 저항재료의 분류와 성질

저항재료는 크게 금속 저항재료와 비금속 저항재료로 나뉘며 금속 저항재료로서는 Cu, Ni, Fe 중의 하나를 주성분으로 하고, 이와 고용체를 만드는 Mn, Cr와 같은 금속과의 합금이 사용되며, 비금속 저항재료로서는 C, SiC, 금속산화물 등이 사용된다. 금속 저항재료는 단일 금속과 합금으로 되어 있고, 단일 금속재료는 저항률이 작고, 온도계수가 크기 때문에 주로 온도와 저항의 관계가 직선성을 이용한 측온 저항이나 고융점을 이용한 전열저항으로 사용되며, 여기에 대하여 합금재료는 저항률이 크고 온도계수가 작으므로 정밀저항, 전열저항, 조절저항 등으로 사용된다. 한편 비금속의 저항재료는 접촉저항을 이용하여 전열저항이나 부품저항, 조절저항 등으로 사용된다. 이들 저항재료의 재료별 분류는 표 3-1과 같다.

표 3-1 저항재류의 재류별 분류

저항 재료	단금속	텅스텐, 몰리브덴, 백금, 구리, 니켈, 탄탈
금 속	합 금	망가닌, 콘스탄탄(구리 합금) 니크롬(니켈 합금) 철-크롬(철 합금) 금-크롬, 은-망간
비 금 속	탄소 및 탄화물	흑연, 카본, 탄화규소
	산화물	산화 지르코늄
	규소화물	규소화 몰리브덴
	질화물	질화 탄탈

또한 비금속 저항재료는 비직선으로 옴의 법칙에 따르지 않는다. 이 비직선상의 재료는 바리스터(Varistor), 감열 소자, 정류기 등의 구성소자로서 많은 용도를 갖고 있다.

저항재료는 계측용의 표준저항, 전압·전류조절용 가감저항, 전열용 저항, 발광용 저항기, 통신기기용 고저항 재료 등으로서 저항치가 일정한 것과 가변되는 것이 있다. 표 3-2는 저항재료의 용도별 분류를 나타낸 것이다.

표 3-2 용도별 저항재료의 분류 예

	금속질 재료	비금속질 재료
정밀저항	망가닌, 구리-니켈, 은-망간, 니크롬, 금-크롬	
전류조절용 저항	구리-니켈, 니크롬, 그릿드 저항	카본, 흑연, 전해액
전열저항	니크롬, 철크롬, 텅스텐, 몰리브덴, 탄탈, 백금	흑연, 탄화규소, 규화몰리브덴
부품저항	니크롬, 탄탈, 구리, 니켈	규화탄탈, 카본
측온저항체	백금, 니켈, 구리	카본
감온저항체		LiCl, Se 박막

저항재료로서 필요한 성질은 그 사용 목적이나 조건에 따라 다르지만 일반적으로 고려해야 할 성질을 들어보면 다음과 같다.

① 저항률이 클 것

② 저항의 온도 계수가 작을 것

③ 열기전력이 작을 것

④ 기계적 강도가 클 것

⑤ 화학적으로 안정할 것

⑥ 가공, 접속이 쉬울 것

⑦ 가격이 저렴할 것

등이 있지만, 이들도 그 사용 목적에 따라 그 주목적을 달성하기 위해서는 그 밖의 성질이 나빠도 사용된다. 저항재료가 갖는 용도는 대단히 광범위하나 그 사용목적에 따라 분류하면 다음과 같다.

3-1-1 정밀 저항재료

표준저항 또는 전위차계, 더블브리지, 전압계 등의 저항기로서 전기기기, 계측기 등에 사용되는 것으로 정밀 저항재료로서 요구되는 특성은 저항률이 크고, 저항의 온도계수 및 구리에 대한 열기전력이 작고, 그 저항치가 영구히 변치 않아야 한다. 이들 요구를 만족하는 대표적인 물질은 망가닌(manganin)이다.

3-1-2 전류 조절용 저항재료

이 분류에 속하는 저항재료는 정밀 저항재료만큼 전기적 특성을 요구하지 않는 대신 내열성, 기계적 강도, 가공성, 경제성 등이 중요시된다.

전기기기의 회로제어와 같은 소전류용으로는 콘스탄탄(constantan)으로 대표되는 Cu-Ni 합금, 전동기, 전차 속도조절용 등의 대전류용으로는 Fe-C, Fe-Cr-Al, Ni-Cr-Fe 합금 등이 사용된다. 이들의 사용 형태는 금속선과 같은 것이 일반적이지만 판상, 대상 또는 박막상 등이 있다.

3-1-3 전열용 저항재료

고온에서 사용하는 재료이므로 내열성이 크게 요구되며 산화 등에 의해 재질이 변화되지 않고 안정해야 한다. 또 가공이 쉽고, 가격이 저렴해야 한다. 이에는 금속인 것과 비금속인 재료가 있다.

(1) 금속 발열체

전열용 금속 저항재료의 대표적인 것은 단금속으로서의 Pt, W, Mo, Ta 및 합금으로서의 Ni-Cr 및 Fe-Cr-Al이 이 용도에 이용되고 있다. 이 중 전열선으로 가장 많이 이용되는 것은 Ni-Cr 합금선이다. 이 합금선은 니크롬(nichrome)선이라는 상품명으로 부르고 있으며, Ni 80%, Cr 20% 정도의 조성을 가지며 대략 1,000[℃] 내외의 발열체로 특수한 성능을 가지고 있다.

(2) 비금속 발열체

탄화규소(SiC)가 주성분인 막대 모양의 소결물이 가장 많이 사용된다. 실리코니트(Siliconit)라는 상품명으로 시판되며, 실리코니트는 상용 1,450[℃], 최고 1,600[℃]에 견디므로, 대형 전기로의 발열체로서 널리 사용한다.

3-1-4 고주파용 저항재료

보통의 금속 저항체에서는 표피작용(skin action) 및 인덕턴스가 크므로 고주파에 대해서는 저항치가 많이 변한다. 따라서, 피막을 얇게 하거나 아니면 저항을 크게 하든지, 또는 구조를 고려하여야 한다. 진공 증착(vacuum evaporation) 또는 음극 스퍼터링(cathode sputtering) 현상을 이용하여, 절연물의 표면 등에 붙인다. 수 μ 이하의 극히 얇은 금속막은 금속체와는 달리 높은 저항을 나타내고, 그 온도계수도 음(−)이 된다. 이는 금속막이 극히 작은 미립자 결정의 집합으로 전자의 자유행정(free path)의 단축, 입자간의 접촉 현상 등에 의해 저항이 증가한다고 본다. 라디오용 고저항 재료는 유리류나 자기 등의 절연물 표면에 금속을 진공 증착시켜 금속 박막을 만든 것으로 저항값은 수 [KΩ]에서 수 [MΩ]인 것이 있다. 저항의 온도계수는 매우 작아서 $10^{-5}[\text{deg}^{-1}]$ 정도가 된다.

3-2 금속 저항재료

3-2-1 구리를 주성분으로 한 저항재료

(1) 구리-망간계 합금

그림 3-1에서 보는 바와 같이 이 합금의 저항률은 Mn의 양의 증가와 함께 증대하여 Mn 약 60[%]에서 최대치가 되고, Mn이 12~15[%]인 것은 상온 부근에서 저항 온도계수가 최소값이 되어 표준저항으로 사용할 수 있다. 또 구리에 대한 열기전력은 망간의 양의 증가와 함께 양(+)으로 증대한다. 이 합금의 구리에 대한 열기전력의 저하, 내식성의 증대, 저항 온도계수의 개선 등을 목적으로 Ni를 첨가한 합금이 소위 망가닌 (manganin)으로서 정밀용 또는 표준 저항재료로서 가장 많이 사용된다.

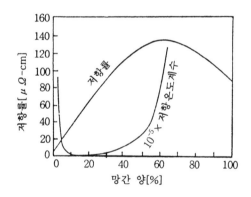

그림 3-1 구리-망간 합금의 조성과 전기적 성질

망가닌의 성분은 보통 Cu 83~86[%], Mn 12~15[%], Ni 2~4[%]로 이루어지고 있으며, 그 외에 소량의 Fe, Al, Sn을 첨가함으로써 그 특성이 더욱 개선되고 안정도가 좋아 표준 저항기로 사용된다.

이 합금은 저항률이 41~48[$\mu\Omega \cdot cm$]이고, 상온 부근에서의 저항 온도계수는 (1~3)×10^{-5}[deg^{-1}]로 합금 중 가장 작으며, 구리에 대한 열기전력은 상온에서 2[$\mu V/deg$] 이하로 매우 작기 때문에 표준 저항기 및 측정용의 정밀저항기의 재료로 사용된다. 그러나 공기 중에서 산화하기 쉬우므로 표면에 명주실을 감거나 바니쉬를 도포하든가

기름에 넣어 사용한다. 또한 가공과 열처리는 저항이 온도계수나 열기전력 등의 성질
에 영향을 미치게 하는데, 가공 후의 저항의 온도계수나 열기전력의 증가는 풀림이나
에이징으로 감소시킬 수 있으며, 또 저항치의 경년변화는 375~400[℃]에서 1시간을
가열시켜서 서서히 냉각시키면 감소시킬 수 있다. Mn을 함유하는 합금은 열처리할 때
Mn의 기화 때문에 표면에 열화층이 생기므로 고온에서 가열할 때에는 Mn의 기화를
방지하기 위하여 N_2 또는 Ar가스 중에서 풀림을 한다. 또 Cu-Mn-Al 합금도 있는데,
이것은 Cu-Mn-Ni 합금의 Ni 대용으로 Al을 첨가한 것이다. Al을 첨가함으로써 저항
온도계수 및 열기전력이 저하하고, 내식성 및 고유저항이 증가한다. 이와 같이 망가닌
의 Ni를 Al로 치환한 것으로는 이사벨린(Isabellin) 및 할만(Halman)이 있고, Fe를 첨
가한 것으로는 노보콘스탄탄(Novokonstantan)이 있다. 이들 합금은 내식성, 내열성,
내산화성 등이 좋아 망가닌선 대용으로 사용된다. 그러나 Al이 많기 때문에 가공성,
땜납, 접착성 등이 나쁘다는 결점도 있다.

표 3-3은 Cu-Mn-Al 합금의 성질을 나타낸 것이다.

표 3-3 Cu-Mn-Al 합금의 성질

합금명	화학성분 [%]							고유저항 $[\mu\Omega \cdot cm]$	저항온도계수		구리에 대한 열전기력 $[\mu V/℃]$
	Cu	Mn	Ni	Al	Sn	Si	Fe		α_{20} : $[10^{-6}/℃]$	β : $[10^{-6}/℃^2]$	
이사벨린	84	13	-	3	-	-	-	50	±10	$-0.3\sim-0.4$	0.2
노보콘스탄탄	82.5	12	-	4	-	-	1.5	45	±5	-0.4	0.3
할만	나머지	10.5~11.5	-	4~5	-	-	-	42~48	<20	-	0.5~0.8

(2) 구리-니켈 합금

Cu와 Ni는 어떤 배합 비율로도 합금을 만드는 이른바 전율고용체로 기계적 성질이
양호하여 전성도 풍부하고 전기적 성질도 Ni 40~50[%]에서 저항률이 크고 저항의
온도계수가 작기 때문에 저항재료로서는 매우 좋은 특성을 가지고 있다. 그림 3-2는
Ni의 함량과 저항률, 열기전력 및 온도계수와의 관계를 나타내는 것으로 Ni량에 따라

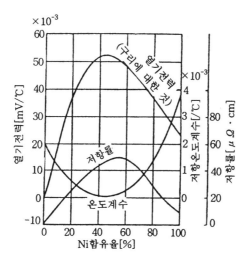

그림 3-2 구리-니켈 합금의 성질

약간 그 특성을 달리한다. 그림에 나타낸 바와 같이 Ni의 함유량이 40~50[%] 부근에서 저항률이 가장 높고, 저항의 온도계수는 작아서 저항재료로서 필요한 성질을 가지고 있지만 구리에 대한 열기전력이 크다는 결점도 있다.

이 합금의 대표적인 것은 콘스탄탄(constantan)으로서, 성분은 Cu 55[%], Ni 45[%]로 조성된 합금이다. 이 합금의 저항률은 49[$\mu\Omega \cdot cm$]이고, 저항 온도계수는 1.5×10^{-5}[deg^{-1}]으로 작고, 구리에 대한 열기전력이 커서 55[$\mu V/deg$]나 된다. 또 내열성, 내식성이 우수하므로, 구리와 조합하여 열전대로서 300[℃]까지의 온도를 측정할 수 있다. 그 외에는 교류용의 정밀저항선, 전류 조절 통신기기의 저항선, 저온의 발열체로도 사용된다. 이 합금에 미량의 Fe, Mn을 가하면 저항 온도계수와 열기전력이 감소하고 내식성이 증대된다. 표 3-4는 구리-니켈 합금의 조성과 제특성을 나타낸 것이다.

한편, Cu-Ni 합금 중에는 Ni의 일부를 Zn으로 바꾸어 놓은 것도 있다. 양은(nickel silver)이라는 것은 이 중 Ni의 일부를 Zn으로 바꾸어 놓은 것으로, 구리 50~70[%], 니켈 10~30[%], 아연 5~30[%]의 합금이다.

이 합금의 저항률은 20~40[$\mu\Omega \cdot cm$], 저항 온도계수는 3×10^{-4}[deg^{-1}]정도이다. 저항재료로는 그다지 사용되지 않으나 상온 가공이 쉽고, 인장강도가 크며, 내식성과 탄성이 우수하기 때문에 저항선 외에 스프링 재료로서 전화기의 계전기에 사용된다.

표 3-4 구리-니켈 합금의 성질

합금명	화 학 성 분 [%]						저항률 $[\mu\Omega \cdot cm]$	저항온도 계수[/℃]	인장강도 $[kg/mm^2]$
	Cu	Ni	Mn	Fe	Si	Zn			
콘스탄탄	55.0	45.0					49.0	1.5×10^{-5}	45
모넬	28.0	67.0	5.0	-	-		42.15	1.9×10^{-3}	50
어드반스	54.5	44.68	0.54	0.11			47.56	0	60
코펠	54.18	45.44		0.15			46.34	1.1×10^{-4}	
아이디얼	53.65	44.84	0.38	0.60	0.05		47.23	5×10^{-6}	42
양은	50~70	10~30				5~30	20~40	3×10^{-4}	

3-2-2 니켈을 주성분으로 한 저항재료

(1) 니켈-크롬 합금

니켈과 크롬을 주성분으로 한 합금으로 보통 니크롬(nichrome)이라 부른다. 이것은 Ni 57~79[%]에 Cr 15~20[%]로 구성되는 합금이다.

이 합금의 특징은 다음과 같다.

① 저항률이 크다.

② 고온에서도 산화하기 어렵다.

③ 기계적 강도가 크다.

④ 내열, 내식성도 우수하다.

⑤ 세선 가공이 가능하다.

이 합금은 전열용 저항재료로 널리 사용되지만, 최근에는 고저항률 외에 첨가원소나 열처리 등의 효과에 의하여 고안정도가 가능하므로 고저항 정밀 저항재료로서 사용되기 시작하였다. 또 Cr의 양을 증가시키면 저항률이 증가하고, 저항 온도계수는 감소하나, 경도가 증대하여 가공성이 나빠진다. 한편 철을 첨가하면 가공은 용이하지만 산화하기 쉬운 결점이 있다. 니크롬 전열선에는 제1종과 제2종이 있는데, 기호로서 NCH-1, NCH-2로 나타내며, 그 성분과 성질은 표 3-5와 같다.

① 니크롬 제1종

고온에서도 연화되는 일이 적고, 기계적인 강도가 크며, 고온가열 후에도 부스러지는 일이 없으며, 가공이 쉽다. 또 내식성이 좋아서 황화성 가스 이외의 어떤 가스에도 부식되지 않으므로 1,100[℃]까지의 공업용 고온 전기로의 발열체로 사용된다.

표 3-5 니크롬전열선의 성분과 성질

품종	화 학 성 분 [%]						저항률 (20℃) [$\mu\Omega \cdot cm$]	저항온도 계수 [$\times 10^{-4}$/℃]	최고사용 온도 [℃]	특 징
	Ni	Cr	Mn	C	Si 기타	Fe				
니크롬 제1종	75~79	18~20	2.5 이하	0.15 이하	0.5~1.5	1.5 이하	101~115	2 이하 (20~400℃) 1.5 이하 (20~900℃)	1,100	고온에 있어서도 변화하지 않고, 강도가 커서 가공용이, 유화성 가스 이외에는 침식되지 않는다.
니크롬 제2종	57 이상	15~18	3.0 이하	나머지	0.5~1.5	나머지	105~119	2.5 이하 (20~400℃) 2 이하 (20~800℃)	900	내열성, 내식성은 니크롬 제1종에 비해 약간 떨어지지만, 가공성은 양호

② 니크롬 제2종

내열, 내가스성, 고온 강도는 제1종에 비하여 약간 뒤떨어지지만, 가공성이 좋아 800~900[℃]에서 사용되는 전기로, 전열기의 발열체 및 900[℃] 이하의 고온 저항체 등에 사용된다.

한편, Ni-Cr의 특성을 개선하기 위해 여러 가지 금속을 첨가하여 적당한 열처리에 의해 그 목적을 달성한 것이 에바놈(Evanohm), 카르마(Karma) 등이다. Ni량의 일부분을 대신하여 Al을 첨가하면 구리에 대한 열기전력을 감소시키고 또 Fe와 Cu는 Al을 첨가함으로써 생기는 결정립의 증대를 방지한다. 에바놈은 Ni 73[%], Cr 21[%], Al 2[%], Cu 2[%] 등으로 만들어진다. 저항률은 약 133[$\mu\Omega \cdot cm$] 저항 온도계수는 2×10^{-5}[deg^{-1}]이며, 구리에 대한 열기전력이 2.5[μV/deg] 이하로써 전기적 성질이 우수하며, 안정성도 망가닌과 비교해서 손색이 없고, 또 온도에 의한 저항변화가 직선적이라는 점에서 망가닌보다 더 우수하다. 카르마는 에바놈의 Cu를 Fe로 치환한 것이다. 또 이외에도 Ni를 주성분으로 한 합금 중에서 많이 사용되고 있는 것에는 Ni 80[%]와 Cr 20[%]의 합금인 크로멜(Chromel)과 Ni 97[%], Mn 2.5[%], Fe 0.5[%]의 합금인 알루멜(alumel)이 있으며, 이들을 한 쌍으로 하여 열전대를 만들어 1,200[℃]까지의 온도 측정에 사용된다.

3-2-3 철을 주성분으로 한 저항재료

(1) 철-탄소 합금

이 합금은 주철(cast iron)이라는 것으로, C 35[%], Si 2[%], Mn 0.5[%], P 0.3[%], 기타 Fe가 포함된 합금으로 저항률이 높고, 고온에 견디고, 가격이 싸기 때문에 그리드(grid) 저항체로서 전동기 시동용, 속도 조절용, 전기 화학 공업 등 대전류의 제어용으로 사용된다. 이 합금의 저항률은 90~100[$\mu\Omega \cdot$ cm]이지만, 특히 Si를 증가시기면 200[$\mu\Omega \cdot$ cm] 정도, 또 Al을 첨가하면 170[$\mu\Omega \cdot$ cm] 정도의 저항률이 높은 것을 만들 수 있다. 그러나, 주철은 녹이 슬기 쉬우므로, 아연 도금 또는 인산 아연법 등에 의해 방식처리를 하여 보호할 필요가 있다.

(2) 철-니켈 합금

Fe와 Ni는 어떤 비율로도 고용체를 만들며, 그 성분비에 따라 그림 3-3과 같이 저항률이 변한다. 그 중에서도 Ni 25~30[%] 정도인 것은 저항률이 최대가 되므로 저항기용 외에 600[℃] 이하의 전열용 저항체에 사용되고 있다. 특히 Ni 46[%]를 포함하는

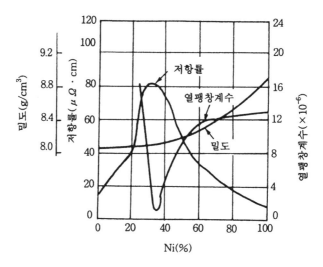

그림 3-3 철-니켈 합금의 성질

합금을 듀멧(dumet)이라 하며, 이 합금은 열팽창계수가 납유리와 비슷하므로 표면에 구리를 피복하여 전구의 스템선(Stem wire)으로 사용된다.

Ni 25[%]를 포함하는 합금인 클라이맥스(climax)는 전열용 등에 사용된다. 또한 Fe에 Ni를 36[%] 포함한 합금인 인바(Invar)는 열팽창계수가 매우 작아서 20~100[℃] 사이에서 $(8\sim11)\times10^{-7}[\deg^{-1}]$로 극히 작으므로 저항용보다는 물리 측정기기용에 사용되며, 또 황동판과 조합하여 바이메탈로서 150[℃] 이하의 온도 조절에 사용된다.

(3) 철-크롬-알루미늄 합금

이 합금은 Ni의 부족에 대처하여 니크롬 대신 개발된 것으로, 소위 철크롬 전열선으로 사용되는 재료이다. 이 합금은 Fe에 Cr 13~33[%], Al 3~8[%]를 포함한 합금으로 니크롬보다 저항률이 크고 내열성도 우수하며 최근에는 많이 사용하고 있다. 이 합금의 내열성은 Cr 및 Al의 영향이 현저하므로 Cr 23~26[%], Al 4~6[%] 합금이 실용되며, 저항률도 그림 3-4에서처럼 약 140[$\mu\Omega\cdot$cm]로 NCH-1에 비해 큰 값을 표시하고 있다.

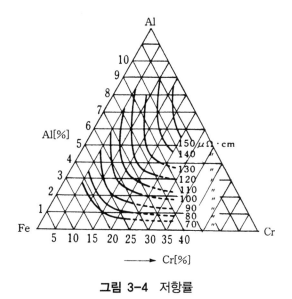

그림 3-4 저항률

이 합금의 특징을 들면 다음과 같다.

① 저항률이 크다(Fe-Cr 25[%] – Al 5.5[%] 합금에서 150[$\mu\Omega\cdot$cm] 정도다).

② 대기 중에서의 사용 수명 값이 크고, 내식성이 뛰어나다.

③ 사용온도가 극히 높아 대기 중에서 1,300[℃] 정도이다.

④ Ni-Cr 합금에 비해 염가다.

한편, 결점으로는

① Al량을 증가시키면 성능은 향상되지만 용해, 가공성을 곤란하게 한다.

② 고온 가열에 의해 결정립의 성장이 크다.

③ 질소 등의 가스에 약하다.

④ 사용 후 영구히 늘어나는 성질이 있다.

철-크롬 전열선에도 제1종과 제2종 등이 있으며 그 성분 및 성질은 표 3-6에 나타 낸 바와 같다.

표 3-6 철-크롬 절연선의 성분과 성질

품종	화학성분 [%]					저항률 [$\mu\Omega\cdot$cm]	저항온도계수 [×10⁻⁴/℃]	최고사용 온도 [℃]	융점
	Cr	Al	Mn	C	Fe				
철크롬 제1종	23~ 27	3.5~ 5.5	1.0 이하	0.15 이하	나머지	140±8	1 이하 (20~400℃) 1 이하 (20~1,000℃)	1,200	1,380~ 1,420
철크롬 제2종	17~ 21	2~ 4	1.0 이하	0.15 이하	나머지	122±7	2.5 이하 (2~400℃) 2.5 이하 (20~900℃)	1,100	1,475

제1종은 1,200[℃]까지의 고온용에 사용되며, 내산화성은 크지만 가공이 힘들고 니 크롬과 비교해서 고온에서의 강도가 떨어진다. 제2종은 1,100[℃]까지의 온도에서 사 용되며, 제1종보다 가공이 용이하다. 이 외에 Fe-Cr-Al 합금에 속한 것으로서 특히 고온 사용이 가능한 전열선 재료로서 칸탈(Kantal)선 등이 있다. 기 칸탈선은 성분이

Fe 69[%], Cr 23.5[%], Al 5.5[%], Co 2[%]로 저항재료로서, 전열선으로 1,200[℃]
까지 사용할 수 있다.

3-2-4 그 밖의 금속 저항재료

(1) 순금속 저항재료

합금의 허용 온도는 1,300[℃] 정도이므로, 그 이상의 고온을 얻으려면 순금속제를
사용하여야 한다. Fe, Ni, Mo, W, Pt, Ir, Ta 등의 순금속은 비교적 저항률이 크고, 모
두 그 융점이 1,400[℃] 이상의 고온이므로 전열용 저항체로 사용된다. 표 3-7은 순금
속 저항재료의 성질을 나타낸 것이다.

표 3-7 순금속 저항재료의 성질

명 칭	융점 [℃]	저항률 [$\mu \Omega \cdot$ cm]	저항온도계수 $\times 10^{-3}$ [/℃]
철	1,535	10.0	5
니켈	1,452	6.9	6
몰리브덴	2,620	4.77	3.3
텅스텐	3,370	5.48	4.5
백금	1,771	10.5	3
이리듐	2,350	5.29	-
탄탈	2,850	15.5	3.1

이 중에서 W이 가장 많이 이용되고 있으나, 이는 공기 중에서는 산화, 연소하므로
진공 중에서 사용된다. 전구나 진공관의 필라멘트 또는 진공 증착용의 히터로 사용된
다. Pt는 공기 중에서 사용해도 산화되지 않으므로 연구실용의 소형전기로 등에 사용
되지만, 사용할 때에 C나 H_2 등과의 접촉은 피할 필요가 있다.

한편 Ta는 융점이 2,850[℃]로 높고, 고온에서 가스를 흡수하는 성질이 있으므로 진
공관 재료로 적합하다. 또한 전해액 중의 양극전하에 의해 표면에 산화피막을 입힌
Ta는 전해 콘덴서로 사용한다.

(?) 금속 박막 저항재료

고주파 전류가 흐르는 회로의 전류를 제어하기 위해서는 수백[Ω]~수[MΩ]의 고저항이 필요하게 된다. 그러나 금속의 저항률은 작으므로 박막화함으로써 저항을 100[MΩ] 정도로 높일 수 있다. 금속 박막은 보통 유리나 자기 등의 절연 기판의 표면에 순금속 또는 합금의 박막을 부착시키는 방법으로 그 제작 방법에는 진공증착법(vacuum evaporation method), 음극 스퍼터링(cathode sputtering), 환원 소부법(reductive burning) 등이 있다. 이들 중에서 진공증착법이 가장 많이 이용된다.

진공증착법에 의하면 망가닌, 니크롬 등의 합금 박막을 쉽게 만들 수 있고, 근래는 니켈-크롬을 바탕으로 하여 저항 온도계수의 감소, 내산화성의 증가를 위하여 소량의 Al, Be, P, Si 등을 첨가하는 방법이 연구되고 있다. 보통 금속 권선 저항기는 표피 효과(skin effect) 및 인덕턴스가 크기 때문에 고주파에 대해서 저항값이 현저히 변하므로 고주파용으로 부적당하다. 이와 같은 용도에 사용되는 것이 금속 박막 저항기이다. 이것은 금속 박막을 적당한 절연기체 위에 부착시킨 다음 합성수지막 등으로 절연 피복을 한 저항기이다. 금속 권선저항기에 비해서 소형이고 또 표피 효과가 적으므로 고주파용의 고저항으로 사용되며, 또 탄소 피막 저항기보다 내열성이 좋고, 잡음, 저항 온도계수가 적은 것 등이 우수하므로 전자회로부품으로서 많이 사용된다.

그림 3-5는 금속 박막의 두께와 저항률의 관계를 나타낸 것이다. 금속 박막에서 막의 두께가 전도전자의 평균 자유행정과 같은 정도로 얇아지면 전자가 피막의 표면에 충돌하여 산란하기 때문에 전기저항이 증가하게 된다. 또 곡선 (a)(b)에서와 같이 막 두께 뿐만 아니라 기판의 종류에 따라서도 전기저항은 변한다는 사실을 알 수 있다.

금속 박막 저항 재료로는 Au, Pt, Ni, Ti, Mo, Ta, W 등의 순금속과 Au-Pt, Ni-Cr 등의 합금이 사용되는데, 이들 중에서 Ni-Cr 합금이 가장 흔히 사용되는 재료인데 비교적 낮은 저항의 박막을 만드는데 적합하여 홈을 파서 수백[KΩ] 정도의 것도 만들 수 있다.

기체로서는 석영유리, 세라믹, 4불화 에틸렌 수지 등이 사용된다.

금속 저항값을 안정화시키기 위하여 공기 중에서 적당한 온도로 가열하여 에이징(aging)하고 다시 표면에 SiO_2막으로 보호막을 설치하기도 한다. 또, 요구되는 저항값

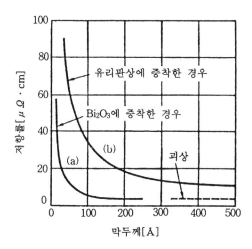

그림 3-5 금 증착막의 막 두께와 저항률과의 관계

은 박막상에 나선상의 홈을 파서 조절하며 보호도장을 하여 완성한다. 용도는 고도의 안정성, 신뢰성이 요구되는 정밀 측정용, 내열용, 항공기기, 전자계산기, 통신기기, 전 자교환기 등 다양하다.

(3) 금속 산화물 저항재료

금속의 산화물은 보통 절연물이지만, 산화주석, 산화니켈, 산화연 등에서는 상당한 도전성을 나타내므로, 이들을 박막으로 하여 저항체로 할 수 있다. 현재 금속 산화물 박막 재료로는 SnO_2가 가장 실용화되고 있다. SnO_2박막을 만들려면 $400 \sim 700[℃]$로 적열된 붕규산 유리의 기판에 염화주석의 수용액을 뿜어 주면 $SnCl_4$는 기판상에서 열 분해하여 SnO_2의 막으로 석출한다. $SbCl_3$, $InCl_2$ 등을 소량 첨가하는 것에 의하여 저항 률을 제어할 수 있고 안정화 된다. 그림 3-6은 Sn-Sb계 산화물 박막의 저항값의 Sn량 에 의한 변화를 나타낸 것이다. 즉 저항값은 Sb의 첨가와 더불어 일단 감소한 후 반전 하며, 증가하기 시작한다.

금속 산화물 저항기는 자기 또는 유리 등의 기체 위에 SnO_2 등의 금속 산화물 박막 을 부착시킨 것이다. 특히 붕산유리의 표면에 부착시킨 것은 투명하여 NESA막이라 하고, 도전성 유리로 사용한다.

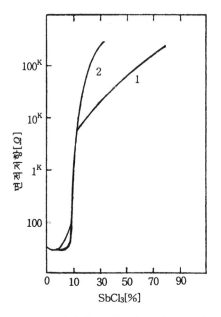

그림 3-6 산화주석박막의 저항값에 대한 안티몬의 영향

이 저항기의 특징은

① 내열성이 우수하고 고주파 특성이 좋다.

② 무색 투명하다.

③ 안정성이 우수하다.

④ 소형으로 대전력의 부하를 담당할 수 있다.

⑤ 환원되기 쉽다.

⑥ 습기에 대해서는 다소 불안정하다.

이런 형의 저항기는 화학적으로 안정하고 값도 싸기 때문에 준정밀 소형전력용 저항기로 적당하다.

한편 이 저항기는 저항체로서보다는 도전성 유리로서 EL(electro luminescence) 등의 투명전극으로 이용할 때가 많다.

3-3 비금속 저항재료

비금속 저항재료는 전압, 전류, 저항의 관계가 비직선적이라 옴의 법칙에 따르지 않으므로 저항재료 외에 여러 가지 구성소자로 쓰이고 있다. 비금속 저항재료에서 가장 중요한 역할을 하는 것은 탄소이다. 탄소에는 결정질 탄소와 비정질 탄소(amorphous carbon)가 있고, 어느 것이나 저항률이 금속에 비하여 100배 정도로 커서 저항체로서 유용하게 사용된다. 비금속 저항재료는 금속에 비해 일반적으로 다음과 같은 특징이 있다.

① 저항률이 높다.

② 저항 온도계수가 음(−)이다.

③ 용융점이 높아 화학적으로 안정하다.

④ 최고 1,600[℃]까지 사용 가능하다.

⑤ 강도가 적고, 가공이 곤란하다.

한편 대전류용의 저항체로서는 적당한 전해질을 포함하는 물이 사용되는 수가 있으며, 고저항체로서는 탄화규소(SiC)를 주성분으로 하는 저항체가 사용되는 수도 있다.

3-3-1 탄소체 저항재료

소위 솔리드 저항기(solid resistor)로서 전자회로의 소형 저항기로 많이 사용된다. 저항체는 카본 블랙(Carbon black)이나 흑연 분말(graphite powder)에 결합제(binder)를 혼합한 후 성형해서 만들며, 결합제의 종류에 따라 세라믹(ceramic)형과 수지(resin)형이 있다. 그림 3-7은 솔리드 저항기의 구조를 나타낸 것이다.

세라믹형은 카본 블랙 또는 흑연 분말을 결합제인 점토에 혼입하고, 그 밖에 적당한 용제를 가한 것을 습식 또는 건식의 방법으로 막대 모양으로 성형하고 비산화성 분위기 내에서 1,100[℃] 이상에서 소성하여 저항체로 한 것으로 저항값은 재료의 혼합비율로 조절하며, 무기물을 주성분으로 하기 때문에 비교적 안정하다.

수지형은 카본 블랙에 결합제로 페놀수지(phenol resin)를 충전제로 실리카(slica)를

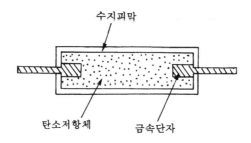

그림 3-7 솔리드 저항기의 구조

가하여 가열 분쇄한 다음 금형을 이용하여 가열, 가압, 성형하여 제조한 것이다. 수지형은 많은 양을 생산할 때 적합하지만 유기질의 합성수지를 사용한 관계로 세라믹형보다 안정성이 떨어진다. 이 저항기의 특징을 들면 다음과 같다.

① 소형으로 고저항을 얻을 수 있다.

② 인덕턴스가 작으므로 고주파 특성도 양호하다.

③ 단선의 염려가 없다.

④ 저항 온도 계수가 크고, 제품이 불균일해지기 쉽다.

⑤ 비교적 잡음이 없다.

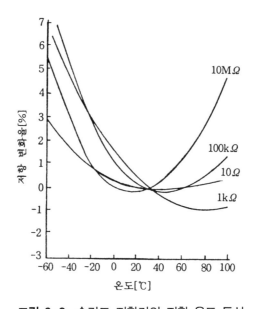

그림 3-8 솔리드 저항기의 저항 온도 특성

그림 3-8은 솔리드 저항기의 저항 온도 특성을 나타낸 것이다.

라디오 부속으로 많이 쓰이는 소형 저항기의 대부분이 저항체이며, 피뢰기(arrester)의 저항 소자도 솔리드 저항기의 일종이다.

3-3-2 탄소 피막 저항재료

탄소는 금속보다 저항률이 더 크므로 이것을 박막 저항재료로 사용하면 쉽게 소형이며, 안정된 저항기를 만들 수 있다. 현재 전자회로 부품으로 가장 널리 사용되고 있으며 피막체의 제조 과정에 따라 석출형, 탄화형, 소부(baking)형 등이 있다. 석출형 탄소 피막기는 자기관, 자기봉 또는 석영 등과 같은 고온에서도 불활성인 기체를 그림 3-9의 탄소 피막 저항기 제작로의 석영관 내에 넣고 1,000[℃] 정도로 가열하고 그 면에 벤젠, 메탄 등의 탄화수소의 증기를 접촉시키면 이들 탄화수소는 기체에 닿아 열분해 되어 기체 표면에 탄소 피막이 입혀지는 것으로서 그 두께는 1[μ] 정도가 되어 금속 박막보다는 두껍다.

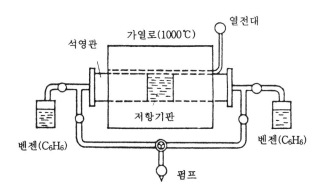

그림 3-9 석출형 탄소 피막 저항의 제조

석출된 탄소 피막에 나선상의 홈을 파서 저항값을 소정의 값으로 조절하고 기체양단에 단자를 붙이고 표면에 방습성 도료를 도포하여 만든다.

이것은 소형으로 고저항을 얻을 수 있고 또 고주파 특성이 좋으므로 통신기기에 많이 사용된다. 이것에 대하여 탄화형은 세라믹 기체에 미리 베이클라이트(bakelite)와 같은 유기물 드류를 적당한 양 드포하여 탄히료에 넣어 불활성 가스 중에서 800[℃] 정도로 가열하여 탄화시킨 것이다. 대량 생산에 적합하나 전기적 특성은 서출형보다 약간 떨어진다. 또한 소부형은 세라믹 표면에 콜로이드상 흑연(colloidal graphite)을 도포하여 불활성 가스 중에서 700[℃]까지 가열하여 소부한 것이다. 이 형은 막 두께 가 두꺼운 것이 얻어지지만 전기적 성질은 앞에 설명한 두 종류에 비하면 좋지 않다.

한편 탄소 피막 저항기는 저항값이 크고 온도계수가 음(−)이므로 사용 중 저항값 이 증가하여 기능이 저하하게 되지만, 탄소 솔리드 저항기보다는 양호하며 잡음 특성 도 좋다.

3-3-3 탄화규소 저항재료

탄소 화합물 중에는 탄소-규소 화합물이 저항재료로 이용되며 주로 발열체용에 쓰 인다. 이것은 탄화규소(SiC)를 주성분으로 한 저항체이다. 니크롬에 비하여 훨씬 높은 온도에 견딜 수 있어 최고 1,400[℃] 정도까지 사용할 수 있다. 저항체를 제조하는 방 법은 SiC와 C의 분말을 혼합하고, 여기에 결합제로 피치(pitch), 타르(tar) 등을 섞어서 막대 모양으로 만들어서 적당한 온도에서 가압성형 한 후, 1,300[℃]로 가열해서 예비 소성을 하고, 다시 이 위를 실리카 분말(SiO_2), 코크스 등으로 덮고 약 2,000[℃]로 가 열하여 소성해서 발열체로 한 것이다. 그림 3-10은 탄화규소 발열체의 형상을 나타낸 것이다. 발열 부분은 봉의 중앙부이므로 그림 (a)와 같이 중앙부를 가늘게 하여 이 부 분의 저항을 크게 하든가, 그림 (b)와 같이 굵기는 같으나 봉의 양단에 Si를 침투시켜 서 양단부의 저항을 중앙부의 1/10~1/100 정도로 한다.

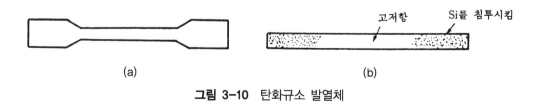

(a)   (b)

그림 3-10 탄화규소 발열체

이 발열체는 조성 부분의 비율에 따라 광범위한 저항이 얻어지고, 산화하지 않으며,

니크롬 등에 비하면 내식성이 우수하고, 용융 온도가 높은 이점이 있지만 부스러지기 쉽고, 가공이 곤란하며, 또 오래 사용할수록 저항이 커지고, 단자의 접속이 곤란한 점 등 몇 가지 결점이 있다. 고온(1,400[℃])에 견딜 수 있으므로 대형 전기로의 발열체로 쓰인다. 이 발열체의 상품명으로서는 시리드, 에레마, 실리코니트 등이 있다. 한편, 규화 몰리브덴 발열체는 몰리브덴과 규소를 사용해서 분말 야금법에 의해 제조한 것으로 최고 사용 온도는 1,700[℃]에 이르며 1,300~1,400[℃]에서의 사용은 충분하다. 이것은 탄화규소질의 것과 같이 매우 딱딱하고 인장강도가 크지만, 충격력은 작고 재질적으로 부서지기 쉽다는 결점이 있다. 발열체의 형상에는 그림 3-11(b)와 같은 헤어 핀(hair pin) 모양의 것이 있고, 이들을 다수 조합하여 사용되고 있다.

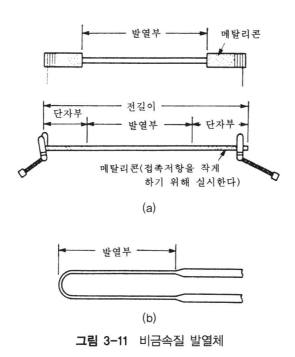

(a)

(b)

그림 3-11 비금속질 발열체

이들 비금속질의 발열체는 부서지기 쉽다는 결점을 제외하면 금속질 발열체에서는 얻을 수 없는 특성을 가지고 있으므로, 최근 모든 분야에서 광범위하게 사용되고 있다. 또, 엄격한 온도제어도 가능하므로, 예를 들면 사이리스터(thyristor) 등, 반도체를 사용하여 온도 조절을 하는 터널로를 만들어 더미스터, 페라이트, 세라믹 등의 전기용 수제의 수성 등에도 사용되고 있다.

3-3-4 액체 저항재료

물의 저항률은 수질, 온도, 불순물의 농도, 또 물의 종류에 따라 다르며 불순물이나 염분을 함유하면 저항률이 작아진다. 표 3-8은 여러 가지 물의 저항률을 나타낸 것으로, 20[℃] 순수의 저항률은 $10^7[\Omega \cdot cm]$로 비교적 크다.

표 3-8 물의 저항률

물의 종류	저항률 [$\Omega \cdot cm$] (20℃)
증류수	10^7
수돗물	10^4
우물물	$(2\sim7)\times10^3$
바닷물	30
포화 식염수	4

물에 약간의 식염이나 가성소다(NaOH)와 같은 전해질을 가하면 도전성이 증가하므로 전해질의 농도나 전극간 거리를 가감하는 것에 의하여 대전류 제어용 가변저항체로 사용할 수 있다. 예를 들면 발전기의 시험 등에서 큰 전류를 조정할 필요가 있을 때, 가변저항으로서 물을 사용하는 수가 있는데, 물에 잠겨지는 전극의 면적이나 전극간 거리를 변화시켜 저항값을 조절한다. 물의 온도에 따른 저항률의 변화는 20[℃]를 기준으로 하면 다음 식으로 구해진다.

$$\rho_t = \frac{40}{20+t} \rho_{20}[\Omega] \tag{3-1}$$

여기서, ρ_{20}은 20[℃]의 저항률, ρ_t는 t[℃]의 저항률이다.

또한 물은 순수일지라도 유전율 및 유전손은 상당히 크다. 그림 3-12는 그의 주파수 특성을 나타낸 것이다.

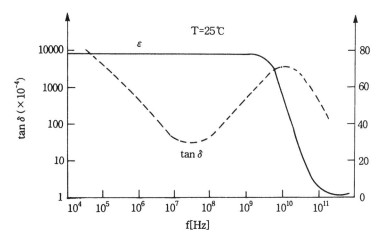

그림 3-12 물의 유전율 및 유전손의 주파수 특성

연습 문제

01. 저항재료로서 요구되는 성질을 들어라.

02. 망가닌에 대해 설명하여라.

03. 니크롬에 관해서 기술하시오.

04. 인바에 대해 설명하시오.

05. 철-크롬-알루미늄 합금의 특징에 대해 기술하시오.

06. 금속박막 저항재료에 대하여 설명하여라.

07. 솔리드 저항기에 관해서 설명하시오.

08. 액체 저항재료에 대해 간단히 설명하여라.

09. 다음 중 정밀급 저항재료로 가장 적당한 것은?

① 니크롬선　　　　② 백금선　　　　③ 텅스텐선　　　　④ 망가닌선

10. 콘스탄탄에 대한 설명 중 옳지 않은 것은 어느 것인가?

① 저항률이 $49[\mu\Omega \cdot cm]$이다.　　　② 열기전력이 크다.

③ 저항온도 계수가 크다.　　　④ 내열성이 우수하다.

11. 니켈 73[%], 크롬 21[%], 알루미늄 2[%], 구리 2[%]의 합금으로 전기적 성질이 우수하고, 안정성도 망가닌과 비교해서 손색이 없는 저항재료로 사용되는 것은?
① 노보콘스탄탄　　② 에바놈　　③ 크로멜　　④ 제1종 니크롬

12. 금속 산화물 저항기의 특징 중 틀린 것은?
① 내열성이 우수하다.　　② 고주파 특성이 좋다.
③ 안정성이 우수하다.　　④ 습기에 안정하다.

13. 비금속 저항재료의 특성인 것은?
① 저항률이 낮다.　　② 저항 온도계수가 음이다.
③ 용융점이 낮다.　　④ 최고 600[℃]까지 사용 가능하다.

CHAPTER 04

반도체 재료

반도체(semiconductor)란 금속과 절연체와의 중간정도의 저항률을 가지고 그 전기 전도가 전자와 정공(hole)에 의해서 일어나는 것으로 트랜지스터, 광전효과 및 그 외의 특이한 현상을 나타내는 물질을 말한다. 산업의 쌀이라고 하는 반도체는 그 현상이 처음으로 관측된 것은 1833년 패러데이(Faraday)에 의한 AgS 저항의 부온도계수의 발견이었으나 오늘날과 같이 반도체 전자공학의 정점을 이루는 단서가 된 것은 미국 벨 전화연구소(Bell Telephone Laboratory)의 쇼클레(Shockley), 바딘(Bardeen), 브라테인(Brattain)을 중심으로 한 사람들에 의한 트랜지스터 및 접합형 트랜지스터를 시작함으로써 비롯되었다. 이것으로 인헤 오늘날 반도체 전자공학의 첨단인 초대형 집적 회로(very large scale integrated circuit, VLSI)에의 발전에까지 이르게 되었다. 특히 근래에 와서 반도체 재료는 급격히 발달하여 소형, 경량이면서 신뢰도가 큰 전자재료로서 더욱 각광을 받게 되었다. 반도체는 트랜지스터 및 정류기와 같은 전자소자, 자기소자, 온도소자, 열전소자, 광전소자 등에 널리 이용되고 있다.

4-1 반도체의 여러 성질

4-1-1 반도체의 특징

반도체의 저항률은 그림 4-1에서처럼 도체와 절연체의 중간 정도인 $10^{-6} \sim 10^{5} [\Omega \cdot m]$ 정도의 저항률을 가지는 물질이며, 다음과 같은 성질이 있다.

① 일반적으로 반도체의 전기저항은 저온에서 크고, 온도가 상승함에 따라 감소한다. 즉, 전기저항은 그림 4-1에서처럼 음(−)의 온도계수를 가진다.

② 극소량의 불순물이나 결함이 현저히 저항률에 영향을 준다.

③ 금속과 접촉하면 정류작용이 일어난다.

④ 전압과 전류가 비직선적인 것을 만들 수 있다.

⑤ 온도, 빛, 자기 등에 반응해 각각 큰 홀효과, 광전효과, 자기저항효과를 나타낸다.

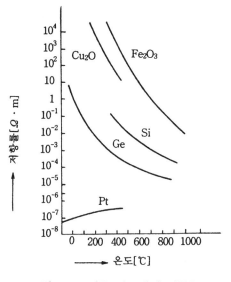

그림 4-1 각종 반도체의 저항률

4-1-2 반도체의 전기전도

(1) 진성반도체의 전기전도

진성반도체(intrinsic semiconductor)란 불순물이 첨가되지 아니한 순수한 반도체이며 예로서 Si결정 내의 모든 원자가 Si원자로 이루어지므로 순수한 실리콘 결정은 진성반도체이다. 그림 4-2는 Si의 진성반도체의 결정 구조를 2차원적으로 나타낸 것이다.

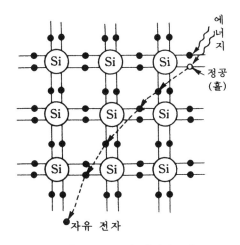

그림 4-2 Si의 진성반도체

공유결합된 Si의 최외각의 가전자(valency electron)와 원자핵과의 결합력은 다른 어느 궤도 전자보다도 약하여 상온에서도 열에너지에 의하여 가전자의 소수는 원자에서 이탈하여 자유전자가 된다. 한편 가전자가 이탈한 빈자리를 정공(positive hole) 또는 홀(hole)이라고 한다.

반도체에 전류가 흐르는 것은 전자와 같은 수의 양($+$)전하를 가지는 정공과 전도전자(conduction electron)의 2종류에 의하여 이루어진다. 이 정공과 전도전자를 전하의 운반체라는 뜻으로 반송자 또는 캐리어(Carrier)라고 부른다. 진성반도체에 그림 4-3과 같이 직류전압 V[V]를 걸어준 경우 전자는 양의 단자 쪽으로, 정공은 음의 단자 쪽으로 이동하여 전류가 흐른다.

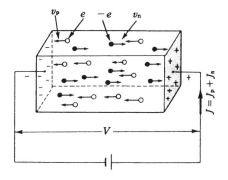

그림 4-3 진성반도체의 전기전도

지금, 전자의 속도를 v_n [m/s], 전자의 밀도를 n_n [개/m³]라 하면, 전자에 의한 전류밀도 Jn은

$$Jn = n_n e v_n \tag{4-1}$$

가 된다. 또 정공에 의한 전류를 Jp라 하고, v_p를 정공속도, n_p를 정공밀도라고 하면

$$Jp = n_p e v_p \tag{4-2}$$

따라서, 전자와 정공의 이동에 의한 전전류 밀도 J는

$$J = e\,(n_n v_n + n_p v_p) \tag{4-3}$$

여기서 전자의 이동도(mobility)를 μ_n, 정공의 이동도를 μ_p, 반도체의 인가전계를 E [v/m]라 하면, 윗 식은

$$J = e\,(n_n \mu_n + n_p \mu_p)E \tag{4-4}$$

진성반도체에서는 전자와 정공은 동수로서 이를 n_i라고 하면

$$n_n = n_p = n_i \tag{4-5}$$

이다. 이 관계를 식 (4-4)에 대입하면

$$J = n_i e(\mu_n + \mu_p)E = \sigma E \tag{4-6}$$

가 된다. 여기서 n_i는 열에너지에 의하여 생긴 전자수로서, 금지대를 뛰어 넘어 전도대에 들어가는 전자수이다.

예제 4-1 상온(300[K])에서 순수한 Si의 고유저항은 2.3×10^5[Ω·cm]이다. 전자 및 정공의 이동도를 각각 $\mu_n = 1,350$[cm²/V.S.], $\mu_p = 480$[cm²/V.S.]라고 할 때 캐리어의 밀도를 구하여라.

(풀이) 식 (4-6)에서, $\sigma = n_i e(\mu_n + \mu_p) = 1/\rho$

$$\therefore n_i = 1/\rho \times 1/e\,(\mu_n + \mu_p)$$
$$= (1/2.3 \times 10^5) \times \left\{ (1/1.602 \times 10^{-19}(1,350+480)) \right\}$$
$$= 1.5 \times 10^{10}\,[\text{개}/\text{cm}^3]$$

에너지 갭(Eg)을 뛰어넘어 전도대로 들어가는 전자의 수는 대략 맥스웰-볼쯔만의 분포에 따르므로

$$n_i = A\,T^{3/2}\exp(-Eg/2kT) \tag{4-7}$$

로 표시된다. 여기서 A는 비례상수, Eg는 금지대의 에너지이다.

한편 이동도 μ는 반도체에서 $T^{-\frac{3}{2}}$에 비례하므로

$$J = \sigma_0\exp(-Eg/2kT)E = \sigma E \tag{4-8}$$

여기서 σ_0는 비례상수, σ는 전도도이다. 따라서 고유저항 ρ는

$$\rho = 1/\rho = 1/\rho_0\exp(Eg/2kT) = \rho_0\exp(Eg/2kT) \tag{4-9}$$

로서 이 식은 온도에 의한 저항의 변화를 나타낸다. 보통 반도체에서 고유저항 ρ를 자연대수와 절대온도의 역수를 취하면 그림 4-4와 같이 직선 관계가 된다.

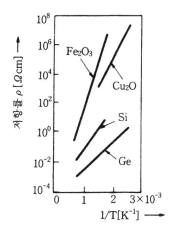

그림 4-4 온도에 의한 고유저항의 변화

(가) 불순물 반도체의 전기전도

상온에서 진성반도체에 있는 자유전자와 정공의 수는 실제적인 응용에서는 충분치 못하며, 이는 진성반도체로서는 충분한 전류를 얻을 수 없음을 의미하는 것이다. 도전성을 높이는 한 가지 방법은 도우핑(doping)에 의한 것이며, 이는 진성반도체의 전기적인 전도도를 변화시키기 위해 진성반도체에 불순물 원자를 첨가하는 것이다. 이와 같이 불순물을 첨가시킨 반도체를 불순물 반도체(impurity semiconductor) 또는 외인성 반도체(extrinsic semiconductor)라 한다. 현재 실용되고 있는 반도체는 거의 이 형식에 속하는 것으로 전기전도가 주로 전자에 의하여 이루어지는 것을 N형 반도체, 전기전도가 주로 정공에 의하여 이루어지는 것을 P형 반도체라 한다.

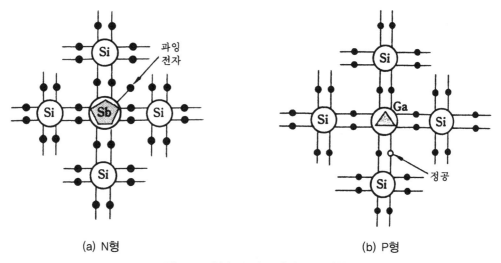

(a) N형   (b) P형

그림 4-5 불순물 반도체의 공유결합

Si에 불순물로서 5가인 Sb를 첨가하면 5개의 가전자 중 4개가 Si의 4개의 가전자와 공유결합한다. 따라서 Sb의 1개 가전자는 남게 되어 이것이 자유전자가 되는 것이다. 이때 첨가한 불순물을 도우너(donor)라고 한다. 이번에는 Si에 3가인 Ga를 첨가하면 Ga원자가 Si원자 안에 들어가 3개의 가전자와 공유결합하므로 다른 한 개의 가전자가 결합할 상대가 없는 상태가 된다. 즉 전자 1개가 부족하여 정공이 생기므로 불순물 반도체 대부분의 반송자는 정공이 된다. 이와 같이 정공을 만들기 위하여 가한 불순물을 억셉터(acceptor)라 한다. 그런데 실제로는 위에 설명한 바와 같이 자유전자와 정공의 어느 한 가지만 있는 것이 아니고 양자가 공존한다. 단지 N형 반도체에서는 대부분의 캐리어는 전자이고, 정공은 소수이다. 한편 p형 반도체에서는 대부분은 정공이고, 전자는 소수이다. 이들의 경우, 전자와 정공 중에서 많은 편의 캐리어를 다수 캐리어 (majority carrier), 적은 편의 캐리어를 소수 캐리어(minority carrier)라고 한다.

상온에서 n형 반도체에서는 $n_n > n_p$, P형 반도체에서는 $n_p > n_n$이므로 각각 전도도 σ_n 및 σ_p는

$$\sigma_n = e \mu_n n_n , \quad \sigma_p = e \mu_p n_p \tag{4-10}$$

와 같이 된다.

예제 4-2

상온(300[K])에서 고유저항이 $10^{-2}[\Omega \cdot cm]$인 n형 Ge가 있다. 이 반도체의 전자 밀도를 구하여라. 단 전자의 이동도는 0.36[m²/v.s]이다.

(풀이) n형 Ge의 고유저항 ρ는 $\rho = 1/e \mu_n n_n$

∴전자밀도 $n_n = 1/\rho e \mu_n = 1/10^{-2} \times 1/1.6 \times 10^{-19} \times 1/0.36$

$\qquad = 1.75 \times 10^{21}$ [개/m³]

(3) 반도체의 확산 전류

자유전자의 열운동 및 캐리어 농도 분포의 차이 때문에 입자 밀도가 높은 곳에서 낮은 곳 쪽으로 이동하여 서로 균일화 하려고 유동하는 현상을 확산(diffusion)이라 한다. 이 확산에 의한 전류를 확산 전류(diffusion current)라 한다.

지금 x방향으로 dn/dx가 되는 구배밀도가 있을 때 x축에 수직한 방향으로 단위면적당 1초 동안에 유동하는 입자의 수 N은

$$N = - D\,dn/dx \tag{4-11}$$

가 되는데 여기서 D는 확산계수(diffusion coefficient)이며 (−)는 밀도가 감소하는 방향으로 일어나기 때문이다. 만일 확산 전류와 드리프트 전류가 동시에 존재할 때는 두

전류를 합한 것이 전체 전류료 된다. 즉

$$J = e\,n\,\mu_n E + e D_n \, dn/dx \tag{4-12}$$

여기서, μ_n은 전자의 이동도, D_n은 전자의 확산 계수이다.

전류밀도가 0일 때 위 식은

$$n\mu_n E + D_n \, dn/dx = 0 \tag{4-13}$$

가 되고 볼쯔먼 통계가 성립된다고 보면 에너지는 힘 eE와 변위 x와의 적이므로 전자의 수는

$$n = n_0 \exp\left(-eEx/kT\right) \tag{4-14}$$

$$\therefore dn/dx = (-eE/kT)n \tag{4-15}$$

이므로 위 식을 식 (4-13)에 대입하면

$$\frac{\mu_n}{D_n} = \frac{e}{kT} \tag{4-16}$$

가 된다. 이를 아인슈타인의 관계식(Einstein's relation)이라 한다.

반도체에 있어 확산전류는 중요한 의미를 갖게 되나, 금속의 경우는 캐리어가 자유전자 뿐이므로 전자 농도의 기울기가 생기는 일이 없어 드리프트 전류만이 의미를 갖는다.

4-1-3 반도체의 제현상

(1) 정류현상

반도체와 금속을 접촉시키거나 P형 반도체와 N형 반도체를 접합시키는 경우 경계에서 전류는 한쪽 방향으로만 흐르는 성질을 갖고 있다. 이것을 정류현상이라 한다. 이들 중 PN접합(PN junction)에 대해서 보면 그림 4-6에서와 같이 상온에서 P형 측에는 정공이, N형 측에는 전자가 많이 존재한다. 따라서 P측의 정공은 N측으로, N측의

전자는 P측으로 확산된다. P형에서는 정공이 이동된 자리에 음(−)전하가 남고, N형에서는 전자가 이동한 자리에 양(+)전하가 남는다. 따라서 접합의 경계면에서는 이들 전하에 의한 전위차가 생기므로, 계속 확산되려는 캐리어의 이동을 방해하여 열평형 상태를 이룬다.

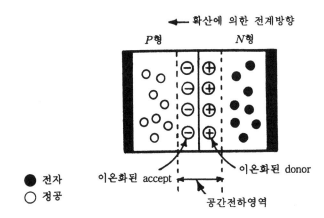

그림 4-6 외부 바이어스 없는 상태에서 PN접합의 전압(열평형 상태)

이제, 이 PN접합에 순방향의 전압을 가하여 P형 영역의 전위를 N형 영역의 전위보다 높게 하면, 캐리어에 의한 전위장벽은 낮아지므로 P형 영역의 정공은 N형측으로, N형 영역의 전자는 P형측으로 이동한다. 그 결과 전하의 이동이 계속적으로 일어나 외부회로에 전류가 흐른다. 이때를 순방향 바이어스(forward bias)라 하고 그 때 가해준 전압을 순방향 바이어스(forward bias)전압이라 한다. 다음에 역 방향의 전압을 가하면 캐리어에 대한 전위장벽은 높아지므로 캐리어의 이동이 어려워지고, 정공은 음극에 전자는 양극에 흡인되어, 접합의 경계면에서 멀어지므로 전류는 거의 흐르지 못한다. 이것이 역방향(reverse) 특성이고 거의 일정한 포화전류(saturation current)가 된다. 이와 같이 PN접합에서는 가해주는 전압의 방향에 의해 전류가 흐르는 방식이 달라지고 전류의 크기도 현저한 차가 있다. 전압과 전류의 관계는

$$I = Is\left(e^{\frac{eV}{kT}} - 1\right) \tag{4-17}$$

가 된다. 여기서 I_s는 역방향 전압을 가했을 때의 포화전류이다.

역방향으로 전압을 가하면 전류는 포화하여 $-I_s$가 되며, 또한 전압을 높이면 PN접합의 내부전계는 한계값에 이르게 되므로 캐리어가 직접 전위장벽을 관통하는 제너항복(Zener breakdown, V_{B1})과 가속된 캐리어의 충돌에 의한 원자의 이온화가 되풀이되는 에버란치 항복(Avalanche breakdown, V_{B2})이 일어나, 전류가 흐르게 된다. 그림 4-7은 PN접합의 전압·전류 특성의 일례이다.

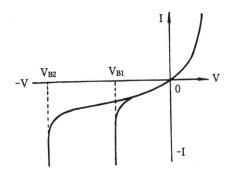

그림 4-7 PN접합의 전압·전류 특성

(2) 증폭 작용

반도체 중에 소수 캐리어를 열평형 값 이상으로 주입하는 것을 캐리어 주입(carrier injection)이라 한다. 주입된 소수 캐리어가 재결합(recombination)에 의하여 소멸되는 시간은 10분 정도로서 이 사이에 다수 캐리어의 총 수가 증가하여 남은 소수 캐리어가 가지고 있는 전하를 중화하는 과정이 일어나는데, 이 재결합이 완료하기 까지는 캐리어의 총 수가 증가하여 전기전도도가 증가한다. 이와 같이, 전도도를 변화시킬 수 있는 것이 반도체 PN접합의 특징이므로, 이 현상을 이용하면 약전류를 강전류로 증폭할 수 있다. 이와 같이 전류증폭 작용 등을 증폭작용이라 한다. PN접합면에서의 캐리어 주입현상은 증폭작용의 기본이 된다.

(3) 광전 현상

반도체는 빛 에너지를 전기에너지로 또는 전기에너지를 빛에너지로 변환하는데 이용된다. 이와 같이 반도체에 빛이 조사되면 전기저항이 감소하여 기전력 발생 등의 여러 가지 현상이 생긴다. 이러한 현상을 광전효과(photoelectric effect)라 한다. 이것에는 광기전력효과, 광도전효과 및 전계발광이 있다. PN접합에 빛을 조사하면 장벽의 영역에 빛에 의해 전자, 정공이 생겨 이것들이 장벽의 내부 전계에 의해 그림 4-8과 같이 전자는 N영역에, 정공은 P영역으로 이동하여 그로 인해 P측은 양(+)으로, N측은 음(−)으로 대전하여 기전력이 나타나 이것에 외부회로를 연결하면 빛에 의해 전류가 흐른다. 이러한 현상을 광기전력효과라 한다. 이 현상은 태양전지에 응용된다. 또 반도체에 빛을 조사하면, 조사하는 동안에 캐리어의 밀도가 커져서 반도체의 도전율이 갑자기 커지는 현상이 있다. 이러한 현상을 광도전효과라 하며 광도전 셀에 이용된다. 그리고, 반도체에 전계를 작용시켜 전자를 가속시키면, 높은 에너지를 얻은 전자가 정공과 결합할 때 에너지가 빛으로 방출된다. 이러한 현상을 전계 발광 또는 전기 루미네선스(electro luminescence)라 한다.

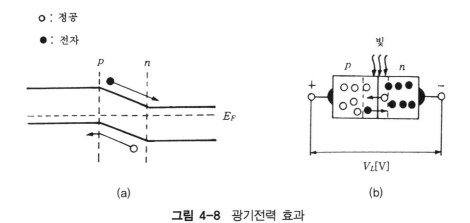

그림 4-8 광기전력 효과

(4) 열전 현상

반도체의 온도가 증가하면 가전자대에서 또는 불순물 준위에서 전자가 전도대로 옮겨져 캐리어수가 증가한다. 반도체는 원자의 열진동과 자유전자의 운동으로 열이 전해진다. 이와 같이 반도체의 열전현상에는 시백 효과(Seebeck effect)와 펠티어 효과(Peltier effect)가 있다. 두 종류의 금속 또는 반도체 A, B를 접속하고, 한쪽은 고온,

다른 쪽은 저온으로 유지하면 회로 내에 기전력이 발생하게 되므로 부하를 걸면 회로에 전류가 흐른다. 이 현상을 시백 효과라 한다. 이 효과를 이용하여 열전 발전기를 만든다.

또, 2종의 다른 금속이나 P형과 N형의 반도체 조합으로 된 회로에 전류를 흘릴 때한 접합점에서 열이 발생하고, 다른 접합점에서는 열의 흡수가 일어나는 현상을 펠티어 효과라 한다. 이 효과는 전자 냉동원리에 응용된다.

(5) 홀 효과

도체 또는 반도체에 전류와 직각인 방향에 자계를 가하면 전류와 자계 사이에 로렌츠의 힘(Lorentz force)이 작용하여 전류와 자계의 방향과 수직인 방향으로 기전력이 발생한다. 이 현상을 홀 효과(Hall effect)라 한다. 이때 자계에 따라 전기저항은 증가한다. 이를 자기 저항효과라 한다. 이것은 반도체 속을 이동하는 캐리어가 홀 효과의 경우와 같이 전자력의 작용으로 진로가 구부러져 운동행정이 길어지기 때문이다.

그림 4-9는 홀 효과를 나타낸 것이다.

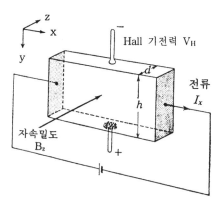

그림 4-9 Hall 효과

지금 전류의 방향을 x방향, 자계의 방향을 z방향이라 하고, 전류는 정공에 의하여 흐르게 된다고 하자. 전류밀도를 J, 속도를 v, 정공밀도를 n, 자속밀도를 B, 정공이 y방향으로 이동함으로써 생기는 전계를 E_y라 하면,

$$e\,v\,B = e\,E_y, \quad \therefore E_y = v\,B \tag{4-18}$$

$$J = n\,e\,v \tag{4-19}$$

인 관계가 성립하므로, 식 (4-18), 식 (4-19)에서

$$E_y = \frac{BJ}{ne} \tag{4-20}$$

다음에 시료의 B방향의 두께를 d, y방향의 폭을 h, 전류를 I, 홀 전압을 V_H라고 하면

$$J = I/dh, \quad E_y = V_H/h \tag{4-21}$$

가 된다. 따라서 V_H는 다음과 같이 나타낼 수 있다.

$$V_H = 1/ne \cdot IB/d = R_H(IB/d)$$

위 식에서 $R_H = 1/ne$인데, 이 계수 R_H를 홀(Hall)계수라 한다.

홀전압의 극성은 캐리어가 전자인 경우와 정공인 경우는 반대로 되므로, 홀전압의 극성을 조사하여 반도체가 P형인가 N형인가를 알 수 있다.

4-2 반도체의 종류

반도체의 종류는 대단히 많으나 이들을 화학조성으로 분류하면 무기 반도체(in-organic semiconductor)와 유기 반도체(organic semiconductor)로 나눌 수 있다. 현재 공학적으로 중요한 역할을 하고 있는 것은 거의 무기 반도체이다. 무기 반도체를 그 구조에 의해 분류하면 원소 반도체와 화합물 반도체로 나눌 수 있다. 원소 반도체의 종류는 그다지 많지 않지만 화합물 반도체에는 금속간 화합물, 산화물, 황화물, 셀렌화물, 텔루륨화물, 할로겐화물 등이 있으며 표 4-1에 표시한 바와 같이 매우 많은 물질이 이 범주에 들어간다.

표 **4-1** 대표적인 반두체

분류		화학식	명칭
원소 반도체		Si	실리콘
		Go	게르미늄
		Se	셀렌(셀레늄)
		Te	테루르(테룰늄)
		B	붕소
화합물 반도체	I-VI족 반도체	Cu_2O	이산화구리
		CU_2S	유화구리
		Ag_2S	유화은
	III-V족 반도체	GaP	인화칼륨(칼륨인)
		GaAs	비화갈륨(갈륨비소)
		InAs	비화인듐(인듐비소)
		InSb	안티몬화인듐(인듐안티몬)
	II-VI족 반도체	ZnO	산화아연
		ZnS	유화아연
		ZnSe	셀렌화아연
		ZnTe	테루르화아연
		CdS	유화카드뮴
	스피넬형의 결정형을 가진 산화물 반도체	$ZnFe_2O_4$	아연페라이트
		$NiMn_2O_4$	니켈망간나이트
	기타	SiC	탄화규소(실리콘카바이트)
		Bi_2Te_3	테루르화비스무트
		Bi_2Se_3	셀렌화비스무트
		PbS	유화납

4-2-1 원소 반도체

원소 반도체에는 Ge, Si, Se, Te 등이 있다. 표 4-2에 현재 공업적으로 실용화 되고 있는 주요 원소 반도체의 특성을 나타냈다.

원소 반도체 중에는 Ge, Si가 공학적으로 중요하다. Ge와 Si 결정은 C(다이아몬드), Pb 등과 같이 면심입방격자에 속하는 다이아몬드 구조라 불리는 결정구조를 갖고 있다. Ge는 트랜지스터 발견이 실마리가 된 반도체 재료이지만 지구상에는 그 양이 적다. 청색을 띤 회백색의 금속성 물질로서 상온에서 연성, 전성이 없다. Ge는 아연광 광석과 석탄가스의 폐액에서 얻을 수 있다. 에너지 갭 Eg는 반도체의 성질을 지배하

표 4-2 원소 반도체의 여러 정수(300k)

족	결정명	결정구조	융점 [℃]	밀도 [g/cm²]	비유 전율	금지대폭 [eV]	이동도 [cm²/V·s]		진성 도전율 [s·cm⁻¹]
							전자	정공	
IVb	Si	입방결정 (다이아몬드형)	1,410	2.33	11.7	1.11	1,350	480	5×10^{-6}
	Ge	입방결정 (다이아몬드형)	960	5.32	16	0.67	3,900	1,800	2.2×10^{-2}
IVb	Se	육방결정	220	4.80	11	1.5	0.5	10	10^{-7}
	Te	육방결정	452	6.24	23	0.35	900	600	10

는 중요한 인자인데, Ge의 Eg는 0[K]에서 0.75[eV]이고, 저항률은 상온에서 0.27 [Ω·m]이다. Ge 결정에 As나 Ga같은 불순물을 첨가하면 저항률이 10^{-5}[Ω·m]까지 저하한다. 그러나 고온에서의 저항은 거의 Eg만에 의하여 결정되므로 불순물은 고온 저항에서 별로 영향을 미치지 않는다. Ge는 화학적으로 상당히 안정하나, 공기 중에서는 산화해서 산화막(약 20[Å])이 생긴다. Si는 Ge에 비하여 원자량이나 핵외전자수도 적기 때문에 Si결정은 Ge결정에 비하여 매우 다른 성질을 나타낸다. Si의 Eg는 실온에서 1.11[eV]로 Ge의 0.67[eV]에 비하여 크기 때문에 실온에서의 저항률 3×10^{3} [Ω·m]로 상당히 크지만 융점(1,410[℃])이 높고 정제가 곤란하므로 실제로 얻어질 수 있는 저항률은 이보다 작다. Si는 지구상에서 산소 다음으로 많이 존재하는 원소로, 산화물, 규산염으로 암석 중에 포함되어 있다. Si는 정제가 Ge보다 어려워 개발이 늦어졌으나 내열성과 더불어 Ge보다 우수한 점이 많고 결정성장, 정제 및 화학처리 기술이 공업적으로 완전히 확립된 상태이므로 현재 Ge보다 많이 사용되고 있다. Se는 220[℃]에 융점을 가지며 이 온도에서 급랭하면 흑색의 비정형 Se가 되고, 융점에서 서서히 냉각하거나 혹은 융점보다 낮은 온도에서 열처리를 하면 육방정계에 속하는 결정이 얻어진다. Se의 Eg는 약 1.5[eV]이다. 결정형 Se 중 금속 Se(회색, 비중 4.79, 융점 217[℃])는 저항률이 10^{3}[Ω·m] 정도로 광흡수, 정류 특성이 있으므로 정류기, 광전지, 전자사진 등에 사용된다. 비정질 Se는 저항률이 10^{9}[Ω·m] 정도로 커서 거의 절연체이지만 광도전성을 가지고 있다. 융점이 낮고, 취급이 용이한 점 등이 장점이다.

4-2-2 화합물 반도체

2종 이상의 원소로 구성되어 있는 무기물 반도체를 화합물 반도체라 하며, GaAs, SiC, CdS, InSb 등과 같은 비교적 간단한 2원화 화합물, Bi_2Te_3, Mg_3Sb_2와 같은 약간 복잡한 것, 또 $CuInSe_2$, $LiGaO_2$와 같은 3원, 또는 3원 이상의 복잡한 화합물 등 여러 가지가 있다. 이 구조는 복잡할수록 고순도의 결정을 얻기 곤란하므로, 현재 실용화 되어 있는 화합물 반도체의 대부분은 비교적 간단한 2원 화합물이 주로 쓰인다. 2원 화합물 반도체를 주기율표 상의 족에 따라 분류하면 표 4-3과 같다.

표 4-3 2원 화합물 반도체의 분류와 그 대표 예

분 류	대 표 예
IV-IV	GeSi, SiC
III-V	Al, Ga, In 등과 P, As, Sb 등 사이의 화합물
II-VI	Zn, Cd, Hg 등과 S, Se, Te, O 등 사이의 화합물
I -VII	Li, Na, K, Cu, Ag 등과 F, Cl, Br, I 등 사이의 화합물
V-VI	Bi_2Te_3, Bi_2S_3, Sb_2S_3
IV-VI	PbS, PbSe, PbTe, SiTe, SnSe, GeTe, GeSe, GeS
III-VI	GaTe, In_2Te_3, In_2Se_3
II-IV	Mg_2Si, Mg_2Ge, Mg_2Pb, Mg_2Sn, $CaSi_2$
II-V	ZnSb, CdSb, $ZnAs_2$, $CdAs_2$, Mg_3Sb_2
I -V	Cs_3Sb
I -VI	AgS, Ag_2S, CuS, Cu_2S, CuTe, Cu_2Te, Cu_2O

(1) 다이아몬드 구조 유사 결정의 반도체(III-V 화합물 반도체)

Ga, In, Al과 P, As, Sb와의 화합물은 섬아연광형(Zinc-blend) 구조를 가지며, 이 결정 구조에 있어서 원자의 공간적 배치는 다이아몬드 구조와 같다. III족의 Ga와 V족의 As의 화합물인 GaAs에 대하여 알아보자. GaAs의 결정은 섬아연광의 결정구조를 가지고 있으며, 이 구조는 Ga 주위에 4개의 As, 한편 As 주위에는 4개의 Ga가 각각 정사면체적으로 배치되어 다이아몬드 구조와 같은 구조를 갖는다. 그래서 As의 5개의 가전자 중 1개가 3개의 Ga에 옮겨졌다고 생각하면, 각 원자는 4개의 가전자를 갖게 되므로 Ge와 Si와 같은 공유 결합을 이룬다고 볼 수 있다. 많은 화합물은 GaAs와 같

은 섬아연광형, 또는 이것과 유사한 울지트광(Wurtzite)형의 결정구조를 가지므로, Ge 나 Si와 같은 반도체로서 취급할 수 있다. Ⅲ-Ⅴ족 화합물은 InSb, InAs, GaAs 등이 있다. InAs, InSb는 이동도 μ가 특히 커서 전류 자기 효과를 이용하는 소자로 이용되 며, GaAs는 μ, Eg가 Ge, Si보다 커서 트랜지스터 재료로 많이 쓰이며, 레이저 재료로

표 4-4 주요한 반도체의 특성(300[K])

	융점 (변태점) [℃]	금지대폭 Eg [eV]	이동도 [cm²/V · s]		유효질량+		열전도체 K [Wcm⁻¹ deg⁻¹]	비유전율 ϵ_s
			전자 μ_e	정공 μ_h	전자 $\dfrac{m_e{}^*}{m}$	정공 $\dfrac{m_n{}^*}{m}$		
I-IV 화합물								
Cu₂O	1,230	2		50				12
Cu₂S				5				
Ag₂S	838	1.0	50		0.2			10
II-VI 화합물								
ZnS	1,850	3.6	140		0.1		0.24	10
CdO	1,400	2.5	120		0.2		0.007	8
CdS	1,750	2.4	200	20		0.07		11.6
CdSe	1,350	1.7	500		0.3			
CdTe	1,045	1.4	600	60	0.05	0.3		10.4
HgSe	800	0.6	18,000					25
III-V 화합물								
AlSb	1,050	1.62	200	420	0.3	0.4		11
GaP	1,450~1,500	2.3	110	75	0.12			10
GaAs	1,237	1.4	8,500	420	0.07	0.5	0.37	12
GaSb	712	0.67	4,000	1,400	0.05	0.5	0.27	14
InP	1,062	1.29	4,600	150	0.07	0.5	0.5	11
InAs	942	0.36	33,000	460	0.02	0.5	0.29	12
InSb	525	0.17	78,000	750	0.015	0.6	0.26	16
IV-IV 화합물								
SiC	2,800	3.1	6	8	0.6	1.2	0.6	6.7
IV-VI 화합물								
PbS	1,100	0.37	1,800	850	0.1	0.1	0.008	17
PbSe	1,065	0.27	1,200	850	(0.3)	(0.3)	0.017	20(400)
PbTe	910	0.27	2,100	840	0.05	0.05	0.025	30
V-VI 화합물								
Bi₂Se₃	706	0.35	600				0.014	
Bi₂Te₃	575	0.15	1,800	400	0.4	0.2	0.016	
Sb₂S₃	546	1.7		10				
Sb₂Te₃	620	0.3		300	0.3	0.34	0.04	

두 중요시 되고 있다. 또 Ⅱ-Ⅵ족 화합물은 안전재료, 광도전 재료에 이용되는 CdS, CdSe, ZnO나 형광 재료로서 중요한 ZnS 등이 있다. 이들 재료의 주요 특성을 표 4-4 에 나타냈다.

(2) 금속 산화물 반도체

금속의 산화물은 보통 금지대 폭이 넓고 절연체로서 작용할 때가 많다. 그러나 많은 산화물은 이것을 환원 또는 강제 산화하여 그 조성을 화학당량 조성으로부터 유리시키면 반도체가 된다. 환원에 의해 도전율이 증가하는 ZnO, TiO_2, SnO_2, Al_2O_3 등은 산소가 부족하면 N형 반도체로 되고 산화에 의해 도전율이 증가하는 Cu_2O, NiO, FeO, Bi_2O_3 등은 산소가 과잉되면 P형 반도체가 된다. 전이금속의 산화물로 Ge나 Si 와 다른 전도기구를 가지는 반도체가 있다. Fe_2O_4는 스피넬구조를 가지는 페리자성체로 Fe^{2+}이온과 Fe^{3+} 이온이 8면체 위치를 차지하고 있어

$$Fe^{2+} + Fe^{3+} \rightleftharpoons Fe^{3+} + Fe^{2+} \tag{4-23}$$

과 같은 동종 이온 사이의 교환으로 전자전도가 이루어진다. 이러한 전도를 호핑 (hopping)전도라 한다. 한편 금속 산화물의 구성금속이온 대신에 그것과 원자가가 ±1 만큼 다른 금속이온을 불순물로 넣어서 만드는 반도체를 원자가 제어반도체라 한다.

4-2-3 유기 반도체

유기 화합물의 대부분은 전기 절연체이다. 일반적으로 유기 화합물은 그 분자 내에서는 강한 결합을 하고 있으나 분자와 분자 간에는 약한 판데르발스형 결합을 하고 있다. 이 결합에 관여하는 가전자는 각 원자 부근에 국재하여 있고 또 분가 간에는 큰 전위장벽이 있기 때문에 도전성은 전혀 나타나지 않지만, 특수구조를 가진 유기 결정에서는 반도체성이 나타난다. 유기결정이 반도체성을 갖기 위해서는 먼저 분자 내에서 전자가 비교적 자유롭게 이동할 수 있어야 되고, 동시에 분자 간의 전위장벽을 뛰어 넘을 수가 있어야 한다. 반도체의 성질을 나타내는 유기 화합물의 대다수는 π전자 (π electron)라고 불리는 특수한 가전자를 가지며, 도전에 기여하는 것은 바로 이 가

전자이다. π전자란 벤젠환이 2중결합을 하고 있는 전자인데, 이는 비교적 이동이 용이하다. 즉

$$= C - C = C- \rightarrow -C = C - C =$$ (4-24)

와 같이 π전자가 이동함에 따라 도전성이 생긴다. π전자는 결합력이 비교적 약해 자유전자와 같은 성질을 나타내기 때문에 이 π전지가 분자 간을 이동함으로써 반도체적인 성질을 나타내는 것으로 생각되고 있다. 가장 유명한 유기 반도체의 하나는 다환방향족 화합물이며, 나프탈린($C_{10}H_8$), 안드라센($C_{14}H_{10}$)은 그 대표적인 예이다. 유기 반도체의 캐리어 이동도는 무기 반도체에 비해 일반적으로 작기 때문에 이동도가 관여되는 방면에는 응용이 제한되고 있다. 그러나 유기 반도체 중에는 광전현상, 열전현상, 압전현상 및 정류현상 등도 갖는 것이 있어 많이 이용되고 있다.

4-3 반도체의 정제와 단결정 제작법

반도체 결정의 전기적 성질은 결정 내에 포함된 불순물의 종류, 양 및 결정에 따라 크게 달라진다. 따라서 전기적 성질을 좋게 하기 위해서는 우선 화학적, 물리적 정제로 충분히 순도를 높인 다음 적당한 불순물을 첨가하여 단결정을 만든다. 여기서는 반도체의 정제와 단결정제작법에 관하여 알아보기로 한다.

4-3-1 정제

반도체의 정제방법에는 화학적인 방법과 물리적인 방법이 있는데 화학적인 방법으로는 99.999[%] 정도의 순도를 가지는 재료를 얻는다. 이 정도의 순도를 가지는 재료는 반도체 소자를 만드는 데에는 사용할 수 없으므로 다시 물리적인 방법으로 정제를 한다. 물리적인 정제 방법으로는 편석법과 조운정제법이 있다. 편석법은 용융재료를 고체화시킬 때 불순물이 고체내부보다 용융액 중에 많이 남는 것을 이용한 것이다. 물리적 방법의 대표적인 것이 조운정제법(Zone refining method)이다. 이 방법은 편석

법의 단점을 보완한 것인데, 용융물이 고체하할 때 그 내에 포함된 불순물이 고체상과 액체상에서는 서로 다른 비율로 분리되는 편석(segregation)이라는 방법으로 반도체를 고순도로 정제하는 방법이다. 그림 4-10(a)는 이 조운정제장치의 원리를 나타낸 것이다. 그림에서 투명 석영관 안의 흑연 도가니에 Ge를 넣어서 이것을 아르곤, 질소 등의 불활성가스 내에서 외부에서 고열 발생 고주파코일로써 가열한 다음 도가니를 이동시키면 코일 바로 밑에 있는 부분이 용융되고, 흑연 도가니의 이동에 따라 용융대가 이동하여 불순물은 오른쪽에 모이게 된다. 이 조작을 여러 번 되풀이 하면 고순도의 반도체 재료를 정제할 수 있게 되는데 주로 융점이 960[℃] 정도인 Ge를 정제하면 99.9999999[9nine] [%] 이상의 순도를 얻을 수 있다. 또, Si와 같이 융점이 1,400[℃] 정도 이상의 용융점이 높은 것은 도가니로부터 불순물이 섞일 우려가 있으므로 도가니를 사용하지 않는 방법으로 그림 4-10(b)와 같이 다결정의 봉을 상하에 고정하여 용융대(molten zone)를 아래로부터 위의 방향으로 이동하여 정제하는데 이 조작을 반복하면 고순도의 반도체 재료를 정제할 수 있게 된다. 이와 같은 방법을 플로팅 조운정제법(floating-zone refining method)이라 한다.

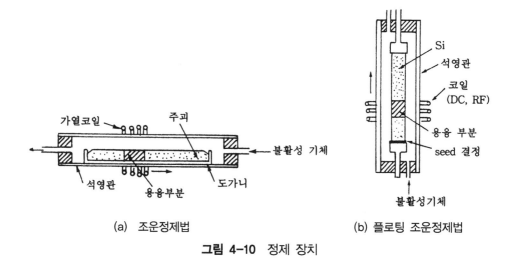

(a) 조운정제법 (b) 플로팅 조운정제법

그림 4-10 정제 장치

4-3-2 단결정의 제작법

반도체 재료는 다결정 그대로를 사용하는 경우가 많으나 다이오드, 트랜지스터,

SCR 등은 단결정을 사용하여 만든다. 그 이유는 다결정이면 결정 경계에서 캐리어의 운동이 방해를 받거나 재결합하기 쉬우므로 기능이 저하하기 때문이다. 단결정을 만드는 방법에는 여러 가지가 있으나 재료의 종류나 사용 목적에 따라 다르며, 그 중의 주요방법을 설명하면 다음과 같다.

(1) 인상법

이 방법은 Si나 Ge 등과 같은 단결정 제작법으로 가장 널리 이용괴고 있는 방법이다. 그림 4-11과 같이 정제된 다결정 Si를 흑연도가니에 넣고 고주파가열로 Si 융점보다 조금 높은 온도인 약 1,500[℃]로 용융하고, 미리 만들어 놓은 작은 씨단결정(seed crystal)을 용해된 부분에 담가 축을 회전시키면서 천천히 일정한 속도로 그 축을 올리면 결정이 성장한다. 이와 같은 방법으로 만든 수 inch의 원통형의 Si의 단결정을 다이아몬드 커터기로 절단하여 한쪽 면을 거울면과 같이 깨끗하게 끝손질한 것이 웨이퍼(wafer)이며, 이 웨이퍼는 반도체소자인 다이오드, 트랜지스터, IC 등 여러 가지 소자를 만들 때 사용된다.

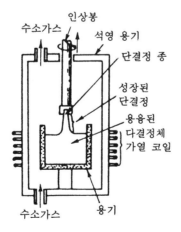

그림 4-11 인상결정법

(2) 에피택셜 성장법

기판인 단결정판 위에 Si 또는 Ge를 기상법으로 석출시키면 기판결정과 똑같은 방향선을 갓는 단결정 바마이 성장되는 것을 이용하는 방법이다. 그림 4 12에 나타낸 바와 같이 1,200[℃]로 가열한 Si 기판상에 SiCl₄ 증기와 H₂ 가스를 혼합하여 흘려보내면

$$SiCl_4 + 2H_2 \xrightarrow{1,200[℃]} Si + 4HCl \qquad (4\text{-}25)$$

의 반응이 일어나서 기판 위에는 Si단결정막이 성장한다. 그림 4-12는 식 (4-25)의 반응에 의해 Si에 에픽택셜(epitaxial) 성장을 행하는 환원법 장치의 예이다. 현재 환원법이 공업적으로 많이 이용되고 있다.

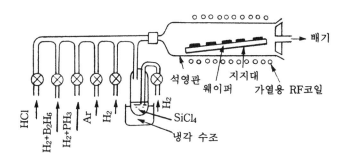

그림 4-12 Si 기상에피택셜 성장 장치

4-3-3 PN접합의 제작법

단결정으로 정류기나 트랜지스터를 만들려면 단결정의 내부에 PN접합을 만들어야 한다. PN접합의 제작법으로는 성장법, 합금법, 확산법 등이 있다.

(1) 성장법

인상법의 단결정을 만드는 과정에서 이를 테면 억셉터(acceptor) 불순물을 투입하여 만든 P형과 N형 단결정 성장 도중에 더욱 많은 도우너(donor) 불순물을 투입하여 성장시켜서 PN접합을 만드는 것이다. 이와 같은 방법에 의해 PNP, NPN 트랜지스터도 만들 수 있다. 그러나 최근에는 그다지 사용하지 않는다.

(2) 합금법

그림 4-13(a)와 같이 불순물 금속(In)을 단결정에 접해 놓고 가열해서 용융시킨 후 냉각시켜 한쪽에 불순물이 주입된 접합을 형성시키는 것이다.

(3) 확산법

그림 4-13(b)와 같은 확산로 속에 P형 실리콘단결정을 넣고 충분히 높은 온도로 가열하여 그 곁에 불순물 원소(P_2O_5)를 놓고 불활성 가스를 통하면 불순물 원자가 고온의 반도체 표면에서 조금씩 고체 확산에 의해서 침입하는 것을 이용해 N형층을 형성하여 PN접합을 만드는 것이다. P형을 만드는 경우에는 Ga, B 등을 확산시킨다.

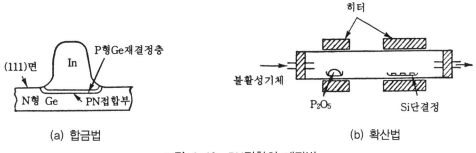

(a) 합금법　　　　　　　　　　　(b) 확산법

그림 4-13 PN접합의 제작법

4-4 반도체 재료의 응용

반도체 재료는 그대로 사용되는 경우도 있으나, 대부분의 경우 각종 소자로 만들어 여러 가지 전자기기 및 부품용 재료로 사용되고 있다. 반도체의 응용은 그 종류마다의 특성에 따라 많은 응용이 있지만 반도체 재료를 응용면으로 분류하면 표 4-5와 같이 분류할 수 있다.

표 4-5 응용면에서 본 반도체 재료의 분류와 그 대표 예

분 류		대 표 예
능동소자재료	다이오드 재료	Si, Ge, Se, GaAs
	트랜지스터 재료	Si, Ge
	사이리스터 재료	Si
	IC 재료	Si
광전변환재료	광전 셀, 광전자 재료	Si, Ge, GaAs, Se, CdS
	광도전 재료	CdS, Sb_2S_3, PbO, Se, ZnO
	형광 재료	ZnS, ZnO, (Zn, Cd)S, Zn_2SiO
	EL 재료	ZnS, ZnSe
	발광 다이오드 재료	GaAs, GaP, Ga(As, P), (Ga, Al)As
열전변환재료	열전 발열 재료	PbTe, $MnSi_2$, In(As, P)
	열전 냉각 재료	Bi_2Te_3, $(Bi, Sb)_2$, Te_3, $Bi_2(Te, Se)_3$
	열전자 방출 재료	(Ba, Sr)O, ThO_2, LaB_6
	더미스터 재료	NiO, $CaTiO_3$, VO_2, $BaTiO_3$
	발열 재료	SiC
자전변환재료	Hall 소자 재료	InSb, InAs
	자기 저항 재료	InSb, InAs, Bi
압전변환재료	압전 변환 재료	Si, Ge, GaAs, GaSb
	압전 반도체 재료	CdS, ZnO, CdSe, $LiGaO_2$
기 타	바리스터 재료	SiC, PbO

4-4-1 정류기와 다이오드

(1) 정류기

반도체 특징의 하나인 정류작용을 이용한 것이 정류기이다. 정류기로는 다결정반도
체 정류기인 아산화구리(Cu_2O) 정류기와 셀렌 정류기, 단결정 정류기인 Ge, Si 정류기
가 있다.

① 아산화구리 정류기

아산화구리 정류기는 그림 4-14(a)와 같은 구조를 갖는데 6[V] 이하의 전압에서 안
정하고 습기에 강하며 전류밀도를 크게 할 수 있는 특징을 가진다. 동판을 공기 중에
서 약 1,030[℃]로 가열, 산화시켜 Cu_2O층을 만들고, 500[℃] 정도의 항온조에서 약 1
시간 열처리하면 CuO층이 형성되고 이것을 물속에서 급랭시키면 표면의 CuO층은 제

거되고 Cu₂O만 남는데, Ag나 Au 등을 증착시켜서 전극을 만들면 정류기가 되는데 Cu_2O는 P형 반도체이기 때문에 Cu_2O층과 기판(Cu)의 접촉면에서 흐르는 전류는 Cu_2O로부터 Cu의 방향으로 흐르게 된다. 즉 정류작용을 하는 부분은 Cu_2O층과 Cu판의 접촉면이다.

② 셀렌 성류기

셀렌 정류기는 아산화구리 정류기에 비해서 역내 전압이 높은 전력용 정류기로 연속 사용온도는 약 70[℃]로 아산화구리보다 약 20[℃] 정도 높다. 그림 4-14(b)는 셀렌 정류기의 구조로 다음과 같은 방법으로 만들어진다. 셀렌 정류기는 철판 또는 알루미늄판에 Ni 또는 Bi를 증착하고, 그 위에 셀렌을 진공 증착하고, 약 130[℃]에서 가열 처리하면 비정질에서 6방정계의 셀렌이 되며 210[℃]에서 2차로 열처리를 하면 결정화가 빨라져서 반도체가 되며 전기전도도가 증가한다. 이 셀렌의 표면에 Bi-Sn-Cd 합금을 내뿜어서 상부전극으로 하고, 다시 120[℃]로 3차 열처리를 한 것이다. 따라서 정류작용은 셀렌과 내뿜은 합금의 계면에 생겨, 전류는 셀렌에서 내뿜은 합금 방향으로 흐르게 된다.

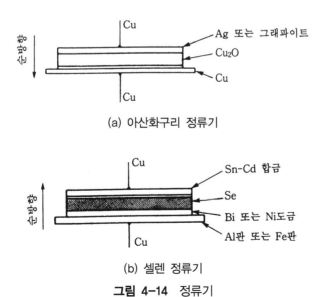

(a) 아산화구리 정류기

(b) 셀렌 정류기

그림 4-14 정류기

(7) 다이오드

다이오드란 다이일렉트로오드(di-electrode)라는 의미의 약자로 일반적으로 2개의 단자를 갖고, 그 2단자 사이의 전압-전류 특성이 비직선성을 나타내는 소자를 총칭하는 말이다.

① 정류용 다이오드

PN접합형 정류기는 P형 반도체와 N형 반도체를 접합시켜서 정류 작용을 시키는 것으로 접촉형 다이오드, 합금접합형, 성장접합형 및 확산접합형 다이오드로 구분되며 그림 4-15에 다이오드의 구조를 표시했다. Si, Ge의 PN접합을 이용한 정류용 다이오드는 전류밀도가 100[A/cm^2] 이상으로 만들 수 있고 역내 전압도 Si일 때 접합 1개당 1,000[V] 이상이 가능하므로 종래의 진공관이나 수은 정류기는 사용하지 않고 실리콘 접합 다이오드를 가장 많이 사용하고 있다. Si는 금지대폭과 열전도율이 Ge보다 크기 때문에 현재 가장 좋은 정류용 재료로 쓰인다. Ge는 합금접합으로 하여 주로 30[A] 이상의 중전류용량소자로 쓰이며, 고전압, 대전류용은 Si 확산접합이 전용되고 있다. 한편, 고온용 다이오드 재료로는 GaAs나 SiC를 이용하는 방법이 연구되고 있으며, 정전압 다이오드와 같이 항복현상을 이용하는 소자도 Si가 쓰인다.

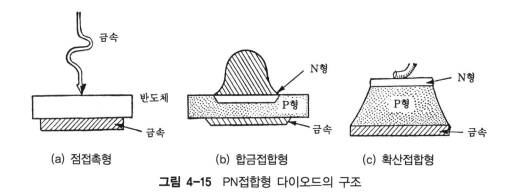

(a) 점접촉형   (b) 합금접합형   (c) 확산접합형

그림 4-15 PN접합형 다이오드의 구조

② 정전압 다이오드

정전압 다이오드는 제너 다이오드(Zener diode)라고도 부르는데 접합형 다이오드의

역방향 항복현상을 이용한 것으로, 일반 다이오드가 항복영역에서 동작하지 않는데 비해서 제너 다이오드는 항복영역에서 잘 동작하기 때문에 선전압과 부하저항이 변화해도 부하전압을 항상 일정하게 유지시키는 전압 조정기의 역할을 한다. 현재 실리콘 정전압 다이오드는 합금법과 확산법으로 만들어지는 것이 대부분이며, 합금형은 N형 실리콘에 알루미늄선을 합금하는 것이 많고, 낮은 전압범위용으로 사용되고, 확산법은 N형 실리콘에 P형 불순물로 붕소를 확산시켜 만들며 주로 높은 전압범위에서 사용한다.

③ 터널 다이오드

발명자의 이름을 따서 일명 에사키 다이오드(Esake diode)라고도 부른다. 터널 다이오드란 PN접합 다이오드에 순방향 전압을 걸었을 때 보통의 접합 다이오드의 순방향 확산전류가 흐르기 시작하는 전압보다도 낮은 전압에서 터널효과(tunnel effect)에 의한 전류가 흐르고 확산전류가 흐르기 시작하는 전압과의 사이에서는 부성저항을 나타내는 다이오드를 가리키는 것이다.

그림 4-16은 터널 다이오드의 특성을 나타낸 것이다.

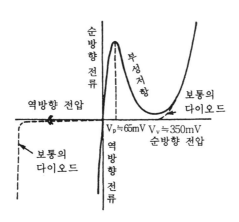

그림 4-16 터널 다이오드의 특성

이 다이오드는 온도 의존성이 적고, 스위칭 시간이 매우 빠른 것이 장점이기도 하다. 스위칭 시간이 매우 빠르기 때문에 스위칭 소자로서의 응용, 마이크로파 영역의 받진, 증폭수자로 쓰인다. 저출력, 저잡음용에는 Ge, GaSb를 재료로, 고출력용으로는 GaAs를 재료로 사용한다. 그러나 GaAs는 특성은 우수하지만 열화의 문제가 있어서 그다지 사용되지 않고 있다.

4-4-2 트랜지스터와 스위칭 소자

트랜지스터의 역사는 1947년 미국의 바딘(Bardeen)과 브라틴(Brattain)의 공동연구에 의해서 발명된 점접촉형 트랜지스터부터 시작된다. 그러나 이 점접촉형 트랜지스디는 동작특성이 불안정하고, 대량 생산이 이려운 이유 때문에 최근에는 1951년 쇼클리(Shockley)에 의해서 만들어진 접합형 트랜지스터가 주로 쓰이고 있다.

(1) 접합형 트랜지스터

N형 반도체층을 두 개의 P형 반도체 사이에 끼워넣은, 즉 PN접합에서 N형 영역의 오른쪽에 또 다른 P형 영역을 배열한 것을 접합 트랜지스터(junction transistor)라고 한다. 접합형 트랜지스터는 PN접합 방법에 따라 합금형과 확산형이 있고, 형태에 따라 메사(mesa)형과 플래너(planar)형이 있다. 그림 4-17은 트랜지스터의 구조를 나타낸 것으로 PNP, NPN 접합의 형이 있다. 트랜지스터의 재료로는 처음에 Ge를 사용하였으나, 현재는 Si를 많이 사용한다. 트랜지스터의 특징은 진공관과 같은 열음극이 필요 없으며, 소형이고, 진동이나 충격에도 견디며 수명이 길다. 그림 4-17(d)는 메사형(mesa type) 트랜지스터의 구조를 나타낸 것이다. 메사형이라 함은 그림에서와 같이 불쑥 튀어나온 탁자모양을 말함이나 원래 역내전압을 높이기 위하여 접합부가 표면을 뚫는 부분을 약품처리로 부식시켜 내어 고전계에 견딜 수 있게 한 것을 말한다. 그림 4-17(e)에는 Si의 플래너형 트랜지스터의 구조를 나타낸 것이다. 전극 이외의 Si표면은 가열 산화법으로 생성된 SiO_2막으로 인하여 외기와 차단되므로 분위기의 영향 때문에 일어나는 열화는 거의 없어 신뢰성이 높아, 고주파용 및 고주파, 고출력 스위치 등에 사용되고 있다.

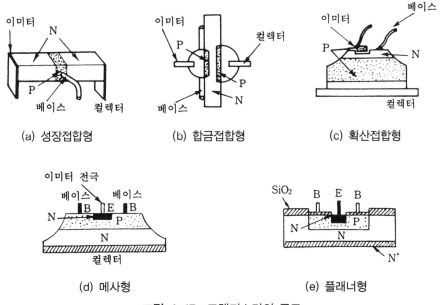

(a) 성장접합형   (b) 합금접합형   (c) 확산접합형

(d) 메사형   (e) 플래너형

그림 4-17 트랜지스터의 구조

(2) 전계효과 트랜지스터

지금까지 설명한 접합형 트랜지스터는 소수 캐리어의 이동을 이용한 전류 증폭 소자이지만, 전계효과 트랜지스터(field effect transistor, FET)는 다수 캐리어에 의한 전류를 제3전극(게이트)에 의한 전계에 따라 캐리어의 흐름을 제어하며 증폭, 발진, 스위칭 등을 할 수 있는 소자이다. 전계효과 트랜지스터는 접합형 트랜지스터에 비해 응답속도가 빠르고 입력저항이 높으며, 잡음도 없고, 방사선 등에 의한 열화에도 강한

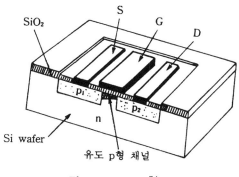

그림 4-18 MOS형 FET

장점이 있다. 이에는 접합형과 MOS(metal oxide semiconductor)형이 두 가지가 있다. 이 중 MOS형은 그림 4-18과 같이 P형 소자표면에 절연 산화피막을 증착시키고 그 위에 금속관을 접착시킨 것이다.

MOS형 트랜지스터의 동작은 전압을 게이트에 가하여 전계를 발생시키고, 그 전계에 의해 유도전자를 P형 소자의 게이트(gate) 가까이에 발생시켜 드레인(drain), 소스(source) 간의 전류를 제어하는 것이다.

(3) 사이리스터

사이리스터(thyristor)는 그림 4-19(a)에서처럼 PNPN 또는 NPNP의 4층 구조의 소자로, 게이트(gate) 단자를 가지는 것이 특징이다. SCR(silicon controlled rectifier)이라는 이름으로 불리며, 타이머, 트리거펄스 발생, 무접점 개폐기, 정류기, 발전기의 전압제어, 전동기의 속도제어, 인버터 등 대단히 많은 응용이 있다. 특히 전력관계에서는 제어 정류소자로서 중요하다. 그 동작 원리를 설명하면 다음과 같다. 그림 4-19(a)와 같이 게이트에 순방향 전류를 가하면 J_3접합을 통하여 N형 영역으로부터 P형 영역에 주입된 전자의 일부가 J_2에 닿아 역방향으로 전압이 걸린 J_2를 통과하는 전자의 수가 증가하는데, 이로 인하여 이 부분에 항복 현상이 일어나서 전자사태가 급속히 형성된다. 이 때 게이트 전류 I_G를 증가시키면 낮은 전압에서 J_2부분에서의 항복현상이 일

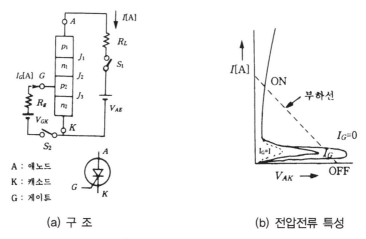

(a) 구 조   (b) 전압전류 특성

그림 4-19 3단자 사이리스터

어난다. 이와 같은 SCR의 전압-전류 특성은 그림 4-19(b)와 같이 되어 스위치 전압이 감소된다. 따라서, SCR은 적은 게이트 전력으로 스위치 전압을 변화시켜 소자의 주회로를 차단 상태에서 통전 상태로 연결하는 것이 가능하게 된다. 즉 작은 게이트 전류에 의해 턴 온(turn on)을 제어할 수 있다는 점에서 스위칭 소자라고도 한다.

사이리스터의 재료는 단결정 Si가 쓰이며, 전극에는 무산소동이 내부전극과 외부단자 간을 연결하는 리드선에는 금, 은, 동, 알루미늄선이 쓰인다.

사이리스터의 특징은 다음과 같다.

① 고전압 대전류의 제어가 용이하다.

② 수명은 반영구적이며 신뢰성이 높다.

③ 스위칭 속도가 빠르다.

④ 소형 경량이며 기기에 부착이 용이하다.

⑤ 통전 상태에서의 전압강하가 적어 효율이 높다.

그림 4-20은 사이리스터의 외관과 내부구조를 나타낸 것이다.

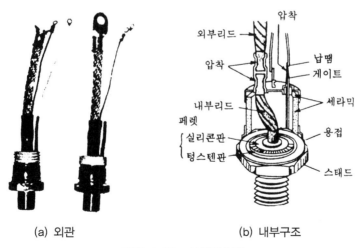

(a) 외관　　　　　　　　　　(b) 내부구조

그림 4-20 사이리스터

4-4-3 광전효과 재료

반도체 표면에 빛을 조사하면 도전율이 증가하거나, 기전력이 발생하거나 하는데,

이러한 현상을 이용하는 것에는 다음과 같은 것이 있다.

(1) 광도전 셀

광도전 셀(cell)이란 광도전체를 사용하여 빛의 강약을 전류의 강약으로 변환하는 소자이다. 값이 싸고 출력전류가 크기 때문에 증폭기나 특히 고감도의 릴레이, 미터 등을 필요로 하지 않으므로 유리하다. 사용되는 재료로는 Se, Ge 등의 단체나 CdS, PbS, CdSe, PbSe 등이 있다. 최근 많이 사용되고 있는 것은 CdS셀이다.

이 셀의 이용은 자동점멸기, 자동문 개폐기 등 많은 빛에 의한 제어 장치에 사용되고 있다.

(2) 포토 트랜지스터

광전지(photovoltatic cell)의 일종으로, 빛의 조사에 의한 광기전력효과를 이용한 것이다. 포토 트랜지스터의 구조는 보통의 트랜지스터와 별로 다르지 않으며, 다만 베이스 리드선이 없고, 그 대신에 빛이 입사하는 창문을 구비한 모양으로 되어 있다. 동작원리는 베이스 영역에 빛이 조사되면 빛의 에너지에 의해 베이스 영역의 공유결합이 파괴되어 정공과 전자를 발생한다. 이것이 각각 P, N영역에 확산함으로써 생기는 전위차에 의한 것으로, 반도체 재료로는 Si나 Ge의 PN접합이 사용된다. 용도는 사진전송, 천공테이프의 판독, 적외선 검출, 적외선 도청경보기 등에 사용된다.

(3) 태양전지

태양의 에너지를 직접 전계에너지로 변화시키는 것이 태양전지(solar cell)이다. 동작원리는 PN접합면에 태양의 빛이 비치면 그 에너지에 따라 전자나 정공이 발생하여 전자는 N형 영역으로, 정공은 P형 영역으로 모여 외부에 N형이 음($-$), P형이 양($+$)이 되도록 기전력이 발생한다. 재료로는 Si, GaAs, InP, CdTe 등이 사용되고 있다. 태양전지의 응용범위는 상당히 넓어 인공위성의 계측용, 무인등대의 자동 점멸기, 검출기 등에 사용된다. 특히 국부적인 장소에서의 발전에 효과적이다.

(4) 일렉트로 루미네선스

형, 인광체 또는 이를 포함하는 유전체에 전계를 인가하면 발광하는 현상을 전계 루미네선스 또는 일렉트로 루미네선스(electro luminescence, EL)라 하고, 이를 이용한 발광 소자를 EL 셀(cell)이라 한다. EL에는 여러 종류가 있으나, 현재 실용되고 있는 것은 형광체와 유전체의 혼합물에 교류 전계만을 가함으로써 발광하는 진성EL이다. 그림 4-21은 EL 셀의 구조를 나타낸 것이다. 투명 전극은 유리의 표면에 도전성인 투명 네사(Nesa)막을 입힌 도전성 유리이다. 이 반도체 재료에는 ZnS, CdS에 Cu, Pb, Mn 등을 첨가한 황화물 형광체가 사용되고 있다. 또, 유전체로서는 알키드 수지, 요소 수지 또는 저융점 유리 등이 사용된다.

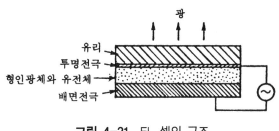

그림 4-21 EL 셀의 구조

4-4-4 열전 효과재료

종류가 서로 다른 두 가지의 금속 또는 반도체를 접속하여 전류를 흘려주면 전류의 방향에 열의 흡수 및 발생 현상이 일어난다. 이것을 펠티어(Peltier) 효과라 한다. 펠티어 효과의 흡열 작용을 이용하는 냉각을 전자 냉각 또는 열전 냉각이라고 한다. 펠티어 효과는 금속끼리의 접촉에 의한 것보다 금속과 반도체를 조합하는 쪽이 훨씬 효율이 좋아서 거의 금속과 반도체의 조합에 의한 것이 사용되고 있다. 그림 4-22는 전자 냉각 소자의 구성을 나타낸 것이며, 외부에서 그림과 같이 전류를 흘리면 금속 Ⅰ에서는 흡열, 금속 Ⅱ에서는 발열이 생기므로 금속 Ⅱ의 부분을 냉각수 등으로 냉각하면 금속 Ⅰ부분의 온도가 낮아진다. 전자 냉각 소자의 효율은 열전 발전 소자의 경우와 같이 성능지수 $Z = \pi^2/\kappa\rho T^2$이 큰 재료가 좋다. 따라서 전자 냉각재료는 열전 발전재료와 비슷하나 현재로는 N형 반도체에는 PbTe, P형 반도체로는 Bi₂Te₃, GeTe, Sb₂Te₃가 사용된다. 전자 냉각의 효율은 현재 암모니아 가스와 프레온 가스를 이용한 압축형 냉각에는 미치지 못하나, 가동 부분과 소음이 없고, 온도 조절이 용이하고, 소형인 특징이 있어 공업용 및 가정용 냉장고에 사용되는 외에 의료용으로 외과 수술에도 사용된다.

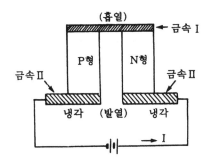

그림 4-22 전자냉각 반도체의 원리도

4-4-5 반도체 저항재료

(1) 더미스터

더미스터(thermal sensitive resistor, thermistor)는 반도체의 전기저항이 온도에 따라 크게 변화하는 저항소자를 말한다. 일반적으로 반도체의 T[K]에서의 저항값 R과 온도계수 α는 다음 식으로 나타낸다.

$$R = R_0 \exp B\left(\frac{1}{T} - \frac{1}{T_0}\right) \tag{4-26}$$

$$\alpha = \frac{1}{R} \cdot \frac{dR}{dT} = -\frac{B}{T^2} \tag{4-27}$$

여기서 R_0는 온도 T_0[K]에서의 저항값, B는 형상과 재질에 의한 상수이다. 일반적으로 2,000~6,000[K], 고온에서는 6,000~12,000[K]의 값을 가진다. B는 더미스터의 특성을 가리키는 중요한 양이다. B=4,000[K], T=50[℃]라고 하면 α≒3.8[%/℃]가 되며 절대값으로 비교하여 백금의 약 10배이다. 더미스터의 재료로는 Fe, Ni, Mn,

Co, Cu, Zn 등의 각종 금속 산화물의 혼합 소결체로 만들어지거나 SiC와 금속 산화물의 혼합 소결체가 사용된다. 더미스터의 특성은 이들 산화물의 혼합비율, 압축강도, 소성온도에 따라서 다르지만, 그 온도범위는 상온부근에서 고온까지 상당히 넓다.

그림 4-23은 더미스터의 저항-온도 특성을 나타낸 것으로, 온도가 상승함에 따라 저항값이 급격하게 증가하는 정특성 더미스터(positive temperature coefficient, PTC) 혹은 포지스터(posistor)와 온도가 상승함에 따라 저항값이 급격하게 감소하는 부특성 더미스터(negative temperature coefficient, NTC) 및 온도에 따라 저항값의 급변점을 갖는 크리테지스터(critical temperature resistor, CTR)가 있다. 하지만, 이들의 공통점은 반도체의 전기 전도도가 온도에 의하여 변하는 것을 이용한다는 점이다. 즉, 온도 상승과 더불어 반도체 중의 도전캐리어가 증대하고 전기저항이 감소하는 성질 또는 결정전이와 더불어 전기저항이 크게 변화하는 성질을 이용한다. NTC 특성을 나타내는 더미스터로는 Fe, Ni, Mn, Cu 등의 금속 산화물을 혼합소결한 더미스터, 용융하여 만든 반전도체성 유리 더미스터, SiC박막 더미스터 등이다. PTC 더미스터는 강유전체의 일종인 $BaTiO_3$에 Y, Ce, La, Sn 등의 금속 산화물을 첨가함으로써 반도체화 한 것으로 Ba를 Sr로 치환하면 급변온도(T_c)는 저온 측으로 이행하고, Pb로 치환하면 고온

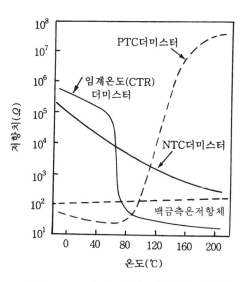

그림 4-23 더미스터의 저항-온도 특성

측으로 이동한다. 큐리점(Tc)이 범위는 −100~270[℃]로 조절된다. 한편 CTR은 V_2O_3 와 Ba, Sr 등의 산화물 또는 B, Si, P 등의 산화물과 혼합소결체로 급랭하여 만들며, Tc의 이동범위는 약 50~80[℃] 정도로 좁다. 더미스터의 용도는 그 온도-저항 특성 을 응용해서 릴레이의 지연동작, 온도측정, 온도보상, 정전압장치, 트랜지스터의 과열 방지, 화재감지기 등에 사용되며, 그 이용 범위는 가정에서부터 각종 의료, 공업 분야 에 이르기까지 광범위하게 쓰이고 있다.

(2) 바리스터

인가하는 전압의 크기에 따라 저항값이 변하는 비직선성 저항소자를 바리스터 (variable resistor, varistor)라 한다. 정류기도 넓은 의미에서는 바리스터이다. 이것에 는 그림 4-24와 같이 인가전압의 극성에 의해 전압-전류 특성이 대칭인 것과 비대칭 인 것이 있다. 전자를 대칭 바리스터, 후자를 비대칭 바리스터라 한다.

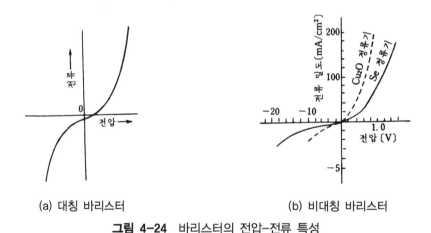

(a) 대칭 바리스터 (b) 비대칭 바리스터

그림 4-24 바리스터의 전압-전류 특성

일반적으로 바리스터의 전압-전류 특성은

$$I = \left(\frac{V}{C}\right)^n = AV^n \tag{4-28}$$

로 표시된다. 여기서 n은 바리스터의 비직선 지수로서, 비음성의 정도를 나타낸다.

즉, 바리스터의 특성을 나타내며, 보통 n은 3~7회의 값을 갖는다. C는 인가전압 V에서 바리스터의 저항값이며, 인가전압 V에 따라 변한다. 바리스터의 저항값은 전압에 대해 민감하나 온도의 영향을 크게 받지 않는다. 저전압에서는 저항값은 크지만 고전압에서는 극히 작다. 대칭형의 대표적인 SiC 바리스터는 SiC분말에 탄소분, 금속 산화물 자기질 결합체 등을 혼합성형한 것을 환원성 분위기에서 소결하여 만든다. 바리스터의 비직선성은 분말인 SiC 결정이 반도체로서 입자간에는 전위장벽이 되어 있으므로 이것이 고저항의 원인이 된다. 전압을 가해 어떤 값의 고전압이 되면 전자사태와 전계방출이 일어나 전류가 급증한다. 용도는 피뢰기, 전기 접점간의 불꽃제거 장치, 그 밖의 전자 기구와 병렬로 접속하여 이상전압의 흡수 및 제어회로에 이용된다. 비대칭 바리스터로서는 셀렌 정류기와 같은 금속 정류기와 반도체의 가변용량 다이오드가 있다. 이들은 전화기의 이상 잡음을 방지하는데 사용되고 있다.

연습 문제

01. 진성 반도체의 전기전도에 대하여 설명하여라.

02. 순수한 Ge의 27[℃]에 있어서의 자유 전자의 확산정수를 구하여라. 단, Ge내의 자유전자 밀도는 25×10^{19}[개/m³], 이동도는 0.37[m²/v.sec]라 한다.

03. PN접합의 정류이론을 설명하여라.

04. 홀 효과에 대하여 설명하여라.

05. 화합물 반도체에 관해서 기술하여라.

06. 조운정제법에 관해서 설명하여라.

07. 터널 다이오드에 관해서 설명하여라.

08. SCR에 대하여 설명하여라.

09. NTC에 대하여 간단히 설명하여라.

10. 바리스터에 대하여 설명하여라.

11. 반도체의 물질이 아닌 것은?
① 게르마늄　　　② 규소　　　③ 셀렌　　　④ 리듐

12. P형, N형 반도체를 구별하는 데 이용하는 것은?

    ① 홀 효과　　　　　② 광전 효과　　　③ 펠티어 효과　　④ 톰슨 효과

13. 다음 중 Ge 단결정 제조 방법으로 많이 쓰이는 것은?

    ① 성장법　　　　　　② 확산법　　　　③ 인상법　　　　④ 합금법

14. 다음 중 PN형 접합을 만드는 방법인 것은?

    ① 조운레벨링법　　② 편석법　　　　③ 인상법　　　　④ 합금법

15. 다음 중 FET의 장점으로 볼 수 없는 것은?

    ① 응답속도가 빠르다.　　　　　　② 높은 임력 임피던스를 갖는다.

    ③ 온도 특성이 좋다.　　　　　　④ 잡음 특성이 좋다.

절연재료

어떤 물체에 전압을 인가하였을 때 양, 음 전하가 서로 반대방향으로 변위하고 유전 분극(dielectric polarization)이 발생함과 동시에 극히 작은 평형 누설 전류가 흐르는 것을 유전체(dielectrics) 또는 절연체(insulator)라 한다. 이와 같이 절연체는 유전체와 같은 의미로 취급되나 유전분극에 중점을 두어 다룰 때는 유전체로, 전기가 흐르지 않는 전기절연성에 중점을 두어 다룰 때는 절연체로 취급된다. 전기, 전자기기의 측면에서 보면 전기절연은 매우 중요한 문제이지만 전기절연이 그 기기의 동작원리에 직접 관여하는 경우는 거의 없다. 그러나 기기의 종합적인 성능, 수명 및 고장이 전기절연에 지배되는 경우가 많으므로 절연재료의 선택이 기기설계에 큰 영향을 주며 종합적 성능을 좌우하므로 절연의 선택에 세심한 주의가 요구된다. 이 장에서는 고체, 기체, 액체 등에서 전기의 절연을 목적으로 하는 재료와 유전특성을 이용한 유전재료 등에 대해서 설명하기로 한다.

5-1 절연재료의 전기적 특성

5-1-1 절연, 유전 특성

(1) 직류 전압의 인가

판상절연체의 양쪽에 전극을 부착하고 직류전압을 인가하면 시간적으로 변화하지 않는 누설설류(leakage current)가 흐름과 동시에 순시적인 충전전류가 흐르고, 다시 계속해서 시간에 따라 감소해 가는 전류가 흐른다. 이 전류를 흡수전류(absorption current)라고 한다. 이 전류는 유전분극에 기초한 전류분으로 시간과 함께 서서히 진행하는 것을 알 수 있다.

그림 5-1은 이 관계를 나타낸 것이다.

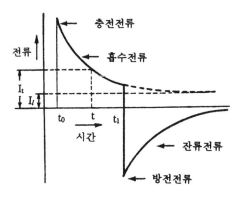

그림 5-1 절연물 중의 전류의 변화

또 이것을 방전하면 방전전류 외에 시간과 함께 감소하는 전류가 흐르는데, 이러한 전류를 잔류 전류(residual current)라 하고 이들의 흡수 및 잔류 전류는 절연체가 양호한 것일수록 긴 시간 계속한다. 이와 같이 고체절연체에 직류 전압을 가한 처음에는 비교적 큰 전류가 흐르고 시간에 따라 감소하여 어떤 일정한 값에 이르게 된다. 이와 같이 절연체 재료에 흐르는 전류는 시간에 따라 감소하므로, 절연 저항(insulation resistance)을 측정하는 경우에는 전압을 가한 1분 후의 전류값에 따라 계산한다.

한편, 고체 절연물에 가하는 전압을 V[V]라 하면 누설전류는 내부에 흐르는 전류 I_v[A]와 표면에 흐르는 전류 I_s[A]로 나눌 수 있으므로, 그림 5-2에서 체적저항은 $R_v = V/I_v$이 되고, 표면저항은 $R_s = V/I_s$이 된다. 이 값들은 재료의 두께 및 전극의 치수에 따라 달라지므로 이것과 무관한 다음의 양을 정의한다. 즉, 절연체 내부를 흐르는 누설전류분에 의한 저항률인 체적 저항률과 절연체의 표면에 따라서 흐르는 전류분에 의해 정해지는 저항률인 표면 저항률이다. 지금 체적 저항률을 ρ_v, 표면 저항률을 ρ_s라 하면 두께 d, 전극면적 A와 전극간격 d, 전극의 길이 l인 경우의 체적저항

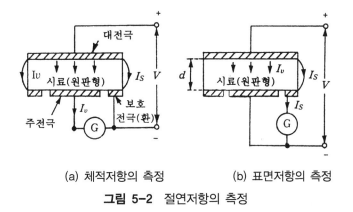

(a) 체적저항의 측정   (b) 표면저항의 측정

그림 5-2 절연저항의 측정

R_v, 표면저항 R_s와는 각각 다음의 관계가 성립한다.

$$\rho_v = R_v \frac{A}{d} \ [\Omega \cdot \mathrm{m}] \tag{5-1}$$

$$\rho_s = R_s \frac{l}{d} \ [\Omega] \tag{5-2}$$

표면 저항률은 상대습도의 상승으로 크게 저하하고, 체적 저항률은 온도나 흡습량의 증대로 저하하며, 내부결함에도 영향된다.

(2) 교류전압을 인가한 경우

절연체의 양 끝에 교류전압을 가해주면 유전분극으로 인해서 유전체 내에 전력손이 생긴다. 이 손실을 유전체손(dielectric loss)이라 한다. 그림 5-3(a)와 같이 정전용량 C인 콘덴서에 교류전압 V를 가하면 이상적인 절연체라면 위상차는 90[°]이겠지만 실제로는 누설전류가 흘러 유전손이 생기므로 위상차는 90[°]보다 작게 된다. 따라서 그림 (c)와 같이 I는 I_C보다 δ만큼 늦은 전류가 흐른다.

여기서 δ를 유전손각이라 하고, $\tan\delta$를 유전정접(dielectric loss tangent)이라 한다.

$\tan\delta$는 온도와 주파수에 의하여 변화한다. $\tan\delta$의 측정에는 셰링 브리지(Schering bridge) 또는 현장용으로 휴대용 $\tan\delta$미터가 이용되고 있다. 셰링 브리지는 10[KHz] 이하의 저주파 측정에 적당하며 측정정도는 ±3[%]이지만 차폐(shield)를 잘하면 10^{-4} [%] 정도까지도 가능하다. 만일 콘덴서의 등가용량 C_x, 등가저항 R_x일 때 브리지가

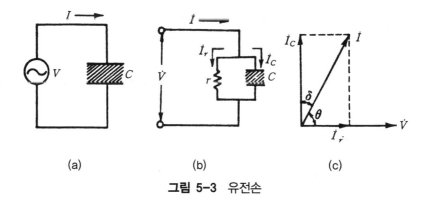

그림 5-3 유전손

평형되면 $\tan\delta = \omega\,C_x R_x$으로 주어진다. 휴대용 $\tan\delta$미터는 전류력계형 계기의 일종으로 측정정도는 $\pm10^{-3}[\%]$ 정도이다.

한편, 유전체에서 소비되는 전력을 P라 하면

$$P = VI\cos\theta = VI_C\tan\delta = V^2\omega c\tan\delta \tag{5-3}$$

또, 콘덴서의 유전체로서 진공 또는 공기에서의 정전용량을 C_0이라 하면 식 (5-3)은 다음과 같이 된다.

$$P = V^2\omega\,C_0\epsilon_r\tan\delta = V^2 2\pi f C_0\epsilon_r\tan\delta \tag{5-4}$$

식 (5-4)에서 유전손은 전압의 2승과 주파수에 비례하기 때문에 고전압 및 고주파일 때의 유전손은 매우 커지며, $\epsilon_r\tan\delta$는 재료의 유전손의 대소를 결정하는 값으로 유전손율(dielectric loss factor) 또는 손실계수라 한다. 보통 사용되는 절연물에서는 ϵ_r의 값이 2~8배의 범위인데 대하여, $\tan\delta$는 $2\times10^{-4}\sim700\times10^{-4}$까지 광범위하므로 유전손은 $\tan\delta$에 의해 결정된다. 유전손은 결국 유전체에 열을 발생시키는 원인이 되어 절연불량과 기계적 강도가 약해지며, 또 고전압 고주파가 가해졌을 때도 손실이 커진다. 유전체에 교류전계 $\dot{E} = E_0 e^{j\omega t}$를 인가할 때 R, C에 흐르는 전류의 합성을 구하면

$$\dot{I} = \dot{I}_R + \dot{I}_C = \left(\frac{1}{R} + j\omega\,C_0\epsilon_r\right)\dot{E} = j\omega\,C_0\!\left(\epsilon_r - j\frac{1}{\omega\,C_0 R}\right)\dot{E}$$

$$= j\,\omega\,C_0\,\dot{\epsilon}_r\,\dot{E} \tag{5-5}$$

와 같이 된다. 여기서 $\epsilon_r = \epsilon_r{}'$, $\dfrac{1}{\omega\,C_0\,R} = \epsilon_r{}''$ 라고 하면

$$I = j\,\omega\,C_0\,(\epsilon_r{}' - j\epsilon_r{}'')\dot{E} = j\,\omega\,C_0\,\dot{\epsilon}_r\,\dot{E} \tag{5-6}$$

로 쓸 수 있다. 여기서 $\dot{\epsilon}_r = \epsilon_r{}' - j\epsilon_r{}''$는 복소 비유전율이라고 하며, $\epsilon_r{}'$는 실효비유전율, $\epsilon_r{}''$는 $\epsilon_r \tan\delta$와 일치하며, 손실항이므로 유전손율이 된다.

교류전류의 주파수가 높아지면 유전체 내의 쌍극자의 회전이 전계의 변화에 따라갈 수 없게 되어 비유전율 $\epsilon_r{}'$가 저하한다. 이것을 유전분산(dielectric dispersion)이라 한다. 단, 이 주파수 영역에서 $\epsilon_r{}''$는 극대가 되고 에너지 흡수가 생긴다. 이 현상을 유전흡수라 한다. 그림 5-4에 나타낸 것처럼 전자분극과 이온분극은 빛의 주파수 영역에서 공진형 분산을, 배향분극은 전파 주파수 영역에서 완화형 분산을 나타낸다.

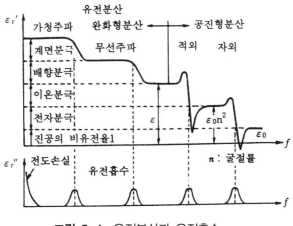

그림 5-4 유전분산과 유전흡수

(3) 강유전체

유전체 결정 중에는 외부에서 전계를 가하지 않아도 양전하의 중심과 음전하의 중심이 분리되어 자발적으로 전기분극이 생기는 것이 있는데, 이 자발분극(spontaneous polarization)의 방향을 외부전계에 의해 바꿀 수 있는 것을 강유전체(ferro-electric substance)라 한다. 통상이 유전체는 전계이 세기아 분극이 관계는 지선저인 관계에 있지만 강유전체는 전계의 세기를 바꾸면 히스테리시스 곡선을 그린다. 이와 같은 자발분극과 히스테리시스 현상이 강유전체의 특성이다. 강유전체 중 현재 가장 광범위하게 이용되고 있는 것은 티탄산 바륨(BaTiO₃)계 자기이다. 그림 5-5에 티탄산 바륨 결정구조와 자발분극을 나타내었다.

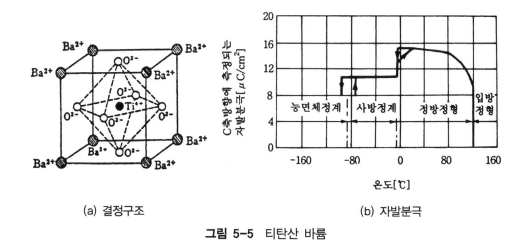

(a) 결정구조　　　　　　　　(b) 자발분극

그림 5-5 티탄산 바륨

강유전체를 가열하면 자발분극이 없어지는 상태, 즉 상유전체로 상전이가 생긴다. 이 전이온도를 큐리점(Curie point)이라 한다. 티탄산 바륨의 자발분극은 그림 (b)에서와 같이 120[℃]에서 소멸되어 상유전체로 되어 분극 P와 전계 E는 직선성을 나타낸다. 큐리온도 이상에서 비유전율 ϵ_r은 다음과 같은 큐리-바이스(Curie-Weiss)법칙을 따른다.

$$\epsilon_r = \frac{C}{T - T_C} \tag{5-7}$$

여기서 T_C는 보통 큐리온도로 간주하지만 실제로는 큐리온도보다 조금 낮은 특성온도이며, C는 상수이다. 이외의 강유전체로는 로셸염, 인산수소칼리(KH_2PO_4, KDP), PZT[Pb(Zr, Ti)O₃] 등이 있다. 또 이러한 유전체는 기계적으로 압력을 가하면 그 변형과 함께 분극이 생기는데, 이 현상을 압전효과(piezoelectric effect)라 한다. 이러한 강유전성이나 압전기현상을 나타내는 물질로는 여러 가지가 있는데, 그 중 티탄산 바륨 자기는 압전재료, 콘덴서재료로서 유용하고 각종 전기음향 기기나 초음파 관련 기기에서의 전왜진동자로서의 응용 등이 있다. 또 유전체 중 가열에 의해 외부에 분극을 나타내는 것도 있는데, 이 현상을 초전효과(pyroelectric effect)라 하고, 이 현상을 이용하여 적외선 센서가 만들어지고 있다.

5-1-2 절연 열화

각종 전기 · 전자기기를 장시간 사용하면 시간의 경과와 함께 절연성능이 저하하는 절연 열화(insulation degradation)현상은 실용 절연재료, 특히 유기질 절연재료의 수명이나 신뢰성을 결정하는 중요한 요인이다. 열화의 원인으로는 열, 전계, 환경(방사선, 습도), 기계력 등을 들 수 있다.

(1) 열 열화

이 열화는 절연체가 오랫동안 고온도에 노출된 경우에 생기는 것으로, 가장 일어나기 쉬운 열화다. 이것은 일종의 화학반응이라고 생각된다. 다킨(Dakin)은 이런 방향으로 생각하여 절연재료의 수명과 온도와의 관계를 다음과 같은 식으로 표현하고 있다.

$$L = A \exp \frac{H}{kT} = A \exp \frac{B}{T} \tag{5-8}$$

여기서, L은 수명, H는 활성화에너지, A, B는 재료의 특유상수, T는 절대온도이다. 이 열화는 유기 재료인 경우에는 온도의 상승이 화학반응을 촉진시켜, 산화, 열분해 등에 의한 화학적 열화를 가속시켜 수명을 단축시킨다. 이와 같이 재료의 온도상승에 의한 열화를 열 열화(thermal degradation)라고 한다. 이 열화에의 대책으로는 절연재료의 내열구분에 따른 재료의 선정과 처리방법의 적정한 사용이 요구된다.

(2) 전기적 열화

전계인가에 수반되는 열화로서, 코로나 열화, 아크 열화, 트래킹 열화, 트리잉 열화 등이 있다. 이것들 중 코로나 열하는 절연체 내부의 미소한 공극(void)이나 절연체의 표면에 따른 부분 등에 전계가 집중되어 부분 방전이 생겨, 이것에 의해 열화, 침식되어 드디어 절연파괴에 이르는 현상이다. 아크 열화는 이상전압의 발생이나 차단기 등에서 발생하는 아크방전의 열 때문에 절연재료의 표면이 침식하는 현상이다. 트래킹(tracking) 열화는 절연체의 습유된 표면이 표면누설 전류의 주울열 때문에 부분적으로 건조하여 국부방전을 발생하여 도전성 탄화로가 형성되어 표면절연이 파괴되는 현상인데, 유기물의 경우에 현저하다. 그래서 수지재료에서는 첨가제를 가해 내트래킹성의 향상을 도모하고 있다. 한편, 트리잉(treeing) 열화라는 것은 비교적 두꺼운 절연체 중에 국부적으로 전계가 집중해 있는 곳이 있으면 거기서 절연체 중에 절연재료의 기화로 나뭇가지 모양의 중공침식통로가 진전되어 결국 전로관통 파괴에 도달한다.

이와 같은 열화는 그 진전 모양이 나무 모양이므로 트리잉 열화라 한다.

(3) 습기에 의한 열화 및 기계적 열화

절연체의 전기적 성질은 습도에 현저한 영향을 받지만, 특히 수분의 흡착이 쉬운 재료가 열화도 쉽게 되어 표면누설전류의 원인이 되며 절연내력이나 유전손에 영향을 준다. 이 열화의 방지에는 기밀용기에의 봉입, 방습도료의 도포나 함침, 기기, 부품에 대하여는 사용환경의 조절 또는 방호가 필요하다. 한편, 진동, 전자력, 열 이력 등에 의해 생기는 기계적 응력에 의한 열화를 총칭해서 기계적 열화라 한다. 특히, 회전 기계는 기계적 열화에 주의하여야 한다. 따라서 절연체를 사용할 경우 전기적 성질만이 아니고 기계적인 강도를 고려해야 한다.

(4) 방사선 열화

고체절연체가 고에너지의 방사선(γ선, x선, 전자선, 중성자선 등) 조사를 받으면 절연체 중의 원자, 분자는 전리되거나 여기되어 분자구조가 변화하고, 분자의 절단, 가교 또는 격자결함이 생성된다. 이 구조 변화는 절연체의 성능을 저하시킨다. 이와 같은 열화를 방사선 열화라 하는데, 역으로 이 효과를 이용하여 물리적 성질을 높이는데도 이용된다. 즉, 방사선에 의하여 가교를 형성시키는 방법이다. 가교폴리에틸렌은 폴리에틸렌에 γ선을 조사하여 만든다. γ선이 조사되면 측쇄절단에 의해 생긴 유리기가 고분자간을 연결하여 3차원 구조를 만들어 열화온도가 상승하고 내열성이 향상된다.

5-2 절연재료의 분류

현재 전기·전자기기에 사용되고 있는 절연재료의 종류는 대단히 많다. 그 분류방법에는 형태와 조성에 따른 분류방법과 내열성에 따라 분류하는 방법이 있다.

5-2-1 형태와 조성에 의한 분류

절연재료를 형태로 분류하면 기체, 액체(절연유), 반고체(절연컴파운드, 탄성체 등), 고체로 분류할 수 있고, 조성에 의한 상태에서 보면 천연물, 합성물로 나눌 수 있는데 여기에는 각각 그 재료의 성질에 따라 무기물과 유기물로 나누어진다. 절연재료를 조성에 따라 분류하면 표 5-1과 같다.

표 5-1 절연재료의 조성에 따른 분류

기체재료	천연재료	무기	공기, 질소, 아르곤, 네온
	합성재료	무기	6불화황
		유기	프레온
액체재료	천연재료	유기	식물유, 석유계유
	합성재료	유기	염소화합성유, 실리콘유, 술폰합성유, 불소화유
고체재료	천연재료	무기	운모, 석면, 석영, 대리석, 석판석, 유황
		유기	섬유질재료(면, 견, 마, 지, 포), 천연수지(호박, 코펄, 로진, 셸락), 천연고무(연질고무, 경질고무), 아스팔트, 피치, 왁스류
	합성재료	무기	유리, 자기, 에나멜
		유기	합성수지(비닐레진, 폴리스티렌, 폴리에틸렌, 폴리프로필렌, 불소레진, 폴리아미드레진, 요소레진, 멜라민레진, 에폭시레진, 실리콘레진), 합성고무(폴리부타디엔, 니트롤고무, 부틸고무, 클로로프렌고무, 실리콘고무), 섬유소유도체 및 합성섬유 등

5-2-2 내열선에 의한 분류

절연체의 수명은 온도에 의해 크게 영향을 받으므로 절연체의 종류에 따라 허용되는 최고온도가 있다. 이를 최고허용온도라 한다. 그런데 규격에서는 이 최고허용온도보다는 온도상승한도를 흔히 사용한다. 이것은 주위온도에 비하여 얼마만큼 온도가 상승하여도 좋은 가를 나타내는 것으로 우리나라에서는 주위온도의 최고치를 보통 40[℃]로 정하고 있다. 즉,

$$최고허용온도 = 40 + 온도상승한도[℃]$$

의 관계가 있다.

따라서 최고허용온도가 105[℃]가 되는 절연물은 온도상승한도를 65[℃]로 설계하면 된다. 절연재료의 내열성은 표 5-2와 같이 분류한다. 절연재료의 내열구분에 따라서 각각 기기의 최고허용온도가 한정된다.

표 5-2 내열구분에 의한 절연재료의 분류

절연 종별	최고허용 온도[℃]	절연물의 종류	용 도
Y종	90	무명, 종이, 명주 등으로 구성된 재료로서, 바니쉬를 함침하지 않고 기름을 묻히지 않는 것, 기타 요수 수지	저전압 소형 기기의 절연
A종	105	무명, 명주, 종이 등으로 구성된 것을 바니쉬로 합침하고, 또는 기름에 묻힌 것	보통의 회전기, 변압기의 절연
E종	120	에나멜선용은 폴리우레탄 수지, 페놀수지 등을 충전한 셀룰로오스 성형품, 면적용품	비교적 대용량의 기기, 코일의 절연
B종	130	운모, 석면, 유리 섬유 등을 접착제로 셸락, 아스팔트와 같이 사용한 것	고전압 발전기, 전동기의 권선의 절연
F종	155	위의 재료를 실리콘 알키드 수지와 같은 접착 재료와 같이 사용한 것	B종과 같으나, 기기의 형태가 적어진다.
H종	180	위의 재료를 실리콘 수지와 같은 접착 재료와 같이 사용한 것	위와 같으며, 이 밖에 기름을 사용하지 않은 고압용 변압기에도 사용된다.
C종	180 이상	운모, 도자기, 유리, 석영 등을 시멘트와 같이 사용한 것	특히 내열성, 내후성을 필요로 하는 부분의 절연

5-3 절연재료로서의 필요조건

5-3-1 절연재료가 구비해야 할 성질

(1) 전기적 성질

절연파괴의 세기 및 절연저항이 크고, 유전정접 및 비유전율이 작아야 한다. 또, 내코로나성, 내아크성이 좋아야 한다.

(2) 기계적 성질

고체 절연물은 절연뿐만 아니라, 도전부분을 받치기도 하고 고정하는 역할을 겸할 때가 있다. 또, 가공 또는 사용할 때 힘을 받는 경우가 많기 때문에 기계적 성질도 중요하다. 기계적 강도가 크고, 내충격성, 내마모성이 좋고, 압축, 굴곡에 강하고, 가공이 쉬워야 한다.

(3) 열적 성질

전기 · 전자기기에 전류가 흐르면 많고 적은 발열현상을 수반하므로 다음과 같은 열적 특성이 요구된다. 즉, 열전도성이 좋고, 열팽창계수가 작고, 비열이 크고, 응고점이 낮아야 한다. 일반적으로 무기질의 절연물은 내열성이 우수한 반면, 유기질의 절연물은 고온에 약하다. 그러나 최근에는 유기질과 무기질의 중간인 실리콘 같은 내열성이 우수한 수지도 출현되고 있다.

(4) 물리, 화학적 성질

고체 절연물은 습기를 흡수하면 절연저항이 현저하게 떨어지므로 흡수성이 작은 재료가 좋다. 내수, 내후성이 좋고, 물, 산, 알칼리, 기름에 녹지 않고, 난연성이며, 폭발, 독성이 없어야 한다. 또, 가열에 의해 쉽게 분해되지 않고, 공기 중에서 산화되기 어렵고, 내약품성이 클 것 등이 요구된다.

5-4 고체 절연재료

고체 절연재료는 액체나 기체 절연재료보다 절연성이 우수한 편이다. 고체 절연재료는 무기재료와 유기재료로 대별된다. 무기질, 유기질 재료는 각각 천연재료와 인조재료로 분류된다. 무기질과 유기질의 차이점을 들어보면 무기질은 결정성인 것이 많고, 온도가 300[℃] 이상의 내열성을 가지며 화학적으로 안정하나 단단하여 가공이 곤란하고 비착색성인 점도 있다. 이에 반해서 유기질은 비결정성이며 탄소분자의 연쇄결합으로 형성되어 있고 온도가 100[℃]를 초과하면 분해되어 탄소가 석출되며 가공이 쉽고 착색성이 좋은 성질을 가진다.

5-4-1 천연 무기 절연재료

(1) 운모

운모(mica)는 무기질 절연재료의 대표적인 것으로, 외관은 투명 또는 반투명인 결정체다. 오래 전부터 절연재, 내열재, 유전체로서 사용되었으며 그 특징은 다음과 같다.

① 얇게 벗겨지고, 비교적 유연성이 있다.

② 열에 강하다.

③ 내아크성, 내코로나성이 우수하다.

④ 절연성 및 비유전율이 크다.

⑤ 유전손이 작다(백운모의 경우).

⑥ 화학적으로 안정하다.

운모는 통상, 천연운모와 합성운모 및 이것들을 가공한 운모제품으로 구분된다. 절연재료로 사용되는 천연운모에는 백운모와 금운모의 두 종류가 있다. 백운모는 4~6[%]의 결정수를 포함하고 있으며, 금운모에 비하여 경질이며 내약품성이 강하다. 그러나 이 운모는 내열성은 그다지 좋지 않고, 최고 사용온도는 550[℃] 정도로 금운모에 비해 뒤 떨어진다. 백운모는 전기적 성질이 우수하므로 고전압용 절연물 및 양질의 콘덴서용 절연물로 사용되고 있다.

금운모는 3[%] 이하의 결정수를 함유하며 연속사용온도는 800[℃] 정도이다. 절연은 백운모보다 못하다. 금운모는 백운모에 비해 연하고 가요성도 있고 더구나 내열성이 우수하므로 연질운모 또는 내열운모라고도 한다. 따라서 그 용도는 전열기, 전기인두, 전기로 등의 절연에 사용되고 있다. 한편, 천연운모는 결정수를 함유하기 때문에 고온 가열로 결정수를 잃게 되면 사용할 수 없게 되므로 이 결점을 보완하기 위하여 금운모의 수산기(OH)를 불소로 치환하여 $KMg_3AlSi_3O_{10}F_2$로 한 것을 합성운모라고 한다. 내열성이 우수하고 최고사용온도는 1,100[℃]로서, 다른 운모에 비하여 높은 편이다. 결정구조는 천연 금운모와 똑같으므로 외관, 벽개성, 기타 성질은 같은 정도이다. 천연운모는 800[℃]를 넘으면 수산기를 물로서 방출하기 때문에 결정이 부서지지만, 합성운모는 불소의 화학적 결합력이 강해서 1,100[℃]쯤에서 겨우 분해하기 시작한다. 또 경도도 약간 크고 펀칭 가공성은 양호하다. 따라서 약간 비싸지만 마이카렉스(micalex) 등의 원료로서도 실용되고 있다. 운모제품으로는 마이카나이트(micanite), 마이카렉스 등이 있다. 마이카나이트는 적당한 내열형 접착제를 써서 작은 운모편을 서로 붙인 것으로 C종 절연물로서 전기다리미, 정류자편의 절연에 사용된다. 운모편을 종이나 포에 바른 마이키지 및 마이카포는 B종 절연으로서, 회전기의 코일 및 슬롯의 절연에 사용된다. 마이카렉스는 운모의 분말에 붕산납(PbH_3BO_3)과 같은 낮은 융점의 유리의 분말을 2 : 1로 혼합하여 약 700[℃]로 가압, 성형한 것으로 외관이 도자기와 같이 단단한 절연물로 내열성, 절연성이 우수하고, 유전손이 적고, 기계가공도 가능하며 고주파 절연, 내열용 절연, 전차용 전동기의 브러시 받침대로 사용되고 있다. 표 5-3은 대표적인 운모의 특성을 비교한 것이다.

표 5-3 운모의 특성

	백운모	금운모	합성운모
비중	2.7~3.1	2.6~3.0	2.85
사용온도 [℃]	550	800	1,100
비체적저항률 [Ω · cm]	10^{14}~10^{17}	10^{13}~10^{16}	10^{15}
비유전율	6~8	5~7	6
절연파괴강도 [kV/mm]	90~120	80~100	
유전정접 [1MHz]	0.0002	0.0065	0.0008

(2) 석면

석면(asbestos)은 천연의 무기재료 중에서 유일한 섬유상광물로 목면과 같이 방적이 가능하다. 즉 석면은 1[μ] 이하의 굵기인 섬유로 되어 있는 것으로 유연하고, 불연성, 내열성, 내아크성이 우수하지만 800[℃] 정도에서 결정수를 방출해서 부서지기 쉬워지고 1,500[℃]쯤에서 녹는 성질을 가진다. 석면에는 여러 가지 종류가 있으나 전기절연재료로 쓰이는 것은 온석면(crysotile)과 청석면(crocidolite)의 두 종류가 있다. 온석면은 섬유가 비교적 길고, 유연하며, 내열성이 뛰어나고 화학적으로 안정하여 각종 전기재료로 많이 쓰인다. 그러나 600[℃]에서 결정수를 잃고 부스러지기도 하나, 융점은 1,200~1,600[℃]가 된다. 청석면은 융점이 1,200[℃] 전후이고, 섬유가 굳고 짙은 청색으로 광택이 적고, 화학적으로 약하며 내열성도 온석면보다 낮고 600[℃] 전후에서 결정수를 잃고 부스러진다.

석면은 흡습성이 있기 때문에 흡수하게 되면 절연내력이 저하한다. 또 철의 화합물을 불순물로 함유한 것은 전기적 성질은 좋지 않으나, 2[%]의 초산용액에 적셔 물로 씻어 그 성질을 개선할 수 있다. 석면을 이용한 석면 제품으로는 석면지, 석면사, 석면판 및 형조품이 있다. 석면지는 석면섬유에 10[%] 정도의 목면섬유 또는 목재 펄프를 혼합하여 종이 모양으로 만든 것으로 절연내력은 3~3.6[KV/mm]이다. 내열성이 좋으므로 코일의 절연, 발전기의 권선테이프로 사용한다. 석면사는 장섬유의 석면에 10[%] 정도의 목면섬유를 섞어서 실로 만든 것으로, 내열성 전선, 전열용 코드의 피복에 사용된다. 석면판은 석면지나 석면섬유를 물 유리(water glass)와 같은 무기접착제로 붙인 후 가압하여 만든 판으로 내열, 내아크차단을 요하는 곳이나 배전반 재료로 사용된다. 석면형조품은 석면과 석회 또는 시멘트를 물과 혼합하여 압축, 성형, 가공한 것으로 내아크성과 소호성이 우수하므로 기중차단기, 고속도차단기 등의 소호 장치에 사용된다. 이상에서 설명한 것 외에 천연의 무기질 절연재료로는 대리석, 수정, 황 등이 있다. 예를 들면 대리석은 종전에는 대형의 것을 얻을 수 있으므로 배전반이나 개폐기대 등에 사용되었지만 흡습성이나 산에 침식되기 쉽고 절연 내력도 낮아서 점차 그 이용은 합성수지 등으로 대체되어 가고 있다. 한편 수정은 석영(SiO_2)의 단결정으로 결정축과 결정면을 가진 우수한 절연물이지만 소형으로 가공하기가 곤란하고 더구나 고가이므로 고급의 측정기용 절연물이나 고주파 절연물로서 사용된다. 또는 압전기 특성이 좋으므로 고주파의 진동자, 공진자용으로 압전기발진기 등에 이용된다. 또 황은 절연성이 좋으나 부스러지기 쉽고, 가소성이 없으며, 쉽게 녹는 재료이다. 그러므로, 가열하면 용융하고 냉각하면 고착하는 성질을 이용하여 소형 애자의 철물과 자기를 접촉하는데 이용된다.

5-4-2 합성 무기 절연재료

합성 무기 절연재료의 대표적인 것에는 유리와 도자기(세라믹)가 있다. 이것들은 절연체, 유전체 또는 내열 재료로서 중요하지만 최근에는 IC용 기판, 센서, 광섬유로 사용되는 등 다양화 하고 있다. 이들은 내열성, 기계적 강도, 절연이 우수하지만 부스러지는 성질로 탄성이 부족하고 기계적 가공이 어렵다.

(1) 유리

유리는 무수규산(SiO_2)을 주성분으로 하는 비정질 물질로 그 성질은 무수규산에 첨가되는 부성분에 의하여 결정된다. 무수규산은 융점이 매우 높기 때문에 알칼리 금속 또는 알칼리 토류금속의 산화물을 혼합하여 용융점을 낮게 한 유리가 사용된다. 알칼리를 다량 함유하면 용융점이 낮아져서 가공은 쉽지만, 알칼리 이온의 이온전도에 의하여 전기 절연성은 저하된다. 유리는 주성분인 무수규산에 가하는 부성분에 따라서 소다석회유리, 납유리, 붕규산유리, 석영유리 등으로 나누어지지만, 성질은 성분에 따라서 대단히 달라서 각각 특성에 맞는 사용방법이 있다.

유리의 일반적 성질을 들어보면 다음과 같다.

ⓐ 유전율이 크다.
ⓑ 무색투명하다.
ⓒ 열팽창계수가 작다.
ⓓ 가공이 쉽다.
ⓔ 일반적으로 전기절연성이 우수하다.

① 소다석회 유리

연질유리라고도 하며, SiO_2에 Na_2O, CaO, K_2O를 많이 함유한 유리로 전기·전자용 절연재료로는 적당하지 않으나 연화온도가 낮고 가공이 용이하므로 전기용으로는 진공관, 전구용 유리로 사용된다.

② 납유리

소다석회유리의 알칼리 성분을 적게 하는 대신에 PbO를 첨가한 유리로 연화온도가 낮고, 가공성이 우수하며, 알칼리 성분의 감소로 인해 비교적 전기 절연성도 좋다. 비유전율이 커서 유리콘덴서의 유전체로 이용되고, 소형진공관용 유리, 광학용 유리 등으로 사용된다. 일명 플린트 유리(flint glass)라고도 한다.

③ 붕규산유리

부성분으로 알칼리 성분을 되도록 적게 하여 무수붕산(B_2O_3)을 첨가한 것으로 연화온도가 높고, 가공이 곤란하나 경질유리로 전기적 성질 특히 고주파 특성이 우수하고, 절연내력이 크며, 다른 유리에 비하여 비교적 비유전율이 작고 열팽창계수가 작아 급랭, 급열에 견디고, 화학적으로 안정하며, 기계적 강도가 크다. 비교적 가격이 비싸서 고주파용 애자, 진공관 재료나 전자기기용 절연물로 사용된다. 파이렉스(pyrex) 유리는 이것의 상품명이다.

④ 석영유리

석영(규석)의 분말을 1,800[℃]로 가열, 용융하여 무정형 물질로 한 것으로 알칼리분을 전연 포함하지 않으므로 전기적 성질이 제일 우수한 것이지만 가공하기 어려운 것이 결점이다. 또 열팽창계수가 작아 급랭, 급열에도 잘 견디며 유전손이 작고 화학적으로도 안정하다. 그러나 이 유리는 연화온도가 높고 가격도 비싸다. 용도는 고주파 절연물, 열전대의 보호관, 이화학용 기재, 수은등관, 진공관 재료에 사용된다. 이 밖에 열팽창계수가 대단히 작은 것을 이용해서 열팽창계수의 표준으로 사용되거나 열천칭에도 사용된다.

표 5-4에 각종 유리의 특성을 나타내었다.

표 5-4 각종 유리의 특성

재료	비중	연화점 [℃]	비유전율 (1MHz, 25℃)	$\tan\delta$ (1MHz, 25℃)	체적저항률 [Ω · cm] (250℃)	절연파괴강도 [KV/mm]
소오다석회유리	2.47	696	6.9	0.01	2.5×10^6	5~20
납유리(전기용)	2.85	626	6.6	0.0016	7.9×10^8	5~20
붕규산유리(Zn입)	2.57	728	6.6	0.0047	2×10^8	20~35
	2.23	820	4.6	0.0062	1.3×10^8	
석영유리	2.20	1,580	3.9	0.00002	6.3×10^{11}	25~40

⑤ 유리 섬유

전기절연성을 좋게 하기 위하여 무알칼리유리를 도가니에서 용융하여 지름 5~10 [μ] 정도의 가는 섬유를 뽑아 이것을 다시 실로 꼬은 것으로 유리의 특징과 섬유의 특징을 고루 갖춘 재료이다. 장섬유는 그림 5-6처럼 유출되는 용융유리를 고속회전하는 원통에 감는 방법을 쓰며, 단섬유는 방사구에서 흘러나오는 용융유리를 압축공기로 불어 날려서 만들거나 고속도로 회전하는 원판 위에 떨어뜨려 비산시켜서 만든다. 유리섬유는 식물성 섬유에 비해 불연성, 내열성이 크고, 내약품성이 우수하며, 기계적으로 강하고, 전기절연이 양호하고, 비흡습성이 양호한 장점이 있으나, 신장도가 작으며 특히 굴곡이 약하여 부서지기 쉽고, 마찰에도 약하고, 집속하면 흡습성을 갖는 것

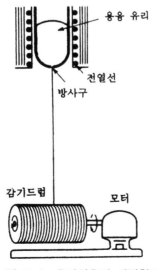

그림 5-6 유리섬유의 제법원리

이 단점이다. 용도는 섬유의 굵기에 따라 다르나 장섬유는 실, 천 또는 테이프로 만들어 내열전선의 피복이나 전자기기의 내열 절연물로 사용되고, 단섬유는 전지의 격리재, 건축 등에 쓰인다. 유리실로 방적한 유리천은 내열절연 목적에 쓰이며, 폴리에스테르 수지에 의하여 유리섬유를 보강한 강화플라스틱(fiber reinforced plastics, FRP)은 가볍고, 높은 기계적 강도를 가지므로 일반적인 구조재료에 쓰이는 외에 레이저용 스키, 양궁, 보트 등에 사용된다. 전기적 용도로는 B종 이상의 기기절연, 특히 실리콘 수지로 처리한 것은 H종 절연재료로, 교류발전기의 권선, 전철용 전동기의 권선에 쓰인다.

(2) 자기

도자기는 도기와 자기를 합한 것으로, 전기절연물로서는 자기(porcelain)가 중요하다. 자기는 유리와 시멘트 같이 굽든가 녹여서 구워 만드는 요업품의 일종이다. 또한 자기는 일명 세라믹(ceramic)이라고도 하지만, 세라믹은 자기보다 더 다양한 원료를 선정하여 만들며, 종래의 자기에서는 얻을 수 없었던 전기적, 기계적 또는 열적으로 우수한 성질을 가진 각종 신제품의 호칭으로 쓰인다. 자기는 그 조성이나 제조조건에 따라 특성이 다르지만 일반적으로 다음과 같은 특징을 가지고 있다.

ⓐ 절연내력이 크다.

ⓑ 고주파 손실이 작고, 유전율이 크다.

ⓒ 금속과의 접착성이 좋다.

ⓓ 열팽창계수가 작다.

ⓔ 기계적, 화학적으로 강하다.

ⓕ 내열성이 좋다.

표 5-5는 여러 가지 자기의 성질을 나타낸 것이다.

① 장석자기

보통자기라고도 하며, 가정의 식기, 장식품 등에 사용되는 것으로서 장석($K_2O \cdot$

표 5-5 자기의 특성

특성\\종류	열전도율 ($\times 10^{-3}$) [cal/cm · s · deg]	선팽창률 ($\times 10^{-6}$) [/deg]	최고 사용온도 [℃]	체적 저항률 ρ_v [Ω · cm] 20℃	500℃	비유전율 ϵ_s [1MHz]	유전정접 $\tan \delta$ ($\times 10^{-4}$) [1MHz]	절연파괴의 강도 [KV/mm] (50Hz)
장석자기	2~6	5~7	1,000	10^{12}	10^3	5.8	80~200	30~35
스테아타이트	5~8	6~10	1,000	10^{12}	10^6	6.3	3~30	30~40
포스테라이트	4~10	10.6	1,000	10^{12}	10^8	6.5	4~10	30
알루미나 자기	40~70	5~8	1,600	10^{12}	10^{10}	5.0	3~20	15
스피넬 자기	36	7.6	1,100	10^{12}	10^{11}	8.0	10	10
베릴리아 자기	100~500	8.4	1,600	10^{12}	10^{10}	6.0	10	10
산화티탄 자기	8~10	6~8	1,000	10^{12}	-	40~120	3~20	10~20

$Al_2O_3 \cdot 6SiO_2$), 규석(SiO_2), 점토($Al_2O_3 \cdot 2SiO_2 \cdot 2H_2O$)를 1 : 1 : 2의 비율로 조합해서 건식 또는 습식 성형을 하고, 건조 후 1,350[℃] 정도의 노 중에서 소성한 것이다.

일반적으로 가격이 저렴하고, 내열성, 내습성, 기계적 강도가 크고, 상당한 전기절연성을 가져 송배전용 및 옥내배선용 고압 · 저압 애자, 애관, 부싱 등 전력용 기기에 널리 사용된다. 그러나 가공성이 좋지 못하며 치수정도가 낮고, 고주파 또는 고온 절연에 적합하지 못하다는 결점을 갖고 있다.

② 스테아 타이트 자기

이 자기는 주원료인 활석($3MgO \cdot 4SiO_2 \cdot H_2O$)을 분말로 하고, 여기에 알칼리 토금속의 산화물을 소량 첨가해서 압축 성형하여 1,400[℃] 정도의 노 중에서 소성한 것이다. 치수의 정확도가 높고 기계적 강도가 크며, 알칼리 성분이 적으므로 전기적 성질도 우수하다. 특히 유전체 손이 지극히 적은 점이 특징이며, 고주파용 절연재료, 코일용 보빈, 안테나애자, 진공관에서의 지지물 및 기타 각종의 통신용 부품에 사용한다.

③ 포스테라이트

포스테라이트(forsterite) 자기는 스테아타이트(steatite)에 비해 활석에 더하는 MgO의 양을 늘려서 $2MgO \cdot SiO_2$에 상당하는 조성으로 한 것으로 스테아타이트보다 우수한 고주파 특성을 나타내어 마이크로파 영역에서의 유전손이 작고 또 고온에서 절연저항이 크다는 특징이 있다. 그러나 열팽창계수가 커서 열 충격에 약하다는 결점이 있다. 용도는 콘덴서의 유전체, 세라믹 진공관, 마이크로파 영역용 절연물로 사용된다.

④ 알루미나 자기

알루미나(Al_2O_3)를 주성분으로 하여 1,800[℃]의 고온에서 소성한 것으로서 코란덤(Corundum) 자기라고도 한다. 우수한 절연성을 갖고 내열성이 풍부하므로 대형 진공관의 관내히터 지지물과 같은 내열 절연용 및 점화 전용애자로 사용된다.

⑤ 스피넬 자기

$MO \cdot R_2O_3$(M은 2가, R은 3가의 금속)의 분자구조를 갖는 결정을 스피넬(spinel)이라고 하며, 그 중 마그네시아 스피넬($MgO \cdot Cr_2O_3$, $MgO \cdot Al_2O_3$)은 알칼리성분을 포함하지 않고, 열팽창계수가 작고, 경도가 크다. 또, 열전도율이 크고 고온 절연성이 좋으므로 고급 내열성 자기이다.

⑥ 베릴리아 자기

베릴리아(B_2O)를 주성분으로 하는 자기인데, 우수한 전기절연성과 함께 열전도성이 크고 균일한 열팽창성 때문에 열충격에 대해서도 강하다는 특성이 있다. 이런 장점 등을 이용하여 고주파 전기로의 내화물, 원자로 재료, 우주 개발용, 마이크로 모듈의 기판 등으로 사용된다.

⑦ 산화티탄 자기

고유전율 자기로 사철 등에 함유되어 있는 산화티탄(TiO_2)을 정제하여 만든 이 산화티탄(TiO_2), 또는 금홍석의 분말을 적당한 결합제를 섞어 1,400~1,450[℃]로 원판, 원통 모양으로 소성한 것이다. 이 산화티탄 자기로 만든 콘덴서는 정전용량에 비하여 극히 소형으로 할 수 있으며 티타콘(titacon)이라 한다. 이것은 비유전율이 80 정도이며, 고주파 영역에서는 유전정접이 작으나 저주파에서는 크기 때문에 주로 고주파용 콘덴서만 쓰인다. 용도는 고주파용 콘덴서의 유전체로 사용되나 유전율의 온도계수가 음(−)이므로, 공진회로의 공진주파수의 온도보상용으로도 이용된다. 유전율의 온도계수가 음인 산화티탄 지기에 유전율의 온도계수가 양인 MgO, SiO₂, Al₂O₃ 등을 첨가하여 온도에 의한 유전율의 변화를 개선할 수 있다. 산화티탄 자기에 MgO를 가한 $TiO_2 \cdot MgO$의 화학 조성을 갖는 티탄산 마그네슘 자기가 이에 해당한다. 용도는 정전용량의 온도변화가 문제로 되는 콘덴서의 유전체로 사용된다. 한편 티탄산 바륨 자기는 TiO_2에 $BaCO_3$을 등비로 배합하여 1,300~1,400[℃]에서 소성시켜 얻어지는 $BaTiO_3$의 결정질이어서 상온 부근에서도 비유전율이 1,500~2,000 정도로 대단히 크므로 자기 콘덴서로서 널리 이용되고 있으나, 그 온도변화가 너무 크고, 유전정접이 비교적 크기 때문에 바이패스 콘덴서, 기타 특수 용도에 한해서 사용한다. 또 티탄산 바륨 자기는

전계를 가하여 분극 시킴으로써 압전체가 된다. 압전 효과가 크기 때문에 초음파용 진동자, 기타 전기음향변환 소자로 널리 사용된다. 그림 5-7은 티탄산 바륨 자기의 특성을 나타낸 것이다.

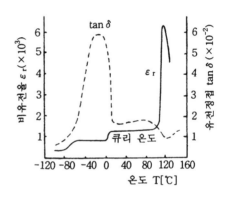

그림 5-7 티탄산 바륨 자기의 비유전율과 유전정접의 온도 특성

5-4-3 천연 유기 절연재료

(1) 목면

목화에서 얻어지는 섬유로 산에 비교적 약하나 알칼리에 강하고 흡습성이 강하다. 가열하면 100[℃]까지는 흡습한 수분을 방출하게 되고, 이 이상의 온도에서는 부스러지므로 Y종 절연물질로서 사용된다. 이것은 주로 전선류의 피복에 쓰인다.

(2) 생사

생사(silk)는 누에고치에서 얻어지는 동물성 섬유로 전기절연성이 좋고, 산에 강하나 알칼리에는 약하다. 또 이것은 흡습성이 상당히 크고 자외선으로 인한 열화가 비교적

크다. 그러나 전기적 특성은 천연섬유 중에서 가장 우수하다.

명주실은 견사라고도 하며, 도선에 입혀 명주권선을 만들고 명주에 바니쉬를 함침하여 바니쉬 실크, 바니쉬 실크 테이프를 만든다. 명주권선은 무명권선에 비하여 점적률(space factor)이 좋으므로 마그넷와이어로 사용된다.

(3) 마

전기재료에 쓰이는 마에는 아마, 마닐라마, 황마(jute) 등이 있다. 아마는 70~80[%]의 섬유를 함유하여 내수성, 내식성이 있고 인장강도가 큰 것으로 실로서 절연층을 묶는데 쓰인다. 마닐라마는 내구성, 내수성이 풍부하여 절연지의 원료로 쓰인다. 황마는 표면이 거칠고 딱딱하지만 인장강도가 크고 마닐라마보다 가격이 싸다. 주로 케이블을 보호하는 외장에 쓰인다.

(4) 절연지

절연지로 사용되는 종이의 원료에는 화학펄프 중에서 설페이트 펄프(크래프트 펄프)가 가장 많이 사용된다. 종이는 보통 상태에서 약 10[%]의 수분을 함유하고 있다. 그러므로 도체를 절연한 후 건조하거나 또는 절연 혼합물을 침투시켜 사용한다. 절연지는 사용 용도에 따라 크래프트지 콘덴서 유전체로 쓰는 콘덴서지, 통신, 전력 케이블의 절연물에 쓰이는 케이블 절연지, 기기 코일의 절연물에 쓰이는 코일 절연지 등으로 이용된다.

① 크래프트지

황화펄프를 원료로 한 두께 0.05~0.5[mm] 정도의 종이로, 강인하며 다른 것에 비하여 내열성이 크고 절연성이 좋으므로 코일절연지, 고압유입 콘덴서, 유입변압기 부싱 등 기름 속에서의 절연물로 쓰인다.

② 콘덴서지

원료로서는 아마가 가장 좋고, 이외에 목면, 크래프트 펄프 등을 사용하며, 아주 엷고 두께의 강도가 커야 할 뿐만 아니라 핀홀(Pin hall)이 없어야 하고 적당한 유연성을 가져야 한다.

③ 통신, 전력 케이블용 절연지

통신케이블용 절연지는 크래프트지가 주로 사용되나 밀도가 높지 않고 인장강도가 큰 것이 요구된다. 한편 전력 케이블용 절연지는 양질의 크래프트 펄프를 원료로 한 절연지가 이용되며, 절연유 및 불활성가스와 함께 사용한다. 종이의 밀도가 클수록 전기절연성이나 기계적 강도는 향상되지만 반면에 유전율도 상승하므로 초고압 케이블용으로는 저밀도지, 탈이온수세지 등이 개발되어 있다.

④ 코일 절연지

전기기기의 코일 절연에 사용되는 것으로 종이의 재료에는 마닐라마를 원료로 한 마닐라지나 크래프트 펄프를 원료로 한 크래프트지가 사용된다.

⑤ 파이버

파이버(fiber)는 가황파이버 또는 하드(hard)파이버의 약칭이며 질이 좋은 목면 섬유를 주원료로 한 종이를 염화아연 용액으로 처리하고, 이것을 적당한 두께로 겹쳐서 압력을 가하여 교착시켜 세척, 건조시킨 것이다. 기계적으로 강하고 가공하기가 용이하며 염가이므로 많이 쓰인다. 그러나 흡습성이 있으므로 대기 중에서 고전압용으로는 적당하지 않으니 기름 중에서 사용하면 절연저항이 크고 유전정접도 작게 된다. 용도는 회전기의 쐐기, 절연와셔, 소호작용이 있으므로 퓨즈 보호통, 차단기 등에 쓰인다.

⑥ 라미네이트지

플라스틱 필름의 한 면 또는 양면을 크래프트지로 낀 구조의 종이를 가공지 또는 라미네이트(laminate)지라고 하는데 종이의 우수한 유함침성과 수지필름의 내전압성을 이용한 것이다. 이 종이는 크래프트지에 비해 절연파괴의 세기가 크고 유전정접, 유전율이 작다는 특징이 있다.

5-4-4 천연수지 절연재료

천연수지에는 생수목에서 채취한 것과 수지가 화석화된 것이 있다. 이것은 절연재료, 함침제, 접착제의 원료로 사용되나 합성수지가 생산되어 용도가 적어졌다.

(1) 로진

송백과의 수지로부터 테레핀유를 제거시킨 것으로 알코올, 에테르, 아세톤과 같은 용제에 녹는다. 전기절연물로서 좋은 성질을 구비하고 있으나 기계적 성질이 좋지 않아 단독으로는 쓰이지 못하며 바니쉬, 컴파운드, 도료의 원료로 쓰인다. 또 광유와 혼합하여 솔리드 케이블의 함침재료로 사용된다.

(2) 코펄

코펄(copal)은 열대성 식물에서 분비되는 수지로 생수지에서 채취되는 생코펄이 있고, 수지가 지하에 묻혀 화석상으로 된 화석 코펄이 있다. 생코펄은 용해하기 쉬우므로 주정 바니쉬 원료로 쓰이고, 화석 코펄은 녹기 어려우므로 유성 바니쉬, 컴파운드 원료로 쓰여진다.

(3) 담말

담말(dammar)은 열대식물에서 채취한 수지로 용제에 잘 용해되므로 주정 바니쉬의 원료로 사용되며, 그 피막은 접착력이 풍부하므로 접착용 바니쉬의 원료로 사용된다.

(4) 호박

호박(amber)은 나자식물의 수지가 화석으로 된 것으로 절연저항이 크고 습도가 높아도 절연성을 잘 유지한다. 아세톤에 넣어 가열, 가압 성형한 것을 앰블로이드(ambloid)라 한다. 이것은 정밀측정기, 정전 측정의 단자절연에 이용된다.

(5) 셀락

이것은 락(lac)벌레의 분비물에서 정제한 것으로 천연수지 중에서 유일한 열경화성

수지이다. 알코올이나 아세톤 등에 잘 녹고 접착력이 크므로, 절연용 바니쉬 또는 운모를 접착시켜 운모판을 만드는데 이용된다. 절연저항은 $10^{15}[\Omega \cdot cm]$, 비유전율 2.8~3.8, 절연내력 16~23[KV/mm]로 절연저항이 높은 것이 특징이다. 또 가격이 싸고 취급이 용이하다.

5-4-5 합성수지 절연재료

합성수지(synthetic resin)는 수지 모양을 한 유기합성 고분자 화합물을 의미하는 것으로 플라스틱(Plastic)이라고도 하며, 절연재료뿐만 아니라 일반 공업재료로서 널리 쓰인다. 합성수지는 그 구성 분자의 종류 및 중합(polymerization) 또는 축합(condensation)이라는 반응을 사용한 고분자화의 방법에 의해 그 성질은 상당히 달라지므로 그 종류는 대단히 많다. 합성수지의 종류는 대단히 많으나 실용되는 것의 대부분은 탄화수소가 기본이 되어 있다. 기본이 되는 분자를 단량체(monomer)라 하고 단량체가 서로 결합하여 거대한 분자를 구성하는 현상을 중합이라 한다. 단량체는 일반적으로 불포화결합을 갖는 화합물로 기체 또는 기화하기 쉬운 액체인 경우가 많다. 이것이 열, 빛, 촉매 등에 의해 활성화 되면 그 불포화결합이 열려서 연쇄반응이 일어나 점차 분자량이 증가하여 중합체(polymer)가 된다. 이 변화에는 다른 물질의 소비, 생성도 따르지 않는다. 이러한 중합반응의 한 예를 나타낸 것이 그림 5-8이다.

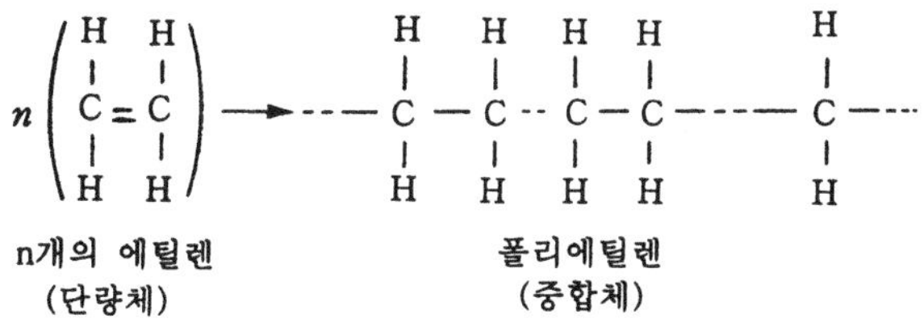

그림 5-8 폴리에틸렌의 중합반응

한편, 단량체가 화학적으로 결합할 때 물, 암모니아 등 다른 물질을 방출하는 반응을 축합이라 한다. 또 1차적으로 혼합물이 다시 중합하여 거대한 분자를 만드는 반응을 축중합(condensation polymerization)이라 한다. 이러한 축중합 반응의 한 예를 나

낸낸 것이 그림 5 9이다.

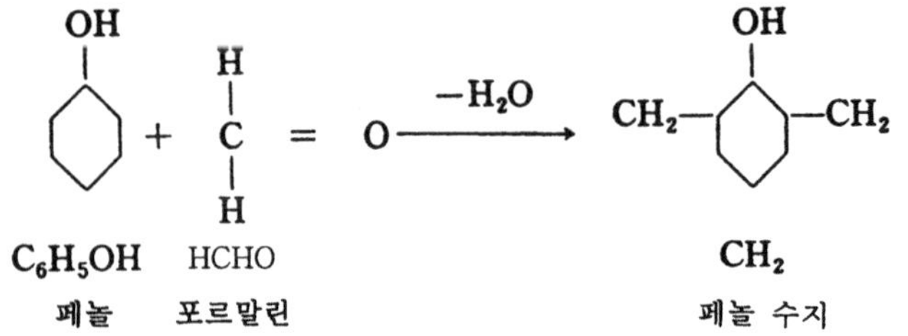

그림 5-9 페놀 수지의 축중합 반응

합성수지의 분류 방법으로는 수지의 성분에 따른 분류, 화학 구조에 따른 분류 또는 합성법에 따른 분류 등이 있지만, 열변형에 따른 성질의 변화로 분류하면 열경화성 수지와 열가소성 수지로 대별된다.

(1) 열경화성 수지

열경화성 수지(thermosetting resin)는 망목상 고분자 물질로서 가열하기 시작하면 가소성(plasticity)을 나타내지만 가열을 계속하면 점점 굳어지고, 다음에는 전과 같은 정도의 열을 가해도 다시 변화되지 않는 성질의 수지로, 페놀 수지, 에폭시 수지 등이 이 부류에 속한다. 이 수지는 기계적으로 강하고, 열적으로 우수하고, 화학적으로 안정한 수지로서, 성형품(molded compound) 및 적층품(laminated material) 등에 사용된다. 이는 축중합에 의해 만들어지는 것이 많다.

① 페놀 수지

페놀 수지(phenol resin)는 석탄산(C_6H_5OH) 또는 크레졸($CH_3 \cdot C_6H_4 \cdot OH$)과 같은 페놀류와 포름알데히드($H \cdot CHO$)와 같은 알데히드류의 축중합에 의해 얻어지는 것으로, 석탄산 수지 또는 베이클라이트(bakelite)라고도 한다. 합성수지 중에서는 가장 역사가 오래되고, 절연재료로서의 용도도 넓다. 중합반응시, 반응촉진제로 산을 사용하면 쇄상고분자로 열가소성의 노볼락(novolac)형 수지가 되고 알칼리를 사용하면 열경화성의 레졸(resol)형 수지가 된다. 노볼락형 수지는 융점 80~90[℃]의 황갈색인 고체로 부서지기 쉽지만, 알코올, 아세톤 등에 잘 녹기 때문에 마무리용 또는 접착용 바니쉬에 사용된다. 이 수지를 변생시킨 유용성 수지는 유성 바니쉬의 원료로 사용된다.

레졸형 수지(베이클라이트 A)는 상온에서 노란색의 고체인데, 알코올, 아세톤, 초산 아밀 등에 잘 녹으므로 베이클라이트, 바니쉬를 만들어 형조품, 적층품용 재료로 쓴다. 레졸형 수지를 120[℃]로 가열, 가공하면 레지톨(베이클라이트 B)의 상태를 지나 레지트(베이클라이트 C)의 강한 피막이 된다. 레지트는 투명하고 굳으며 내수성, 내산성이 크고 용제에 전혀 녹지 않으나 알칼리에는 서서히 녹는다. 그러나 비교적 탄성이 부족하다. 그림 5-10은 페놀 수지의 화학 구조를 나타낸 것이다.

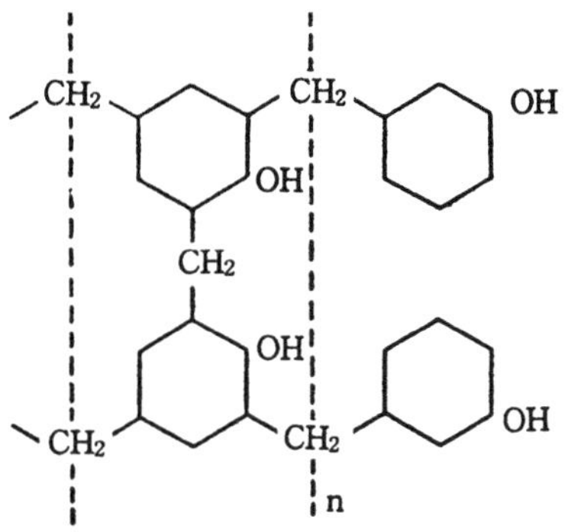

그림 5-10 페놀 수지의 화학 구조

페놀 수지는 일반적으로 도료, 형조품, 적층품 등에 사용되는데 도료는 중간 축합물을 알코올 기타 용제로 녹인 것으로, 페놀 수지 바니쉬로 사용된다. 형조품은 중간 축합물을 주형에 흘려 넣어, 그대로 축합을 진행한 것과 목재, 석면, 운모 등을 혼합해서 가열 압축 성형한 것이 있다. 또 적층품은 페놀 수지 바니쉬를 종이, 천, 유리포 등에 도포하고 이것을 겹쳐서 가열 압축한 것이다. 페놀 수지의 적층판이나 성형품은 기계적 강도가 크고 화학적으로 안정하며 내열성도 우수하다. 그러나 수산기를 가지고 있으므로 흡습시 전기적 성질이 저하된다는 점, 내트래킹성, 내아크성이 뒤진다는 점, 착색이 힘들다는 점 등의 결점을 갖고 있다. 그러나 기계적으로 강하고 화학적으로 안정되며 대량생산에 적당하므로, 고전압이 아닌 보통 정도의 전기기기의 절연에 널리 쓰인다.

② 에폭시 수지

에폭시 수지(epoxy resin)는 그림 5-11에서와 같이 석유화학공업에서 유도되는 에피클로르히드린과 비스페놀을 알칼리 촉매 하에서 축합시킴으로써 얻을 수 있다.

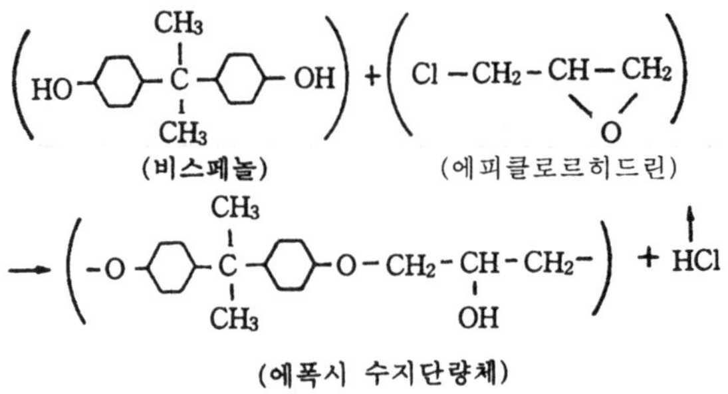

그림 5-11 에폭시 수지의 합성

이 수지는 용제를 필요로 하지 않고 경화시의 용적수축이 작으므로 치수 정도가 좋고 접착성이 우수한 주형수지로서 적층용, 주형 함침용 등으로 널리 사용되고 있다. 또 전기절연성, 내열성, 내약품성도 좋으며 기계적 강도도 우수하여 다방면으로 실용되고 있는 만능수지이다. 전기용으로서의 접착제의 이용은 부품의 밀봉, 스피커의 조립, 프린트 배선판의 동박과 적층판의 접착 등 대단히 많다.

③ 요소 수지

요소($NH_2 \cdot CO \cdot NH_2$)와 포르말린($H \cdot CHO$)과의 축합반응에 의하여 얻어지는 것으로 유리모양의 무색 투명한 수지이다. 내수성이 나쁘고 전기적 성질, 기계적 성질이 베이클라이트보다 못하지만 아크에 의해 트래킹이 일어나지 않으므로 소호성 재료로서 사용된다. 또 착색이 자유로워서 아름다운 외관을 갖는 것을 만들 수 있으므로 배선기구나 조명기구에 사용된다. 또 접착력도 강하여 접착제로서도 사용된다.

④ 멜라민 수지

이 수지는 멜라민($C_3H_6N_6$)과 포르말린($H \cdot CHO$)과의 축합반응으로 만들어지는 것으로 요소 수지에 비하여 내열성, 기계적 강도, 내화학 약품성이 우수하다.

그 구조는 그림 5-12와 같다.

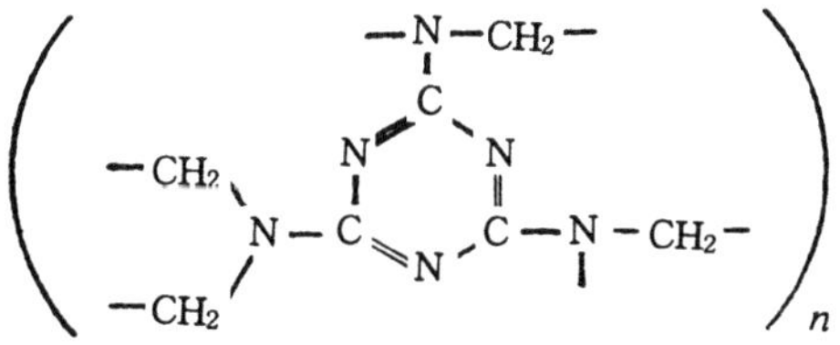

그림 5-12 멜라민 수지의 합성

전기적 성질로는 특히 내아크성이 우수하므로 차단기에서 아크 차폐재료로 이용되며, 내수, 내후, 내약품성이 좋은 점을 이용하여 냉장고, 세탁기, 기타 가전제품의 외장재료로도 사용된다. 또 종이 또는 천에 함침시켜 이것을 다시 수지판과 적층한 적층판도 여러 가지 용도에 사용된다.

⑤ 알키드 수지

다가 알코올(글리세린 등)과 다염기산(무수프탈산)의 축합반응으로 생기는 수지를 알키드(Alkyd) 수지라 하고 폴리에스테르 수지에 속한다. 내산성, 내유성, 내구성이 우수하고 내수성은 좀 떨어지나 내호성이 있고 기계적 강도가 크고, 아크에 의해 탄화하지 않으며, 내열성이 우수하다는 것이 특징이다. 따라서 절연용이나 도장용 바니쉬 또는 마이카지 등의 접착용으로 쓰인다.

⑥ 폴리에스테르 수지

이 수지는 다가 알코올과 불포화 다염기산(무수말레인산)과의 축중합에 의해 생성되는 것으로 무수프탈산과 글리세린을 축합한 글리프탈(glyptal) 수지가 대표적인 것이다. 전기적·기계적 성질이 좋고 또한 규소 다음가는 내열성을 가지며, 접착력도 강해서 적층용, 성형용, 함침제, 접착제, 코일절연 등에 쓰인다.

한편, 유리섬유와 조합시켜 강화 플라스틱(FRP)으로 쓰고 도장용 수지로도 이용된다.

⑦ 아닐린

아닐린($C_6H_5 \cdot NH_2$)과 포르말린($H \cdot CHO$)의 축합체로 내열성은 그다지 좋지 않으나 흡수성이 작고 전기적 성질도 좋다. 고주파에서 유전손이 작아서 통신기기 부품의 절연재료로 적당하다.

⑧ 폴리이미드

이 수지는 피로멜리트산 무수물에 디아민(NH_2-R-NH_2)을 반응시킨 후 가열하여 얻어지는 불용, 불융의 수지로서 그 구조는 그림 5-13과 같다. 연화온도는 300[℃] 이상이며, 약 230[℃] 부근에서 연속사용이 가능하다. 내코로나성이 우수하며 새로운 내열재료로서 각광을 받고 있다. 또 필름용 재료나 에나멜선용 바니쉬재료로서 넓은 응용분야를 갖고 있다.

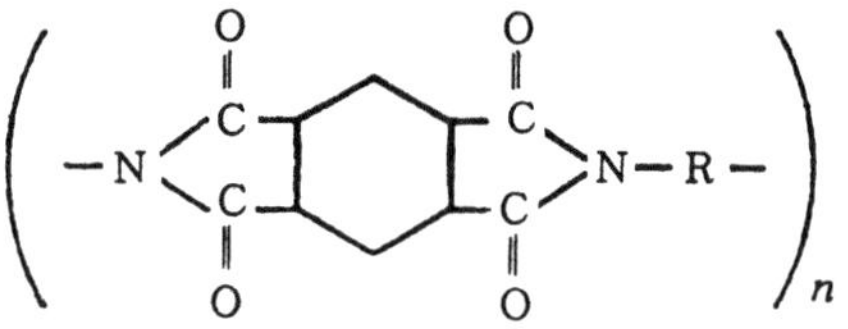

그림 5-13 폴리이미드의 분자 구조

⑨ 실리콘 수지

실리콘 화합물은 가수분해하여 축합하면, 실리콘 수지, 실리콘 유가 생성된다.

실리콘 수지(silicon resin)는 올가노할로게노실란($Rsicl_3$ R_2sicl_2)의 가수분해 및 축중합에 의해 얻어지는 유기규소 화합물로 분자구조 중에 실록산(siloxane) 결합(Si-O-Si)을 갖는 것이 특징이다. 일반적으로 R_2SiCl_2에서는 그림 5-14(a)와 같이 유상 또는 고무상의 축합체가 얻어지고, $RSiCl_3$에서는 (b)와 같이 수지상 축합체가 얻어진다.

후자는 더욱 축합하여 망상조직이 되어 경화한다. 유기기 R은 메틸기(CH_3-), 에틸기($CH_3 \cdot CH_2$-), 페닐기(C_6H_5-) 등이 있다. 실리콘 수지의 특징은 Si-O간의 강한 결합력으로 인하여 내열성이 높고, 내습성, 내수성이 좋고, 발수성이 우수해서 고온에서 사용해도 절연저항의 저하가 없다. 따라서 우수한 절연재료로 이용된다. 이 수지는 바

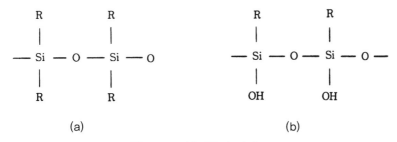

그림 5-14 실리콘 수지의 구조

니쉬, 그리스, 컴파운드로 만들 수 있다. 실리콘 바니쉬는 접착제 또는 도료로서 유리섬유, 운모 등과 함께 사용하면 C종 절연재료가 되고 180[℃] 이상의 온도에서 사용할 수 있다.

한편 유상의 것은 실리콘유라고 하며, 내열성과 절연성이 우수해서 내열감마제, 내열절연유, 제동유에 적합하고, 그리스상의 것은 증기관용 밸브의 그리스, 제지용 건조기의 감마제, 점화전용 그리스로 이용된다. 또 고무상의 것은 전선피복이나 내열 패킹, 고전압용 고무 등에 쓰인다. 표 5-6은 주요 열경화성 수지의 특성을 나타낸 것이다.

표 5-6 열경화성 합성 수지의 제특성

	페놀수지	요소수지	멜라민수지	아닐린수지	알키드수지	폴리에스테르 수지	실리콘수지
비중	1.25~1.30	1.47~1.52	1.45	1.22~1.25	1.40~1.41	1.10~1.46	1.70~1.90
인장강도 [kg/cm^2]	490~560	430~320	350~630	610~720	600~740	420~700	210~490
신장율 [%]	1.0~1.5	0.5~1.0	0.6			<5	
비열 [cal/g℃]	0.38~0.42	0.4		0.4			1~3
열전도율×10^{-4} [cal/cms℃]	3~6	7~10	7~10	2~6		4	
열팽창률×10^{-6} [1/℃]	2.5~6.0	2.7	4.0	5~6	5.5~6.0	8~10	
내열도 [℃]	120	77	130	82~88	120	120	250
변형온도 [℃]	115~126	132~138	204	99~118	79~91	60~204	>300
체적 저항률 [Ω·cm]	10^{11}~10^{12}	10^{12}~10^{13}	10^{12}~10^{14}	10^{16}~10^{17}	>10^{14}	>10^{14}	10^{11}~10^{13}
비유전율 60 c/s	5.0~6.5	7.0~9.5	6.2~7.6	3.7~3.8	4~4.5	3.0~4.1	4.0~5.0
10^6 c/s	4.5~5.0	6.4~6.9	4.7~7.0	3.5~3.6	3.7~4.0	2.8~4.1	3.7
유전손 60 c/s	0.06~0.10	0.035~0.040	0.019~0.03	0.002	0.003~0.004	0.003~0.028	0.0055
10^6 c/s	0.015~0.03	0.028~0.032	0.032~0.060	0.006~0.008	0.025~0.035	0.006~0.026	0.0017
절연파괴강도 [kV/mm]	10~14	10~12	10~14	16~24	12~14	10~16	5.7~7.9
내호성 [s]		100~150	95~135		100~150	125	250

(2) 열가소성 수지

열가소성 수지(thermoplastic resin)는 선상 고분자 물질로서 가열하면 연화하여 반고체 모양으로 가소성을 나타내지만, 냉각하면 굳어지고 다시 가열하면 연화하는 수지이다. 일단 고분자로서 완성된 후에도 열을 가하게 되면 연화 또는 유동해서 가해진 외력에 응해 변형하는 성질을 가진 것이다. 이 부류에 속하는 수지에는 비닐 폴리에틸렌, 폴리스티롤 등이 있다. 일반적으로 열가소성 수지는 성형이 가능하고 양산에 적합하고 전기적 성질이 우수한 것이 많다.

① 폴리에틸렌

폴리에틸렌(polyethylene, PE)은 석유나 천연가스에서 생기는 에틸렌($CH_2=CH_2$)을 중합하여 얻는 수지로, 그 화학 구조는 그림 5-15와 같다.

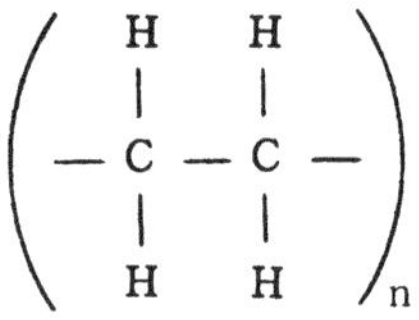

$$\left(\begin{array}{cc} H & H \\ | & | \\ -C & -C- \\ | & | \\ H & H \end{array} \right)_n$$

그림 5-15 폴리에틸렌의 화학 구조

그 제법에는 고압법, 저압법 등이 있다. 고압법은 순도 98[%] 이상의 에틸렌 가스를 내압 반응 용기에 넣고, 이것을 미량의 산소 중에서 1,000~2,000[atm]으로 200[℃] 전후로 가열해서 얻은 것이며 특징으로는 저밀도이고, 투명하며 유연성이 좋아 가공하기가 쉽다. 일반적으로 저밀도 폴리에틸렌(Low density PE, LDPE)이라 한다. 이에 반해 상압 상온(상압~15[atm], 70[℃] 이하)에서 알킬알루미늄[$Al(C_2H_5)_3$]과 사염화티탄($TiCl_4$) 등을 촉매로 사용하여 에틸렌을 중합한 것이다.

보통 고밀도 폴리에틸렌(High density PE, HDPE)이라 한다. 고압법에 의한 것보다 밀도가 더 높고 연화점이 높으며, 기계적 강도도 크다. 폴리에틸렌은 파라핀상 레진으로 가요성이 풍부하며 내습성도 우수하다. 또한 화학적으로도 안정하고 고주파 유전손이 극히 작아 주로 고주파 절연물로서 통신기기, 고주파 케이블, TV용 케이블에 쓰인다. 또 내열성이 작으나 내식성이 우수하여 지하케이블, 해저케이블의 피복재료로 연피대신에 사용된다. 폴리에틸렌은 위에서처럼 고주파의 특성은 대단히 좋지만 열에 약하다는 결점이 있다. 그래서 방사선의 조사 등을 해서 특성을 개선한 것이 조사 폴리에틸렌(irradiated polyethylene)이라 한다. 현재는 폴리에틸렌에 과산화물을 배합하고, 열처리로 화학가교(cross-linking)시켜 망상구조로 해서 특성을 개선하고 있다. 이것을 가교 폴리에틸렌(Cross-linked polyethylene, XLPE)이라고 하며 다음과 같은 특징이 있다.

ⓐ 내열성이 대단히 우수하다.

ⓑ 내화학 약품성이 우수하다.

ⓒ 내오존, 내트래킹성이 우수하다.

한편 폴리에틸렌에 발포제를 사용하여 작은 기포를 내부에 분산시켜 비유전율이나 유전손실을 적게 한 것이 발포 폴리에틸렌(foamed polyethylene)이라 한다.

② 폴리염화비닐 수지

이 수지는 아세틸렌과 염화수소를 염화제이수은을 촉매로 해서 반응시키는 방법, 또는 에틸렌클로리드를 열분해하는 방법으로 제조된다. 그 제조법을 그림 5-16에 나타내었다.

폴리염화비닐(polyvinyl chloride, PVC)은 분자식으로부터 알 수 있는 바와 같이 폴리에틸렌에서 수소 하나를 염소로 치환한 것이지만 이 상태에서는 조금 단단하므로 일반적으로 가소제를 혼합하여 유연성을 가지게 한 것을 많이 사용한다. 이 수지는 다음과 같은 우수한 특성을 가진다.

$$HC \equiv CH + HCl \longrightarrow H_2C = CHCl$$
(아세틸렌)　　　　(염화비닐)

(a) 아세틸렌법

$$CH_2 = CH_2 + Cl_2 \longrightarrow CH_2Cl - CH_2Cl \longrightarrow HCl + CH_2 = CHCl$$
(에틸렌)　　　　(2염화에틸렌)　　　　　　　(염화비닐)

(b) 에틸렌법

그림 5-16 염화비닐의 합성

ⓐ 전기적 성질이 양호하다.

ⓑ 내수성, 내약품성이 우수하다.

ⓒ 난연성이다.

ⓓ 흡수성이 적다.

ⓔ 착색이 자유롭다.

따라서 이것은 고무에 비하여 절연성, 내열성, 연성이 뒤지나 위와 같은 특성이 있어서 최근 고무 대신에 비닐절연선, 비닐관, 비닐 테이프 등으로 널리 쓰여지고 있다.

③ 폴리비닐 포말 수지

폴리비닐알코올과 포름알데히드의 축중합체로 그림 5-17과 같은 분자구조를 가지고 있다. 피막은 매우 강인하여 내유, 내마모성이 우수하며, 전기적 성질도 우수하다. 특히 폴리비닐 포말을 바니쉬로 사용한 에나멜선을 PVF선 또는 포르멕스선(formex wire)이라 하며, 이 선은 종래의 유성 에나멜선에 비해 피막이 단단하고 내마모성도 우수하며, 회전기 등의 권선에 사용할 경우 선을 피복할 필요가 없기 때문에 기기의 소형화에 기여하고 있다.

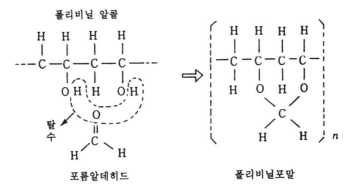

그림 5-17 폴리비닐 포말

④ 폴리스티렌

폴리스티렌(polystyrene, PS)은 폴리에틸렌의 수소 하나를 페닐기로 치환한 것으로

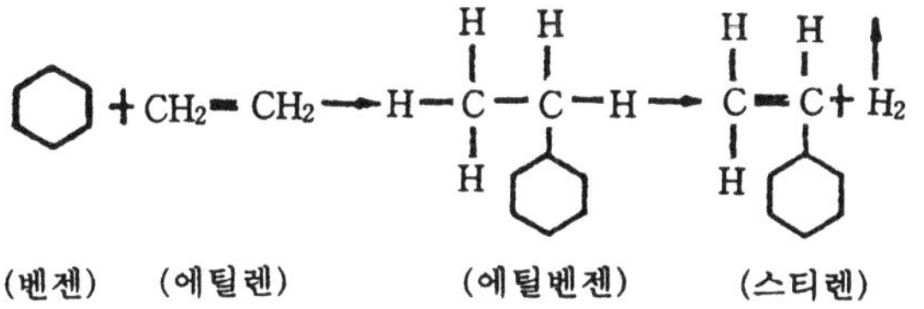

그림 5-18 스티렌의 합성

그림 5-18에서와 같이 에틸렌과 벤젠으로부터 유도된 스티렌의 중합에 의해 생성되는 열가소성이 투명한 수지인데, 내열성은 별로 좋지 않다. 그러나 비중이 작고, 성형성, 전기절연성이 우수하고, 특히 무극성이므로 고주파에서의 유전율이 작은 것이 특징이다. 따라서 고주파케이블의 스페이서나, 라디오, TV부품 등 고주파절연물 또는 고주파용 절연도료에 사용된다. 폴리스티렌은 상온에서 단단하나 취약하여 충격에 의해 파손되기 쉬운 결점을 갖고 있다.

이 결점을 개선하기 위해 폴리스티렌의 공중합체로서 아크릴로니트릴, 부타디엔과 스티렌을 공중합시킨 ABS(acrylonitrile butadiene styrene, ABS) 수지가 만들어지고 있다. 이 수지는 내열성, 내약품성, 내충격성, 표면광택 등의 성질이 우수하나 고주파 특성이 뒤떨어진다.

⑤ 폴리아미드 수지

폴리아미드 수지(polyamide resin)는 카르본산과 아민간의 탈수 반응으로 생기는 아미드 결합으로 연결된 고분자 화합물인데, 천연으로는 단백질, 비단, 양모 등이 여기에 속하고, 합성수지로는 나일론으로 알려져 있다. 분자구조는 그림 5-19와 같다.

나일론 6, 6은 아디핀산과 핵사메틸렌디아민의 축합물인데, 내습, 내열성이 뒤떨어지지만 내마모성이 우수하다. 특히 재질이 강하고 내굴곡성이 있다. 전기적 용도로는 전선피복, 축전지 케이스, 바니쉬 등에 쓰이고 있다.

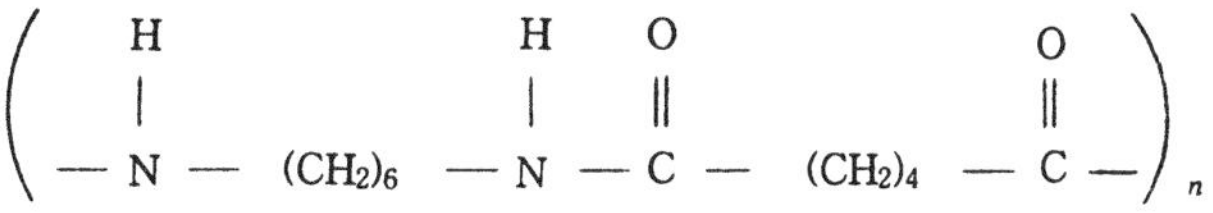

그림 5-19 폴리아미드(나일론의 일례)

⑥ 폴리4불화에틸렌

4불화에틸렌($CF_2 = CF_2$)을 고압 하에서 중합에 의해 얻어지는 유백색의 고체로 테플론(Teflon)이란 이름으로 널리 알려져 있다. 그림 5-20에 나타낸 바와 같이 폴리에틸렌에서 H의 전부를 플루오르 F로 대체한 것이며, 무극성이기 때문에 유전체 손이 지극히 적고, 내한, 내열성, 난연성이며, 기계적으로 강하고 흡수성이 거의 없고, 내약품성, 내후성이 우수하다. 이것은 주로 통신기기, 고주파 케이블의 절연물 및 내열성 절연물로서 이용된다. 그러나 폴리4불화에틸렌(polytetra-fluoroethylene, PTFE)은 가열해도 용융하지 않기 때문에 성형 가공성이 나빠서 가공성을 향상시키기 위해 불소 원자를 하나만 염소로 치환한 폴리3불화에틸렌이 있다. 내열성, 전기적 특성은 약간 뒤

표 5-7 각종 열가소성 고분자의 특성

재 료	비중	인장강도 [kg/mm²]	비유전율 (60Hz) (20℃)	유전정접 (60Hz) (20℃)	절연파괴의 세기 (두께 약 3mm) [kV/mm]	체적저항률 [Ω·cm] (20℃)	허용온도 [℃] (연속)
폴리에틸렌	0.92~0.94	1~2.5	2.25~2.35	<0.0005	20~30	>10¹⁶	105~120
폴리스틸렌	0.98~1.10	2~5	2.45~2.65	0.0003	20~30	>10¹⁶	60~80
폴리염화비닐	1.35~1.45	3.6~6.5	3.2~3.6	0.007~0.02	17~50	>10¹⁶	70~80
폴리비닐포르말	1.2~1.4	7.5~8.7	3.7	0.013	20	>10¹³	50~70
폴리메틸메티크릴레이트	1.17~1.20	5.8~8	3.5~4.5	0.05	18~22	10¹⁵	60~100
폴리4불화에틸렌	2.13~2.22	1.5~3.3	2.0	<0.0002	20	>10¹⁸	260
폴리3불화염화에틸렌	2.1~2.2	3.3~4.3	2.24~2.8	0.0012	20~24	10¹⁸	180
폴리비닐리덴홀로라이드	1.76~1.77	5~6	11.0(연신)	0.012	20~40	10¹⁵	150
폴리불화에틸렌프로필렌	2.12~2.17	1.9~2.2	2.1	<0.0002	20~24	>2×10¹⁸	210
폴리에틸렌텔레프탈레이트	1.38	30	3.2	0.003	30~50	10¹⁹	150
내열아미드	-	12	2.6	0.014	3.6 (0.1mm)	3×10¹⁶	220
폴리아미드	1.43	21.2	3.5	0.004	18 (0.1mm)	4×10¹⁴(180℃)	250
폴리아미드이미드	1.38	12.8	3.6	0.018	17.5 (0.1mm)	4×10¹⁴(180℃)	180
폴리에틸렌나프탈레이드	1.36	25.1	2.9	0.0034	26 (0.1mm)	6×10¹⁸	155

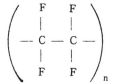

그림 5-20 폴리4불화 에틸렌   **그림 5-21** 폴리프로필렌

지지만 성형 가공성이 우수해서 전선 등의 절연피복에 사용된다.

표 5-7에 각종 열가소성 고분자의 특성을 나타내었다.

⑦ 폴리프로필렌

프로필렌($CH_3CH=CH_2$)의 중합체이며 그 분자구조는 그림 5-21과 같고, 조직상태에는 무정형 중합체와 결정성 중합체가 있다. 결정형은 무정형에 비해 융점이 대단히 높고 기계적 강도도 크다. 유전정접의 값도 적어 전기적 특성은 폴리에틸렌과 비슷하다. 특히 무극성이므로 고주파절연성이 우수하고 고온에서의 기계적 특성이 우수하다.

5-4-6 고무계 절연재료

고무는 전기 절연재료로서 가장 오래된 것으로 전기와 고무는 떨어질 수 없는 관계가 있다. 그 정도로 고무는 전기 절연재료로서 대표적인 것으로, 전선의 피복에서 여러 공사용구, 에보나이트(ebonite)와 같은 고무 제품의 원료, 또는 일상생활에까지 널리 사용된다. 고무라 하면 옛날에는 천연 고무를 말하였으나, 현재에는 천연 고무보다 내열성, 내유성, 내노화성이 훨씬 우수한 합성 고무가 만들어져 고무에는 통상 천연 고무와 합성 고무로 대별된다.

(1) 천연 고무

고무나무의 껍질에 상처를 내면 우유 모양의 액체가 얻어지는데, 이 유액을 라텍스(latex)라고 한다. 이 유액을 여과한 후 산이나 알코올을 가하면 고무분이 응고한다. 이것을 판 모양으로 만들어 나무를 태운 연기 속에서 건조시킨 것이 생고무이다. 생고무는 그 자신이 큰 탄성과 강도를 가지고 있지만 약간 저온이 되면 단단해지고 고온이 되면 너무 물러져서 어느 경우나 탄성이 현저히 감소한다. 또 기름, 그 밖의 용제에 녹기 쉬우며, 내노화성, 내약품성이 부족해서 절연재료로는 부적당하므로, 그대로 사용하지 않고 황을 작용시켜 성질을 개선한다. 생고무에 황을 가하는 것을 가황이라 하며, 가황한 고무를 가황고무라 한다.

천연 고무(natural rubber, NR)는 이소프렌의 중합체로 평균 분자량은 8~30만의 고분자 화합물이고, 그 분자는 열가소성 플라스틱과 마찬가지로 선상이다. 그림 5-22에 이소프렌과 천연 고무의 구조식을 나타내었다.

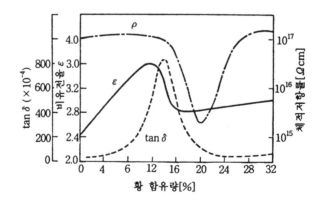

(a) 이소프렌   (b) 천연 고무

그림 5-22 이소프렌과 천연 고무

① 연질 고무

고무의 가황은 여러 가지 방법으로 행해지고 있지만 가장 기본적인 것은 생고무에 약 3[%] 정도의 황을 가하여 140[℃]로 10분간 가열한 것으로, 황 이외에 가황 촉진제(티아졸, 알데히드아민류 등), 보강제(탄소분, 탄산칼슘 등), 연화제(파라핀, 바세린), 산화방지제, 착색제 등을 혼합한다. 연질 고무는 생고무에 비해 탄성, 기계적 강도가 크고 화학적으로 강해지고 내노화성도 개선되며, 내수성은 가황이 진행될수록 양호해진다. 한편 가황에 의해 유전율, $\tan \delta$는 증가하고 절연내력은 저하한다. 그림 5-23에 황 함유량에 의한 전기적 성질을 표시하였다.

그림 5-23 황 함유량과 전기적 성질의 관계(30[℃], 1,000[Hz])

② 경질 고무

이것은 생고무에 30~70[%] 정도의 황을 가한 것으로 에보나이트(ebonite)라고도 한다. 이것은 일반적으로 기계적으로 강하고 전기적 성질이 양호하며, 가공성도 좋지만, 고온에 약하며 노화하기 쉽고, 표면이 열화하기 쉬운 결점이 있어서 최근에는 합성수지로 대체되는 경향이 있다.

③ 굿타펠카

말레이시아, 수마트라, 보르네오 등에서 생산되는 식물로, 굿타펠카(Guttapercha) 나무에서 채취한 것으로 빛과 산소에 의해 산화되어 약화되나, 흡수성이 적고, 전기적 특성이 우수하며, 물속에서 빛을 받지 않으면 장시간 변질되지 않기 때문에 해저 케이블용 절연물로서의 용도가 있다. 굿타펠카와 발라타의 전기적 특성을 표 5-8에 나타내었다.

표 5-8 굿타펠카와 발라타의 전기적 특성

특성＼종류	굿타펠카	발라타
비유전율	2.6~3.6	3.1~3.4
$\tan \delta$	$(100{\sim}300) \times 10^{-4}$	50×10^{-4}
절연저항 [$\Omega \cdot cm$]	$10^{14}{\sim}10^{16}$	-
절연내력 [KV/mm]	20	-

④ 발라타

중남미의 특산물로서, 흡수성이 적고 전기적 성질이 우수하므로, 해저 케이블 등에 사용된다.

(2) 합성 고무

천연 고무는 산지가 국한되어 있고, 내유성, 내오존성, 내열성, 내노화성에서 충분하지 못하므로 이런 결점을 없애는 동시에 품질을 개선한 합성 고무가 연구 개발되어 널리 사용되고 있다. 합성 고무는 광의의 합성수지의 일종이며 전기재료로서 사용되는 것으로는 부타디엔계 고무, 클로로프렌계 고무, 이소부틸렌계 고무, 에틸렌프로필렌 고무, 실리콘 고무 등이 있다.

① 부타디엔계 고무

이것은 스티렌과 부타디엔의 공중합체로 스티렌 부타디엔(Styrene butadiene rubber, SBR)으로 널리 알려져 있다. 대부분 스티렌과 부타디엔의 공중합비는 (20 : 80)∼(30 : 70) 정도이나 스티렌 성분이 50[%] 이상 되면 탄성이 상실되어 수지와 같은 단단한 고분자 물질이 된다. 이 고무는 천연 고무에 비해 전기적 성질은 비슷하나 내열성, 내마모성에서 훨씬 우수하고 흡습성도 적다. 특히 내열노화성이 우수하여 케이블 피복재료, 고무테이프, 자동차의 타이어 등으로 이용된다. 한편 아크릴로 니트릴과 부타디엔을 공중합한 것을 니트릴 부타디엔 고무(acrylonitrile Butadiene rubber, NBR)이라 하며 내마모성, 내유성, 내열성은 우수하나 전기적 특성은 뒤떨어진다. 주로 내유성 케이블의 외장재료, 유입기기의 호스로 쓰인다.

② 클로로프렌계 고무

이 고무는 클로로프렌의 중합에 의해 얻어지는 것으로 네오프렌(Neoprene)이라는 상품명으로 유명하다. 그림 5-24와 같이 분자구조에 염소를 함유하므로 전기적 성질은 약간 떨어지나 난연성, 내유성, 내오존성이 풍부하고 내마모성이 특히 우수하다. 저전압용 전선은 절연피복, 케이블의 외장에 이용된다.

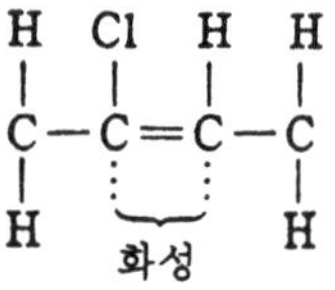

그림 5-24 클로로프렌의 화학 구조

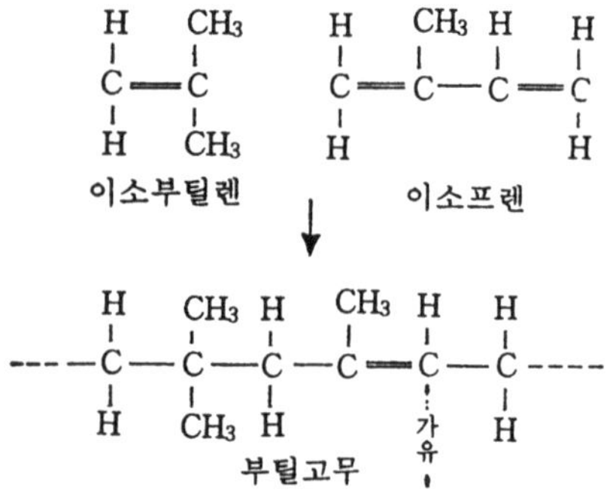

그림 5-25 부틸 고무

③ 이소부틸렌계 고무

이소부틸렌[$CH_2=C \cdot (CH_3)_2$]의 중합체로 오파놀(Oppanol) 등의 상품명으로 알려져 있으며 중합도에 따라 고무상 고체로부터 고점도의 액체까지 만들어진다. 화학적으로 안정하며, 열가소성이고 내노화성, 내열성, 전기절연성이 우수하다. 특히 고주파의 유전정접의 값이 매우 작으며($4{\sim}6{\times}10^{-4}$) 고주파 절연재료로서도 우수하다. 그림 5-25와 같이 이소부틸렌에 약 3[%]의 이소프렌을 가하여 중합시킨 공중합체는 부틸 고무(butyl rubber) 등의 이름으로 알려져 있는데 이것은 화학적으로 안정하고, 내열성, 내수성, 내한성, 내노화성이 우수하다. 또 내코로나성, 내오존성으로 절연성이 우수하고, 유전율 및 유전정접이 작은 것 외에 온도 및 주파수에 의해서도 특성이 그다지 변하지 않는다. 따라서 이러한 특성에서 고압케이블의 절연, 외장이나 고주파 케이블의 절연재료로 사용되거나 또는 화학적으로 안정해서 화학장치의 안바르기 등에 사용된다.

④ 에틸렌프로필렌 고무

이 고무는 에틸렌과 프로필렌을 공중합해서 생긴 고무인데 내열, 내후, 내오존성이 우수하고 또 가요성도 우수해서 전력 케이블 가공절연선, 캡타이어 케이블, 기기 배선용 등으로 널리 사용되고 있다.

⑤ 실리콘 고무

실리콘 고무(silicon rubber)는 그림 5-26에 나타낸 바와 같이 Si-O를 골격으로 하고 여기에 유기기가 결합한 것으로서, 과산화벤졸을 사용하여 분자간 가교시킨다. 상온에서의 기계적 성질은 천연 고무 또는 다른 합성 고무에 비해 약간 뒤떨어지지만 $-60[℃]$에서 $+250[℃]$ 정도의 온도 범위까지 사용온도 범위가 넓고 H종의 내열성을 지니며, 내노화성, 내코로나성, 내오존성이 우수하고, 진한 산, 알칼리에는 침해되지만 일반적으로 화학적으로 안정하고 전기적 성질도 온도의 상승과 함께 양호해진다.

용도는 각종 케이블의 피복, 오일 콘덴서, 변압기용 패킹재, 실리콘 고무유리클로즈, 유밀용 가스킷, 각종 자기융착성 테이프 등에 사용된다.

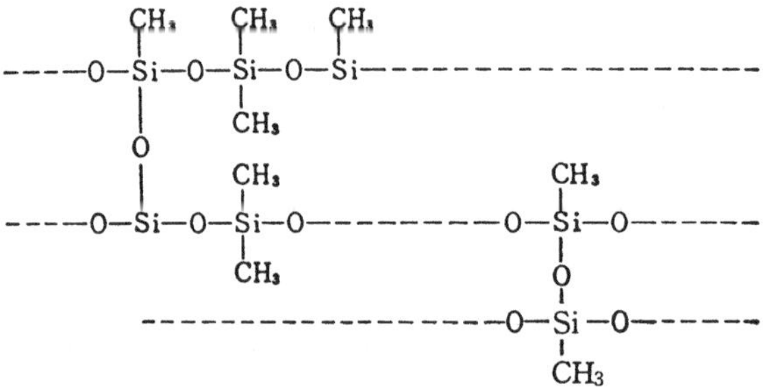

그림 5-26 실리콘 고무

5-5 기체 절연재료

기체 절연이란 것은 공기, 질소, 프레온, 6불화황 등처럼 통상 상태에서 가스상을 나타내는 분위기를 절연으로 한 것으로, 천연기체와 합성기체로 분류할 수 있다. 천연기체에는 공기, 질소, 수소, 탄산가스, 아르곤, 네온 등이 있으며 합성기체에는 프레온, 6불화황, 불화탄소 등이 있다.

기체 절연재료는 콘덴서 등의 전자부품을 비롯하여 케이블, 차단기 등에 사용되어 왔으나 최근에는 고기압 기체를 절연매체로 하는 가스절연방식이 각종 송전기기에 적용되고, 고진공을 소호, 절연매체로 한 진공개폐기로 실용화되어 전동력 응용이나 배전 설비 등에 널리 사용되며, 기체보다는 액체, 액체보다는 고체가 많이 사용되기도 한다.

일반적으로 다음과 같은 특징을 가지고 있어 다른 재료와의 차이화가 도모되고 있다.

① 비중이 작다.

② 가압에 의하여 절연내력을 높일 수 있다.

③ 열전도율이 작다.

④ 열에 안정하고 일반적으로 불연성, 비폭발성이다.

5-5-1 천연기체재료

(1) 공기

공기는 높은 절연성능을 가지며 일단 절연파괴가 발생해도 빠르게 원래의 상태로 회복한다. 상온기압의 평등전계에서 공기의 절연파괴 세기는 30~35[KV/cm]이다. 절연내력이 큰 절연물 중에 공기의 층이 있거나, 절연체에 접한 전극주변에 공극이 생기는 경우에 전기적 약점이 된다. 공기의 절연파괴 세기는 기압이 증가함에 따라 증가한다. 따라서 좁은 장소에서 고전압에 견디도록 하려면 기압을 올린다. 따라서 높은 산악지대를 통과하는 송전선의 절연 또는 항공기용 전기기기의 절연에는 이 점에 주의를 요한다. 공기는 많은 산소를 함유하고 있으므로 절연물 및 도체를 산화시킨다. 따라서 고전압의 절연을 필요로 하는 경우에는 질소가스 또는 질소가스+탄산가스의 혼합기체를 사용하는 경우가 있다. 공기를 절연의 주체로 설계한 기기로는 공기콘덴서, 공기차단기, 공기 건식변압기, 애자 등이 있다.

(2) 질소

절연내력은 공기와 비슷하지만 불활성이므로 가압봉입하여 대형변압기, 전력케이블 등에 사용된다. 질소를 기기 내에 충전해서 산화를 방지하며, 습기의 침입을 막고 또, 다른 절연물의 열화를 적게 할 수 있다.

(3) 수소

수소의 절연내력은 공기에 비해 약 1/2 정도로 낮으나 열전도율이 크고 냉각효과가 크므로, 회전기 내에 봉입하여 냉각작용과 풍손의 감소에 유효하게 사용된다. 그러나 밀봉이 곤란하고 가연성이 있는 것이 결점이다.

5-5-2 합성기체재료

(1) 프레온

프레온(freon)은 메탄(CH_4)의 수소를 염소와 불소로 치환한 유기화합물로서 대표적인 것은 프레온 12라고 하는 $CF_2Cl_2(F_{12})$이다. 이 가스는 상온에서 불연성이고, 독성, 부식성이 없으며, 화학적으로 안정하며, 1기압에서는 공기의 약 3.1배의 절연내력을 갖는다. 한편 이 가스를 3기압 정도로 압축하면 절연파괴의 세기가 절연유와 비슷하다. 따라서 초고압절연에 이와 같은 고기압 프레온을 사용하면 기기의 소형화가 가능하다. 보통 상태에서는 불활성이나 이 가스 중에서 코로나 방전을 하게 되면 분해되어 Cl_2 등의 유독성 물질을 발생시킨다.

이 가스는 차단기 케이블 및 변압기 등의 절연용으로 사용되는 외에 비점이 낮은 점을 이용하여 냉동기의 냉매로서 널리 이용되고 있다.

(2) 불화탄소

C_2F_6, C_3F_8, C_4F_8 등이 있으며, 열안정이 우수하므로 변압기와 같이 허용온도를 높게 할 경우에 유리하다. 표 5-9는 각종 기체의 특성을 나타낸 것이다.

표 5-9 각종 기체의 특성

종 류	분자량	밀도 [g/l] (0℃)	용융점 [℃]	비등점 [℃]	N₂를 1로 했을 때의 절연내력
공기	28.95	1.293	-	-	-
질소 (N₂)	28.02	1.251	−209.9	−195.8	1
수소 (H₂)	2.016	0.0899	−259.1	−258.8	0.8
6불화 황 (SF₆)	146.1	5.1	−50.8	−63.8	2.3
프레온 12 (예 : CF₂Cl₂)	120.9	5.575	−158	−29.8	2.4
불화탄소 (예 : C₂F₆)	138	-	-	−78.3	2

(3) 6불화 황

6불화 황(SF_6)은 무색, 무취로 독성이 없고 불연성이며, 정상상태에서는 부식성이 없고 프레온보다 화학적으로 안정하여 500[℃] 정도까지는 분해되지 않는다. 1기압에서는 공기의 약 3배의 절연내력을 갖는다. 2기압에서 보통 광유가 지니는 절연내력을 가지고 있다. 또 아크나 코로나 방전에 대한 절연 특성이 우수하며, 포화중기압이 높으므로 프레온과 같은 응축의 염려가 없고 또 우수한 아크소호 능력이 있다. 이와 같은 우수한 절연성능 때문에 고압 전기기기의 절연처리를 단축하고 기기의 소형화에 크게 공헌하고 있다. 이 기체는 절연내력이 크고, 특히 그림 5-27에 나타낸 것과 같이 높은 압력에서 절연내력은 상당히 커서 절연유에 가까운 절연내력을 가지므로 X선 장치, 건식변압기, 차단기, 관로기중 송전용 기체, 입자가속기의 절연매체 등의 고압기기에 사용된다.

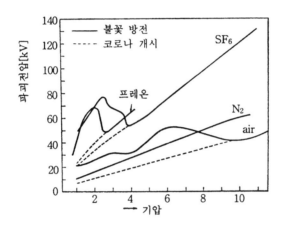

그림 5-27 기체의 기압과 파괴전압 관계

5-6 액체 절연재료

전기절연에 사용되는 액체 절연재료는 보통 절연유라고 불리며, 절연유에는 동물섬유, 식물섬유, 천연광유, 합성유 등이 있으나, 이 중 식물성유는 절연유로는 사용되지 않고 절연바니쉬, 절연컴파운드의 원료로서 사용된다. 현재 주로 천연광유와 합성유가 액체 절연재료로서 사용되고 있다.

절연유에 요구되는 특성은 그 용도에 따라 차이가 있으나 일반적인 사항은 다음과 같다.

① 절연저항 및 절연내력이 클 것

② 유전손이 작고, 비유전율이 용도에 따라 적당한 값을 가질 것

③ 인화점이 높고, 응고점이 낮을 것

④ 비열 및 열전도율이 크고 점도가 낮을 것

⑤ 가열, 산화, 아크로 인한 열화가 작을 것

5-6-1 천연광유

절연용 광유는 원유를 분류하고 정제처리를 한 것으로, 그 조성에 따라서 파라핀계 (C_nH_{2n+2})와 나프텐계(C_nH_{2n})로 크게 나뉜다. 충분히 정제된 광유는 200[KV/cm] 정도의 절연파괴세기를 나타내지만, 흡습, 불순물의 혼입가스의 흡수, 열화에 의해서 절연내력이 저하한다. 열화의 주요원인은 산화이며 이것을 방지하기 위해서 닫기 혹은 질소봉입에 의한 산소의 차단, 각종 산화방지제의 첨가 등이 행해진다. 절연유를 장시간 사용하면 절연유 속에 들어있는 금속이나 절연물이 침식하여 적갈색의 점액상 침전물이 생기는데, 이를 슬러지(sludge)라 한다. 슬러지는 기름의 절연성을 저하시키고, 또 수분이 있을 때는 특히 절연내력을 저하시킨다. 이 광유는 전기적 성질이 우수하고 경제적으로도 사용에 유리하지만 일반적으로 인화해서 타기 쉽고 열화되기 쉽다는 결점도 있어서 사용하는 경우에는 이 점에 주의해야 한다.

5-6-2 합성유

천연광유는 산출량도 많고 비교적 경제적이지만, 결점으로는 인화점이 140[℃] 정도로 낮아 인화해서 연소하기 쉽고, 공기 중에서 가열하면 산화되어 열화되기 쉽고, 비유전율이 비교적 작다. 이러한 결점을 개선하기 위하여 화학적으로 합성하여 만든 것이 합성 절연유이다.

(1) 폴르브텐

노르말부틸렌과 이소부틸렌의 중합에 의해 얻어진 것으로 전기특성이나 고온에서의 안정성이 우수하다. 유입케이블이나 유입 콘덴서 등에 사용되고 있다. 폴리브텐은 중합도에 의해 광범위한 점도의 것이 얻어져 케이블유로는 고점도의 것이 OF 케이블용의 함침유 및 충전유로는 저점도의 것이 사용되고 있다. 이러한 특징에서 광유에 혼합시켜 점도를 높이고 열팽창계수를 저하시킬 수 있다.

(2) 알킬벤젠

천연광유보다 안정하고 가스 흡수성과 절연성이 좋은 유로서 염소화 합성유나 실리콘유 등보다도 값이 싸고 최근에 개발된 것이다. 파라핀의 적당한 장쇄를 벤젠(C_6H_6)에 붙인 것으로 소프트형과 하드형이 있다. 소프트형은 분기가 없는 직쇄 알킬기를 갖지만, 하드형은 알킬기에 분기가 존재한다.

용도는 초고압 OF 케이블유, 변압기유, 콘덴서유 등에 사용된다.

(3) 알킬 나프탈린

알킬 나프탈린(alkyl-naphthalene)은 다환 방향족계 절연유인데, PCB(pentachloro biphenyl)의 대체품으로 개발된 것이 많다.

인화점이 높고, 열안정성, 가스 흡수성 등에 있어서 광유보다 우수하고 절연 특성도 우수하다. 따라서 기기의 소형화에도 기여하고 있다. 용도는 변압기, 콘덴서 등에 실용화되고 있다.

(4) 염소화 합성유

벤젠(C_6H_6)이나 디페닐($C_{12}H_{10}$) 등에 포함된 수소를 염소로 치환하여 불연성 절연유를 얻을 수 있다. 대표적인 것은 3염화벤젠(trichloro-benzene, TCB)과 5염화디페닐(pentachloro diphenyl, PCB)이 있다.

3염화벤젠은 벤젠을 3개의 염소로 치환한 것으로, 난연성이고 비유전율은 약 5 정도이며 일반적으로 다음에 말하는 5염화디페닐과 혼합하여 저점도, 저응고점의 변압기유로서 사용한다.

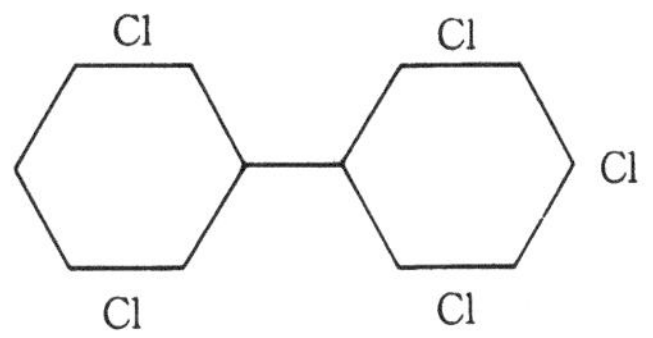

5염화디페닐은 그림 5-28에 나타낸 바와 같이 디페닐의 수소 5개를 염소로 치환한 것으로, 난연성이나 응고점이 약 10[℃] 정도이기 때문에 3염화벤젠과 혼합하여 사용하면 응고점을 −50

그림 5-28 5염화디페닐

[0℃] 정도까지 내릴 수 있다. 유전율이 크고 불연성이기 때문에 콘덴서 함침유으로 적당하다. 이 염소화 합성유는 화학적으로 안정하여 산화되지 않으며, 난연성이고 절연성이 좋지만 저항률은 약간 광유보다 낮다.

(5) 실리콘유

실리콘유는 실리콘 수지에 속하는 것으로, 일반적으로 그림 5-29와 같은 구조식을 가진 무색 투명한 액체이다. 실리콘 원자에 결합하는 유기기의 종류에 따라 메틸 실리콘유 및 메틸 페닐 실리콘유로 분류된다. 실리콘유의 특징으로는 화학적으로 안정하고 내한성, 내열성, 난연성, 내습성 및 전기적 성질이 우수한 것 외에 점도-온도 특성이 아주 양호하고 금속에 대한 부식성이 없다는 것이다. 특히 메틸 페닐 실리콘유는 내열성이 우수하다. 실리콘유는 유리에 소부해서 유리에 발수성을 부여하거나 전기용으로는 절연유, 콘덴서유 등에 사용된다.

이 실리콘유는 염화디페닐계 합성유에 비해 비중이 작아서 중량의 경감에 도움이 되고 따라서 항공기나 전기기관차용 트랜스유로 사용할 수 있다. 또한 실리콘유는 절연유로서의 용도 이외에 우수한 윤활유로서 사용되고, 또 증기압이 낮으므로 진공 펌프유 등에도 많이 이용되나 고가이다.

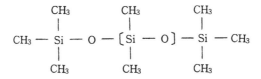

그림 5-29 실리콘유

5-7 혼성 절연재료

5-7-1 바니쉬

바니쉬(varnish)는 천연수지, 합성수지 등을 알코올 또는 기름에 녹여서 액상으로 한 것인데, 전기기기의 코일, 도체의 절연, 기계적 고착, 방습 및 에나멜선의 피막용 등으로 사용된다.

(1) 자연건조 바니쉬

상온의 대기 중에서 자연히 건조해서 절연 피막을 만드는 바니쉬를 말하고, 셸락, 페놀수지 등을 알코올에 녹인 알코올계의 것과 건성유에 비교적 다량의 수지 또는 아스팔트를 배합해서 만든 유성 바니쉬가 있다.

알코올 바니쉬의 특징은 내유성이 풍부하고 피막이 안정하고 광택이 있어서 마무리용 바니쉬로 사용되며, 전기기기의 코일 표면 기타 일반 전기기기의 내유 방청 및 마무리에 사용된다. 절연 내력은 보통 20~50[kV/mm] 정도이다.

유성 바니쉬는 알코올 바니쉬에 비해 건조에 약간 시간이 걸리지만, 내습성, 절연성이 좋아서 코일 등의 함침용에 적합하다.

(2) 가열건조 바니쉬

이 바니쉬는 도포 또는 함침 후 가열에 의해 건조 고화하는 것을 특징으로 하는 바니쉬인데, 원료에 따라 수지계와 아스팔트계로 구분된다.

내열성, 가요성, 내유성이 우수하고 보통 절연 내력이 50~90[kV/mm] 정도이다. 유성 바니쉬를 사용한 수지계 바니쉬는 주로 유입기기의 코일, 절연부분의 함침에 사용되며, 아스팔트계 바니쉬는 주로 건식 절연기기의 코일, 절연부분의 절연처리에 사용된다. 최근에는 유성 바니쉬를 주성분으로 한 바니쉬의 특성을 향상시킨 합성수지 바니쉬가 주로 사용되고 있다.

(3) 합성수지형 바니쉬

종래의 천연수지 대신에 열경화성 수지를 미축합 또는 저축합의 상태로 용제에 녹인 것이다. 합성수지형 바니쉬의 특성은 수지의 종류, 용제, 처리조건 등에 따라서 다르지만 일반적으로 건조성, 절연성, 기계적 강도 및 내열성에 우수한 특징이 있다.

유성 바니쉬에 비해 여러 특성이 일반적으로 우수하여 전기기기의 소형화와 성능

향상에 크게 기여하고 있다. 또 에폭시 수지, 불포화 폴리에스테르 수지 등과 같이 용제를 필요로 하지 않는 무용제 바니쉬도 있다. 무용제 바니쉬란, 사용 전은 점도가 낮은 액체지만 사용 후는 화학반응에 의해 고화하는 것으로 열경화성이어서 내열성이 우수하며, 전기적, 기계적 성질이 양호하다.

용도로는 코일 함침용 바니쉬, 유리포 적층용 바니쉬 전자부품의 주형재료 등에 사용된다.

5-7-2 컴파운드

컴파운드(compound)는 전기절연이 필요한 공간을 채우거나 표면을 피복하여 습기를 막거나 기계적으로 보호하기 위해 사용하는 것으로, 컴파운드류는 값이 싸고 절연성이 좋고, 내습성이 우수하며, 용제를 함유하지 않은 상태로 사용할 수 있다는 특징이 있다.

(1) 함침용 컴파운드

주로 전기기기의 코일과 같은 함침 처리에 사용되는 것으로 건식 절연에는 아스팔트계의 것을, 유입 절연부분에는 수지계의 것을 사용한다.

(2) 충전용 컴파운드

아스팔트, 피치, 수지 등을 주체로 하고 여기에 무기질을 첨가한 것이다. 변압기의 단자 인출부 기타 전기기기의 절연부의 틈이나 케이블의 접속함을 메우거나 건전지, 케이블 접속상자의 충전 등에 쓰인다. 그러나 연화점이 낮고 내열성이 약하므로, 최근에는 에폭시 수지나 불포화 폴리에스테르 등의 주형 컴파운드 재료로 대체되는 경향이 있다.

01. 유전손율에 관해서 설명하여라.

02. 초전효과에 관해서 기술하시오.

03. 전기적 열화의 종류를 열거하고 간단히 설명하여라.

04. 유리섬유의 특징과 용도를 설명하여라.

05. 세라믹의 특징을 열거하여라.

06. 산화티탄자기에 관해서 설명하여라.

07. 열경화성 수지에 대해서 설명하여라.

08. 폴리4불화 에틸렌에 대하여 설명하고 그 용도를 들어라.

09. 합성고무의 종류를 열거하고 그 특징을 기술하여라.

10. 기체 절연재료의 주요한 것을 열거하고 설명하여라.

11. 절연유에 요구되는 특성을 열거하여라.

12. 실리콘유의 특징과 용도를 설명하여라.

13. 바니시와 컴파운드의 차이점을 설명하여라.

14. H종 절연물의 온도상승한도는 몇 [℃]인가?
① 50[℃]　　　　② 65[℃]　　　　③ 90[℃]　　　　④ 140[℃]

15. 단량체가 서로 결합하여 거대한 분자를 구성하는 현상은?
① 축합　　　　② 축중합　　　　③ 중합　　　　④ 공중합

16. 다음 중 열가소성 합성수지가 아닌 것은?
① 폴리에틸렌　　　　　　　　② 폴리비닐포말수지
③ 폴리에스테르　　　　　　　④ 폴리아미드수지

17. 실리코노 수지의 특징이 아닌 것은?
① 흡수성이 있다.　　　　　　② 내열성이 높다.
③ 발수성이 있다.　　　　　　④ 전기적 특성이 있다.

18. 상온에서의 기계적 성질은 천연고무 또는 다른 합성고무에 비해 약간 뒤떨어지지만 −60 [℃]에서 +250[℃] 정도의 온도범위까지 사용온도 범위가 넓은 것은?
① 부타디엔 고무　　② 실리콘 고무　　③ 부틸 고무　　④ 클로로플렌 고무

19. 6불화 황의 특징이 아닌 것은?
① 화학적으로 안정하다.　　　② 무색, 무취이다.
③ 500[℃] 정도에서 분해한다.　④ 절연내력이 공기의 약 3배 정도나 된다.

20. 다음 중 액체 절연재료가 요구되는 성질이 아닌 것은?
① 비열·열전도율이 작을 것　　② 유전손이 작을 것
③ 절연내력이 클 것　　　　　④ 인화점이 높고, 응고점이 낮은 것

자성 재료

자성 재료(magnetic material)는 도전 재료, 절연 재료와 함께 전기·전자기기를 구성하는 기본적인 재료의 하나로서 자기 재료라고도 한다. 어떤 물질을 자계 중에 놓으면 자화(magnetization)하는데, 그 자화의 세기는 물질의 종류에 따라 다르다. 이와 같이 물질의 자기적 성질이나 자기 현상을 이용한 재료를 자성 재료라 한다.

이 재료의 주된 용도는 변압기, 발전기 등의 철심과 영구자석을 비롯하여 자기 증폭기, 녹음재료, 통신기기 및 전자계산기의 기억소자에 이르기까지 광범위하게 사용되고 있다. 여기에 사용되는 재료는 주로 철, 니켈, 코발트 등의 금속 및 그 합금을 비롯하여 산화물 등 강자성체(ferromagnetic substance)가 주체를 이루며, 그 형상으로는 판, 띠, 선, 막대, 박막상 등이 있다. 최근 자성 재료의 용도가 다양하게 됨에 따라, 그 특성에 대한 요구도 점차로 복잡하게 되어 새로운 재료들이 많이 진보, 발전되고 있다.

6-1 자성 재료의 종류와 자기 특성

6-1-1 자성체의 분류

자기적 성질을 나타내는 재료를 자성체(magnetic substance)라 한다. 지금 그림 6-1과 같이 진공 중의 평등 자계 H_0 내에 자성체를 놓으면 자화되어, 자화의 세기 J에 따르는 자극 S, N이 표면에 유도된다. 이와 같이 물체를 자계 중에 놓으면 자화되는 현상을 자기 유도(magnetic induction)라고 한다.

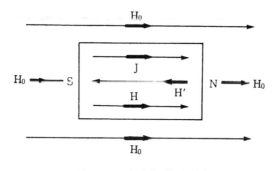

그림 6-1 자성체 내의 자속

따라서 자성체 내부에는 외부의 자계 H_0와 내부의 자계 H'의 합성 자계인 $H=H_0-H'$의 자계가 작용한다.

이에 따라 자성체 내부에는 자계 H에 의한 자력선과 자화의 세기 J에 의한 자화선이 동시에 존재하게 되며 자성체에 따라 그 값이 달라지게 된다. 그러므로 이것들을 종합하면

$$B = \mu_0 H + J \tag{6-1}$$

와 같이 표시된다.

여기서, 자성체 내의 자화는 자성체 내의 자계에 비례할 것이므로

$$J = \chi H = \mu_0 \chi_r H \tag{6-2}$$

과 같이 둘 수 있으며, 여기서 χ를 자화율(magnetic susceptibility), χ_r를 비자화율이라 하고, 자성체의 재질에 따라 다르다. 식 (6-1)에 식 (6-2)를 대입하면

$$B = \mu_0 H + \chi H = (\mu_0 + \chi)H \tag{6-3}$$

여기서

$$B = \mu H \tag{6-4}$$

로 두면

$$\mu = \mu_0 + \chi \tag{6-5}$$

의 관계가 성립한다. 이 μ는 자성체의 투자율(permeability)에 해당하는 것이 되므로,

μ와 μ_0의 비

$$\mu_r = \frac{\mu}{\mu_0} = 1 + \frac{\chi}{\mu_0} = 1 + \chi_r \tag{6-6}$$

로 표시되는 μ_r를 자성체의 비투자율(relative permeability)이라 하고, $\chi/\mu_0 = \chi_r$를 비자화율(relative magnetic susceptibility)이라 한다.

예제 6-1

환상 철심에 코일을 감아 자화의 세기가 0.3[Wb/m²]가 되도록 자화를 시켰다. 철심의 비투자율이 600인 경우 비자화율과 자계의 세기를 구하라.

(풀이) $\mu_r = 1 + \chi_r$에서

$\chi_r = \mu_r - 1 = 600 - 1 = 599$

또한, 식 $\mathrm{J} = \mu_0 \chi_r \mathrm{H}$에서

$\mathrm{H} = \dfrac{\mathrm{J}}{\chi_r \mu_0} = \dfrac{0.3}{(599 \times 4\pi \times 10^{-7})} = 399\,[\mathrm{AT/m}]$

표 6-1은 여러 가지 물질에 대한 비자화율 χ_r를 나타낸 것이다.

표 6-1 물질의 비자화율

물 질	종 별	비자화율	물 질	종 별	비자화율
공기	상자성체	0.037×10^{-5}	구리	반자성체	-0.96×10^{-5}
알루미늄	상자성체	2.2×10^{-5}	물	반자성체	-0.88×10^{-5}
네오디뮴	상자성체	3×10^{-3}	납	반자성체	-1.7×10^{-5}
백금	상자성체	2.9×10^{-4}	코발트	강자성체	250
산소(기체)	상자성체	0.18×10^{-5}	니켈	강자성체	600
진공	반자성체	1	철	강자성체	300~10,000
은	반자성체	-2.64×10^{-5}	퍼멀로이	강자성체	100,000

여기서 자화율 χ의 크기와 부호에 의해 자성체를 다음과 같이 분류할 수 있다.

(1) 상자성체

상자성체(paramagnetic substance)는 외부 전계에 의하여 반대 방향으로 자화하며 양(+)의 자화율을 나타내나 비자화율이 $\chi_r = 10^{-3} \sim 10^{-5}$ 정도로 약하다. 원자 자기 모멘트의 배열은 그림 6-2(a)와 같이 자유스럽고 열진동 때문에 무질서한 방향을 취하고 있다. 그리고 극히 약한 자계 H의 상태에서는 그림 (b)와 같이 자화 J는 H에 비례하여 J와 H는 거의 직선 관계를 갖는다. 이에 속하는 재료는 Al, Pt, Na, Nd, K, O_2 등이 있다.

그러나 그림 6-3(a)와 같이 스핀이 서로 정반대 방향으로 되어 있을 때는 상자성체 중의 특별한 경우로서 반강자성(anti-ferromagnetism)이라 한다.

이와 같은 재료는 온도가 상승하면 그림 6-3(b)에서와 같이 어느 점 T_N을 경계로

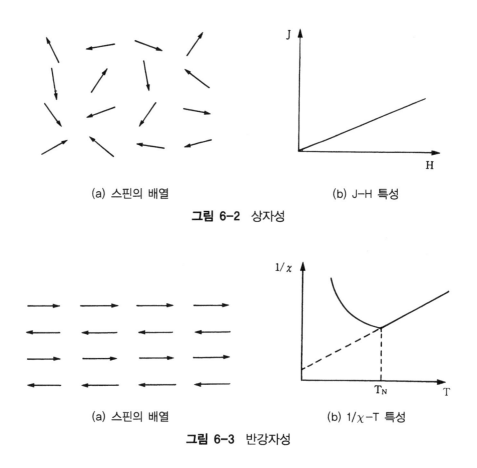

|(a) 스핀의 배열|(b) J-H 특성|

그림 6-2 상자성

|(a) 스핀의 배열|(b) $1/\chi$-T 특성|

그림 6-3 반강자성

하여 그 이상은 상자성, 그 점 이하는 반강자성을 나타낸다. 이 변태점을 네엘(Néel) 점이라 한다. 이는 그림 6-3(b)와 같이 $1/\chi$ 대 T곡선상의 절점이 된다.

반강자성체에 속하는 재료는 MnO, FeO, CoO, $MnFe_2$, NiO 등이 대표적인 예이다.

(2) 반자성체

반자성체(diamagnetic substance)는 외부 전계에 의하여 반대 방향으로 자화하며, $\chi < 0$인 경우이고 비자화율은 매우 작아 $\chi_r \simeq -10^{-15}$이다. 이는 그림 6-4에서와 같이 자계 H를 가하면 자화 J는 H와 역방향으로 자화되는 것이다.

이의 원인으로서는 전자의 궤도운동 때문이라고 한다. 이에 속하는 재료의 보기로는 Bi, Cu, Ag, Au, Zn, Sb, Pb 등이 있다.

(3) 강자성체

강자성체(ferromagnetic substance)는 외부 전계에 의하여 강한 자성을 나타내는 자성체로 $\chi > 0$인 경우이고 비자화율 χ_r은 대단히 커서 그 값은 $10^3 \sim 10^6$ 정도이다.

자화율 χ는 자계 H의 복잡한 함수로, 자화의 세기 J와 H와의 관계는 직선적이 아닌 그림 6-5와 같은 자화곡선을 나타낸다. 즉, 충분히 강한 자계에서는 포화되며 이때의 Js를 포화자기(Saturation magnetism)라 한다.

강자성체에서는 원자의 자기 모멘트의 배열 방법에 따라 페로자성(ferromagnetism)

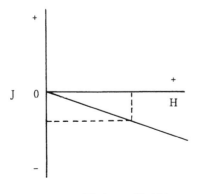

그림 6-4 반자성

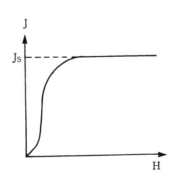

그림 6-5 자화곡선

과 페리자성(ferrimagnetism)으로 나누어진다. 우선 페로자성은 그림 6-6(a)처럼 원자 자기 모멘트가 모두 같은 방향으로 평행으로 배열되어 있는데, 어떤 온도 이상에서는 격자점의 열진동 때문에 평행 배열이 흐트러져서 그림 6-6(b)와 같이 자화 Js는 온도 가 상승함에 따라 감소하고, 어떤 온도 Tc에서 소실된다. 이 Tc를 큐리(Curie)온도라 한다. Fe, Ni, Co 및 그 합금 등이 이에 속한다.

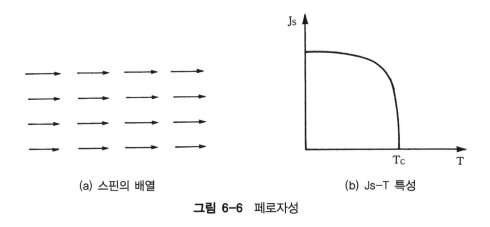

(a) 스핀의 배열   (b) Js-T 특성

그림 6-6 페로자성

페리자성은 그림 6-7(a)에서와 같이 결정 중에 존재하는 두 종류의 스핀이 서로 반 평형하며 그 크기가 다른 경우에 양자의 차에 의한 자발자화(spontaneous magneti- zation)가 발생하는 것이다. 격자점의 열진동으로 Js-T 곡선은 여러 가지의 형태가 되 나 페라이트(ferrite) 등은 그림 6-7(b)와 같이 된다. 금속 산화물만이 아니고 황화물, 기타 화합물 등이 이와 같은 자성을 나타낸다.

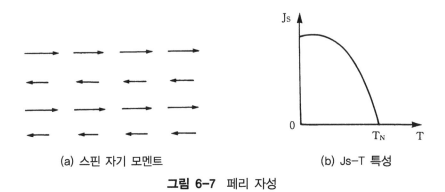

(a) 스핀 자기 모멘트   (b) Js-T 특성

그림 6-7 페리 자성

전기 재료로서 일반적으로 사용되는 것은 강자성체의 자성 재료이다.

6-2 강자성체의 성질

6-2-1 자구와 자화곡선

(1) 자구

철과 같은 강자성체의 표면을 현미경으로 조사해 보면, 그림 6-8에서와 같이 몇 개의 영역으로 나누어짐을 알 수 있다. 이 영역을 자구(magnetic domain)라 하고, 자구와 자구와의 경계를 자벽(domain wall)이라고 한다. 그림 6-8은 간단한 자구의 배치모형을 나타낸 것이다. 강자성체는 외부자계의 작용이 없이도 일정한 방향으로 자발적으로 자화되는 자발자화(spontaneous magnetization)의 상태로 되어 외부에 강자성을 나타낸다.

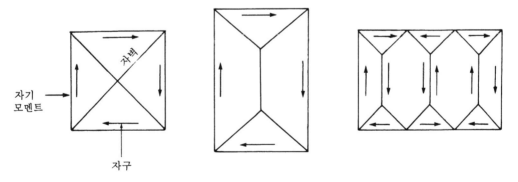

그림 6-8 간단한 자구배치 모형

강자성체는 자발자화된 자구로 나뉘어져 있다. 여기에 외부자계 H를 인가하면 두 과정으로 자구가 변한다. 그 하나는 자벽의 이동에 의한 것으로 외부자계의 방향에 가깝게 자발자화하므로 자구가 확대되어 변화하고, 또 하나는 회전자화로써 강한 외부자계가 가해졌을 때 급히 자발자화의 방향이 자계방향에 일치하게 회전하는 것이 있다. 이렇게 되어 완전히 방향이 일치되면 그 이상은 자화할 수 없으므로 자화는 포화

상태에 이른다. 그림 6-9는 외부자계 H에 대한 자화의 과정을 모형적으로 나타낸 것이다. 그림 (a)는 자계가 없는 경우로서 각 자구의 크기가 같고 화살표 방향을 취할 때의 모양이며, 전체로는 자화가 0으로 되어 있다. 여기에 외부에서 자계 H를 인가하면, 그림 (b)와 같이 외부자계 H와 가까이 있는 쪽의 자구가 자벽의 이동으로 인하여 자화의 영역이 넓어진다. 더욱 자계를 강하게 하면 그림 (c)와 같이 전체의 자구가 회전하여 외부자계 H와 같은 방향으로 자화된 하나의 자구에 통일되어, 그 이후 자계를 강하게 해도 자화는 증대하지 않고 포화되어 버린다.

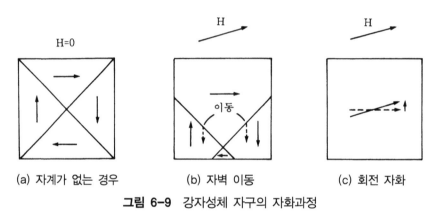

(a) 자계가 없는 경우   (b) 자벽 이동   (c) 회전 자화

그림 6-9 강자성체 자구의 자화과정

(2) 자화곡선

자화되어 있지 않은 강자성체에 외부로부터 서서히 자계 H를 0으로부터 점차로 크게 해 가면, 이에 대응한 자속 밀도 B는 그림 6-10(a)의 1~4와 같이 변화한다. 이와 같은 곡선을 자화곡선(magnetization curve)이라 한다. 이 경우에 1~2의 범위에서는 자구면적의 변화에 따라 자화되어 있으나, 2~3의 범위에서는 자구의 자화 방향의 급작스런 변화에 의하여 자화가 진행된다. 3~4의 범위에서는, 자구의 자화 방향이 자화 용이축으로부터 벗어나게 되어 자계의 방향으로 회전한다. 4를 지나면 전체의 자구의 자화 방향이 자계 방향과 일치하여 포화상태로 된다. 그러나 자화 상태를 자세히 살펴보면 원활한 곡선이 아니고, 그림 6-10(b)와 같이 불연속적인 계단상태의 변화를 하게 되는데, 이것을 바르크하우젠 효과(Barkhausen's effect)라 하며, 코일에 철심을 사용할 경우 잡음의 원인이 되기도 한다.

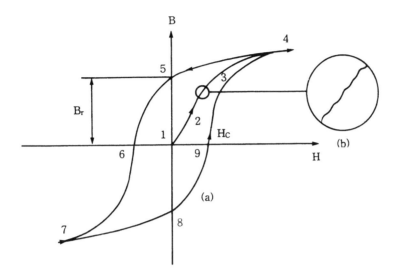

그림 6-10 강자성체의 자화곡선과 히스테리시스곡선

다음에 자계 H를 감소시켜 가면 4~5와 같은 곡선에 따라 B가 감소되고, 자계의 세기를 완전히 0으로 해도 5점에 해당하는 자속밀도 B_r가 남게 된다. 이 B_r를 잔류자속밀도(residual flux density)라 한다. 이 점에서 자계를 역방향으로 가하여 증가시키면 5~6곡선과 같이 B가 변화 감소하여 6점에서 B가 0이 된다.

즉, 잔류자기를 완전히 상쇄시키기 위하여 H_c만큼의 역방향의 자계를 가해야 하며, 이 H_c를 보자력(coercive force)이라 한다. 또한 5~6곡선을 감자곡선(demagnetizing curve)이라 부르는데 이 곡선은 영구자석에서는 대단히 중요하다. 계속 자계를 역방향으로 증가시키면 6~7곡선이 된다. 자계 H를 다시 양(+)의 방향으로 변화시키면 7~8~9~4의 곡선이 된다. 4점에서 자계 H를 감소시키면, 이제는 4~1의 경로가 되지 않고, 4~5~6~7의 곡선에 따라 변화하게 된다. 이와 같이 자계를 양(+), 음(-)의 방향으로 1사이클 변화시키면, B-H 곡선은 4~5~6~7~9~4의 환선을 그리게 된다. 이러한 B-H곡선을 히스테리시스곡선(hysteresis curve)이라 한다. 여기서 곡선 1~2~3~4는 처음 자화할 때 한 번만 통과하므로 초기자화곡선이라 한다. 히스테리시스 곡선은 자성체의 성질을 나타내는 것으로 B_r이 크고 H_c가 작은 것은 전자석 재료, H_c가 큰 것은 영구자석 재료에 적합하다.

6-2-2 자성체 손실

강사성체를 교류회로에서 사용하게 되면 히스테리시스손(hysteresis loss)과 와전류손(eddy current loss)이 생기는데 이들 두 손실의 합을 철손(iron loss)이라 한다.

철손의 값은 철심 재질에 따라서 다른 것은 물론이지만 자속밀도, 주파수, 파형 및 철심재의 두께 등에 따라 달라진다.

(1) 히스테리시스손

히스테리시스손은 일반적으로 히스테리시스곡선의 면적으로부터 구할 수가 있으며, 이에 주파수를 곱하면 단위 체적당 매초 발생되는 에너지 손실이 구해진다.

이를 W_h 라 하면 스타인메츠(Steinmetz)의 실험식에 의해

$$W_h = \oint HdB = f\eta B_m^{1.6} \, [w/m^3] \tag{6-7}$$

가 된다. 여기서 η는 재료에 따라 정해지는 상수로 히스테리시스 계수라고 하며 $2.5 \times (10^2 \sim 10^4)$ 정도이다. $B_m[w/m^2]$은 최대자속밀도이다. 따라서 히스테리시스손을 작게 하기 위해서는 히스테리시스 계수가 작은 재료를 선택해야 한다. 특히 주파수가 높아지면 더 한층 그러하다. 예를 들면 저주파인 상용주파수에서는 규소강판이 사용되지만 고주파가 되면 박막 퍼멀로이나 페라이트(ferrite) 등이 시용된다.

(2) 와전류손

철심에 교번자계를 가하면 자속밀도의 변화에 의해서 철심 속의 자속의 변화로 2차 전류가 유도된다. 이 전류가 철심에 흐르면 주울(Joule)열이 발생한다. 이 열손실을 와전류손이라 하며, 두께가 t[m]인 철판에서 발생하는 와전류손 W_e는 1[m³]에 대하여

$$W_e = \frac{1}{6\rho} (\pi t f B_m)^2 \, [w/m^3] \tag{6-8}$$

가 된다. 여기서 ρ는 자심재료의 저항률이다. 따라서 와전류손을 줄이기 위해서는 저항률이 큰 것을 선택할 것과, 판두께를 얇게 하고 다시 철심의 층간 절연을 해야 한

다. 와전류손은 주파수 f의 제곱에 비례하므로 고주파에서는 더 큰 중요한 구실을 한다. 그러므로 철심재료는 고주파일수록 얇게 만들어야 한다. 고주파용으로는 미립자의 자기재료를 분말로 하여 표면을 절연한 다음 압축 성형한 압분자심(dust core), 또는 금속 산화물인 페라이트(ferrite)가 쓰이고 있다.

또 손실 이외에 와전류에 의한 자계 때문에 자화의 변화가 지장을 받는 작용, 즉 표피효과(skin effect)에 의해

$$S = \sqrt{\frac{2\rho}{\omega\mu}} \tag{6-9}$$

인 깊이 S에서 자화의 변화는 1/e로 감쇄해 버린다. 예를 들면 철에서 $\mu_r = 500$, f = 50[Hz], $\rho = 10^{-7}[\Omega \cdot m]$일 때 $S \simeq 1$[mm]로 된다. 따라서 이 이상 두꺼운 재료를 쓴다는 것은 낭비가 된다. 그래서 전기기기 등에서는 저항률이 큰 규소강을 박판형으로 사용하고, 또 보다 높은 주파수에서는 저항률이 훨씬 큰 금속 산화물인 페라이트(ferrite) 등을 사용하고 있다.

그림 6-11은 와전류에 의한 자화의 표피효과를 나타낸 것이다.

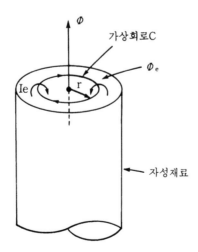

그림 6-11 와전류에 의한 자화의 표피효과

6-2-3 자기이방성

강자성 단결정에서 자화가 결정의 방향에 따라 현저히 달라지는 현상을 자기이방성 (magnetic anisotropy)이라 한다. 즉, 자화하는 방법에 방향성이 있다는 것이다. 자화 용이 방향은 결정의 종류에 따라 다르며 철에서는 [100]이지만 철과 같은 입방정계에 속하는 니켈에서는 [111]이다. 예를 들면 철은 결정의 [100]방향이 가장 자화하기가 쉽다 이것은 자화가 포화에 달하기까지 자벽의 이동에 의하여 자화가 증가하기 때문 이며 강한 자계를 필요로 하지 않는다. 이에 대하여 [110]방향의 경우는 자벽이동에 의하여 안정한 사구가 되기까지 사화하지만, 그 이상의 자세에 내해서는 자구의 회전 이 따르므로 회전에 요하는 에너지가 필요하게 되어 자화의 정도는 낮아지고, [111]방 향은 더욱 자화하기 어렵고 자구회전이 많아지므로 도중에서 자화곡선이 굴곡하여 포 화에 가까워진다. 그림 6-12는 철의 자화특성곡선을 나타내고 있다.

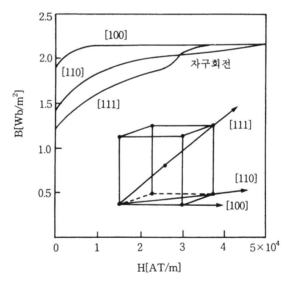

그림 6-12 철 단결정의 자화특성

일반적으로 자기이방성은 온도 상승과 함께 급감하고 큐리점(Curie point)에서 자발 자화의 소멸과 함께 없어진다. 즉, 온도의 상승에 따라 스핀의 방향이 흐트러지기 때 문이다.

6-2-4 자기왜형

Fi, Ni, Co 등의 강자성체를 자화하면 자성체의 왜형이 변화되는 현상을 자기왜형 (magnetic striction)이라 한다. 형태의 변화에는 자성체의 종류에 따라서 신축하는 것이 있는데, 그 변형에 의한 왜형 $\lambda = \Delta l / l$은 보통 상당히 적으며 $10^{-5} \sim 10^{-6}$ 정도이다. 이 현상은 자구배열이나 자화기구를 생각하는데 있어 중요한 것이다. 그림 6-13은 각종 재료의 자기왜형 특성을 나타낸 것이다.

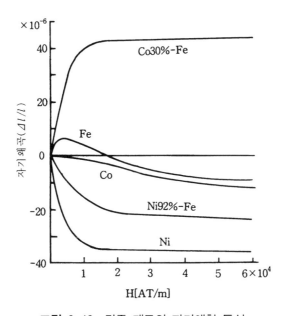

그림 6-13 각종 재료의 자기왜형 특성

이와 같이 자화의 변화에 따른 변형의 원인은 하나의 자구 내부에서 결정이 자화의 방향으로 왜형을 갖고 있기 때문이다. 여기에 외부자계를 가하여 자화의 방향을 정렬하면 각 자구 내의 왜형은 자화에 의한 자구회전에 따라 그 방향을 바꾸기 때문에 전체로서 왜형의 변화가 생긴 것이다.

길이 l [m], 영률 E [N/m^2], 밀도 d [g/cm^3]인 자성체봉의 길이방향으로 기계적 진동을 줄 경우 봉의 고유 진동수 f_0는

$$f_0 = \frac{1}{2l} \sqrt{\frac{E}{d}} \ [\text{Hz}] \tag{6-10}$$

로 표시된다. 따라서 재료를 f_0인 주파수의 교번자계로 여자하면 봉은 공진을 일으키게 된다. 이와 같이 전기진동이 기계진동으로 변환되는 이 현상을 초음파 공학에 응용한다.

자기왜형 재료에는 순니켈, 철-니켈 합금, 코발트-철 합금, 철-알루미늄 합금, 코발트페라이트, 니켈페라이트 등이 있다.

6-3 자심재료

자심재료란 강자성체의 가장 중요한 응용분야로 변압기, 발전기, 전동기 등의 철심에서부터 전자기기용 소형 변압기, 초크 코일 등의 철심에 이르기까지 자속을 통하는 목적으로 사용되는 재료이다. 이 재료는 페라이트계나 특수한 것을 제외하고는 철을 주체로 한 합금이 많다. 사용되는 목적에 따라 요구되는 성질이 다르나 자심재료로서 요구되는 일반 조건은 다음과 같다.

　① 투자율이 크고 그 값이 가급적 일정할 것
　② 포화 자속밀도가 클 것
　③ 보자력 및 전류자기의 값이 작을 것
　④ 저항률이 클 것
　⑤ 기계적, 전기적 충격에 대하여 안정할 것
　⑥ 교번자계 중에서 손실이 적을 것

상기 조건을 동시에 만족하는 재료는 없으므로 그 사용 목적에 따라 적당한 재질을 선택해야 한다.

6-3-1 금속 자심 재료

금속 자심 재료의 대표적인 것은 Fe, Fe-Si, Fe-Ni, Fe-Al, Fe-Co 등이 있으며 그 중에서 가장 중요한 것은 Fe-Si 및 Fe-Ni를 주체로 하는 재료이다.

(1) 순철

순철은 전기 분해에 의하여 얻는 전해철과 제련에 의한 아암코철(Armco iron), 화학적 조작에 의한 카아보닐철(Carbonyl iron) 등이 있으나 주로 전해철이 사용된다.

순철은 포화 자속 밀도 및 투자율이 크고 가공성과 경제성에도 우수해서 옛날부터 직류 및 저주파의 자심 재료로서 많이 사용되고 있다. 그러나 순철의 자기특성은 C, S, N, O, Si, Mn 등의 불순물에 의하여 크게 영향을 받으므로 사용하는 순철은 되도록 고순도의 것이 사용되며, 특히 탄소가 적은 것이 좋다. 전해철은 보통 0.0015~0.03 [%], 아암코철은 0.01~0.04[%]의 탄소를 함유한다. 순철의 용도는 전압조정기, 계전기, 계기류의 철심으로 사용되는 외에 자기 차폐 등에도 사용된다. 표 6-2는 순철의 자기적 성질을 나타낸 것이다.

표 6-2 순철의 자기적 성질

종 류	비투자율	최대비투자율	잔류자기 [Wb/m²]	보자력 [AT/m]	고유저항 [μΩcm]
전해철	500	15,000	1,050	28.8	9.97
아암코철	250	7,000	1,000	60.0	9.37
카아보닐철	2,500	15,000	5.55	16.8	9.97

일반적으로 상용 순철에 탄소의 함유량을 약간 많게 한 것을 탄소강이라고 하는데, 순철에 함유된 탄소량에 따라 자성은 떨어지나 기계적 강도가 높아진다. 통상 탄소량 0.08~0.5[%] 정도의 것이 사용된다. 탄소 함유량이 0.2[%] 정도의 것은 연강, 0.1 [%] 이하의 것은 극연강이라 불린다. 전기기기용으로서는 탄소량이 0.05~0.1[%]인 극연강이 가장 좋으나, 기계적 강도가 큰 연강을 사용하는 경우가 많다. 탄소가 0.2 [%] 정도 포함된 것이 자성이 다소 감소하지만, 회전기의 자극 철심으로서는 이 정도

외 탄소를 포함한 두께 1.6~3.2[mm]의 강판을 겹쳐서 사용한다. 고속도회전기 자극 등에는 기계적 강도를 고려하여 탄소량이 0.5[%] 정도의 탄소강판이 사용된다.

(2) 규소강

철에 소량의 규소를 가하여 규소-철 합금을 만들면 자기적 성질도 우수하고, 가공이 쉬워 박판을 만들 수 있고, 에이징(aging)도 적기 때문에 전동기, 계전기, 변압기, 통신용 기기 등의 자심 재료로 널리 사용된다. 규소를 약 5[%] 첨가하면 저항률이 순철의 7배가 되고, 와전류손이 감소되는 동시에 비투자율이 증대한다.

그러나 규소첨가량이 5.5[%] 이상이 되면 오히려 특성이 나빠지고, 가공성을 어렵게 하므로 규소의 첨가량은 5[%] 이하가 적당하다. 이 중 1~3[%] 정도까지의 것은 발전기, 전동기 등 회전기에 사용되고, 4~5[%] 정도의 것은 변압기용 철심에 사용된다. 그림 6-14는 규소강의 자기 특성을 나타낸 것이다.

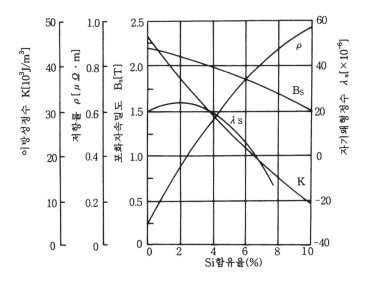

그림 6-14 규소강의 자기특성과 규소 함유량의 관계

규소 강판(silicon steel sheet)에는 압연 방향과는 관계없이 어느 방향으로나 같은 정도의 고투자율을 갖는 무방향성의 것과 압연 방향으로 우수한 고투자율을 갖는 방

향성의 것이 있다.

① 무방향성 규소강

냉간 압연 규소 강판은 규소 3~3.5[%] 정도 함유한 철-규소 합금을 250[℃] 정도에서 냉간 압연과 1,000[℃] 이상의 풀림의 조합에 의해 강판으로 한 것으로 결정의 방향성이 문제되지 않도록 한 것이다. 이에 반해 열간 압연 규소강판은 950[℃]~1,150[℃] 사이에서 강괴를 열간롤로 압연하여 박판을 만들고 850[℃]~900[℃]에서 열처리한 것이다. 특히 냉간 압연 규소강은 표면이 매끈하므로 점적률(space factor)이 좋으며, 무방향성이기 때문에 적당한 넓이의 강대에 연속적으로 펀칭(punching)할 수 있기 때문에 고능률의 작업이 가능하고, 고자속 밀도로 철손도 적다. 중소형 변압기나 회전기처럼 자속방향이 한 방향이 아닌 것, 형광등용 안정기처럼 철손이 별로 문제되지 않는 철심에 사용된다.

규소 강판을 철심으로 사용하는 경우에는 반드시 적층으로 하는데, 이 경우에는 점적률을 가급적 크게 하기 위해 강판의 표면을 산세해서 산화피막을 제거하는 방법이 채택되고 있다. 이 조작은 자기적 성질의 개선에 도움이 되지만 층간 절연이 나빠지는 경우도 있으므로 여러 가지 방법으로 절연피막을 만들어 층간절연을 좋게 하고 있다. 최근에는 자기특성도 열간 압연 규소강 쪽보다 약간 우수하므로 넓은 이용범위에 걸쳐 열간 압연 규소강이 쓰이던 곳에 냉간 압연 규소강으로 대체되어 가고 있다.

그 대표적 자기 특성에 대한 예를 표 6-3에 표시하였다.

표 6-3 냉간 압연 규소강대의 종류와 자기 특성

종류	밀도 [g/cm³]	두께 [mm]	철손 [W/kg]		자속밀도[Wb/m²]
			$W_{10/50}$	$W_{15/50}$	B_{40}
S 23	7.75	0.35	2.30 이하	5.50 이하	1.63 이상
		0.50	2.70 이하	6.20 이하	
		0.70	3.90 이하	9.00 이하	
S 20	7.75	0.35	2.05 이하	5.00 이하	1.62 이상
		0.50	2.30 이하	5.40 이하	
		0.70	3.40 이하	7.90 이하	

종류	밀도 [g/cm³]	두께 [mm]	힐손 [W/kg]		사측밀노[Wb/m²] B₄₀
			W₁₀/₅₀	W₁₅/₅₀	
S 18	7.65	0.35	1.80 이하	4.40 이하	1.61 이상
		0.50	2.00 이하	4.70 이하	
		0.70	2.50 이하	5.80 이하	
S 14	7.65	0.35	1.45 이하	3.60 이하	1.58 이상
		0.50	1.65 이하	4.00 이하	
S 12	7.65	0.35	1.25 이하	3.10 이하	1.57 이상
		0.50	1.45 이하	3.60 이하	

② 방향성 규소강

방향성 규소강판은 상온에서 압연과 풀림에 의한 재결정을 반복하여 얇은 판 중의 결정 입자를 성장시키는 동시에, 자화 용이축을 압연 방향으로 향하도록 하여 자기 특성을 향상시키고, 자화 방향과 일치시켜서 사용하는 강판이다. 이 방법으로 만들어지는 규소 강판은 1934년 고스(N.P. Goss)에 의해 처음으로 만들어진 것이며, Goss 강판 또는 방향성 규소강대(oriented silicon strip)로서 많이 사용되고 있다.

그림 6-15는 압연 방향과 자화곡선의 관계를 표시한 것으로, 압연 방향만이 자화 용이축이 되어 있다.

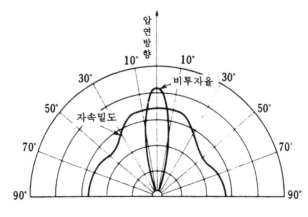

그림 6-15 방향성 규소강대의 자기 이방성

철의 단결정은 [100]방향으로 쉽게 자화된다. 따라서 규소가 철과 치환된 합금의 규소강 단결정도, 철과 같이 자기 이방성을 나타낸다. 따라서 강판을 구성하는 많은 결정의 자화 용이축이 어떤 특정한 방향으로 모두 배열되게 하면 그 방향으로 높은 투자율이 생긴다. 이 강대의 특성은 표 6-4에서처럼 냉간 압연규소 강판에 비해 철손이 작고 비투자율이 커서 철손이 문제되는 전력용 변압기의 철심에 사용된다.

표 6-4 방향성 규소강대의 종류와 자기 특성

종 류	두께 [mm]	철손 [W/kg] [W$_{17/50}$]	자속밀도 [W$_{17/50}$] B$_8$
G 15	0.35	2.30 이하	1.61 이상
G 13	0.30 0.35	1.96 이하 2.00 이하	1.66 이상
G 12	0.30 0.35	1.79 이하 1.83 이하	1.70 이상
G 11	0.30 0.35	1.62 이하 1.66 이하	1.73 이상
G 10	0.30 0.35	1.47 이하 1.51 이하	1.76 이상
G 09	0.30	1.33 이하	1.78 이상

상술한 방향성 규소강대는 압연 방향만이 자기적 성질이 우수한, 이른바 1방향성의 것이지만 이것으로는 철심을 여러 가지 형으로 펀칭(punching)해서 사용하거나 또는 자속이 끊임없이 방향을 바꾸는 경우에 사용하는데 불편하다. 그래서 고안된 것이 2방향성 규소강대(double oriented silicon steel strip)인데, 이것은 냉간 압연과 열처리를 적당히 구성하여 압연 방향과 그것에 수직방향으로 용이 방향을 가진 것으로, 두 방향에서 투자율이 크다는 특징의 것이다. 그림 6-16은 2방향성 규소강대에 있어서 결정배열과 자성의 방향성을 나타낸 것이다.

일반적으로 규소강판은 와전류손을 줄이기 위하여 성층(lamination)하여 사용하는데, 표면을 절연처리하여야 한다. 표면에 절연을 하는 방법으로는 여러 가지 방법이 있으나 최근에는 특수 열처리로 규소강판의 표면에 무기질의 절연층을 생성시키는 방법으로 하고 있다. 이를 카알라이트(carlite) 절연이라 하며, 절연층은 $10^{-3} \sim 10^{-4}$[mm]

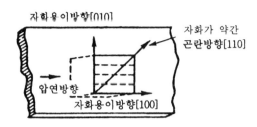

자화용이방향[010]

자화가 약간
곤란방향[110]

압연방향

자화용이방향[100]

그림 6-16 2방향성 규소강대에 있어서 결정배열과 자성의 방향성

로 800[℃] 정도의 고온에서도 견딜 수 있다. 따라서 가열 후에 풀림을 하여도 절연은 나쁘게 되지 않는다. 이 2방향성 강판은 핀칭해서 회전기의 자심 등에 사용된다.

(3) 철-알루미늄 합금

철에 약간의 알루미늄을 첨가하면 일반적으로 자기적 성질이 개선되어 저항률이 커지며, Al 16[%] 합금에서는 저항률이 약 $150[\mu\Omega \cdot cm]$에 이르므로 고주파용 자심 재료로서는 아주 적합하다. 그러나 이 합금은 용해나 압연이 어려워서 많이 사용되지 않았으나 최근에는 이들의 문제가 해결되면서 가격면에서도 유리하여 철-니켈 합금의 대용으로 점차 많이 사용되어 가고 있다. 알루미늄은 철에 약 32[%] 정도 고용되며, 13.9[%]의 알루미늄은 Fe_3Al의 규칙격자를 형성하므로 퍼멀로이(permalloy)와 같이 열처리 방법에 따라 자성이 현저하게 변화된다. 철-알루미늄의 포화자속 밀도는 그림 6-17에서와 같이 14[%] 알루미늄까지는 알루미늄의 증가와 함께 완만하게 감소하지만, 그 이상이 되면 급격하게 감소하여 18[%]에서 영이 된다. 알루미늄의 함유량과 함께 이방성 정수(K)는 감소하고 자왜정수(λ)는 증대하는데, Fe_3Al의 조성에서는 이방성 정수는 0이 되고 자기왜형 정수는 $\lambda = 37 \times 10^{-6}$ 정도의 큰 값을 가지게 된다.

현재 사용되는 합금으로는 Al 13[%]인 알페르(Alfer)와 Al 16[%] 알펌(Alperm) 등이 있다. 특히 알펌은 투자율의 크기는 철-니켈 합금보다 뒤지지만 저항률이 2배 이상의 값을 가지고, 견고성이 좋고, 내마모성에도 우수해서 철심으로 사용되는 외에 자기 녹음용 헤드의 재료로 사용되고 있다. 또한 자왜 정수가 크므로 자왜 재료로도 많이 쓰인다.

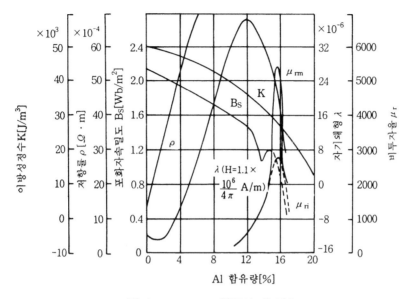

그림 6-17 Fe-Al 합금의 제 정수

(4) 철-니켈 합금

철에 니켈을 30~80[%] 함유하는 철합금을 일반적으로 퍼멀로이(permalloy)라 부르며 니켈의 함유량에 따라 자기적 특성이 그림 6-18과 같이 변화하고 불순물이나 열처리의 냉각방법에 의해서 현저하게 영향을 받는다.

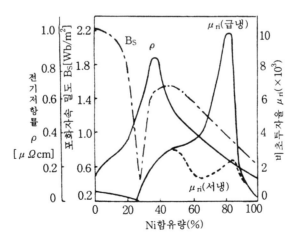

그림 6-18 철-니켈 합금의 제 성질

철에 Ni 70~80[%] 합금한 퍼멀로이는 초투자율이 커서 약한 자계에서 사용되고 Ni를 45~50[%] 합금한 것은 포화자화 값이 커서 자계가 강한 곳에 사용한다. 또 Ni를 30~40[%] 합금한 퍼멀로이는 저항률이 커서 교번자계에서 사용하는데 적합하다. 이와 같이 철-니켈 합금은 합금 조성에 따라 특성이 다르므로 그 합금 종류는 대단히 많다.

예를 들면 니켈의 함유량에 따라 78.5 퍼멀로이, 45 퍼멀로이, 36 퍼멀로이 등이 있는데, 78.5 퍼멀로이는 고투자율 재료의 대표적인 것이다. 이것은 니켈 78.5[%], 철 21.5[%]의 합금으로 900~1,100[℃]에서 서서히 냉각하여 600[℃] 정도의 노에서 꺼내어 공기 중에서 급냉시킨 것으로 초비투자율 $\mu_{si}=12\times10^3$, 최대 비투자율 $\mu_{sm}=12\times10^4$, 히스테리시스손은 전해철의 1/5 정도이다. 퍼멀로이는 규소강판에 비해 저항률이 낮기 때문에 제3원소로서 크롬, 몰리브덴 등을 첨가해서 저항률을 증가시켜 와전류손을 감소시킬 수 있을 뿐만 아니라 풀림처리 후 서냉하더라도 대단히 높은 투자율을 얻을 수 있다. 이것을 3원 퍼멀로이라 하며, Mo 퍼멀로이, Cr 퍼멀로이, 수퍼멀로이(super permalloy)가 있다. 또 Fe 30[%], Ni 45[%], Co 25[%] 3원 합금은 퍼어민바(perminvar)라 불리며, 넓은 자화범위에서 초투자율이 대체로 일정하게 되는 특성을 가진 정투자율 재료이다. 그림 6-19는 수퍼멀로이와 퍼멀로이의 투자율을 비교한 것이다.

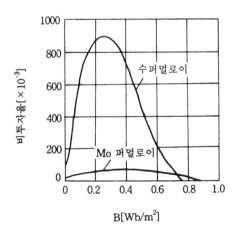

그림 6-19 수퍼멀로이와 퍼멀로이의 투자율 곡선의 비교

퍼멀로이는 히스테리손이 적고 투자율이 크므로 0.25~0.35[mm]의 박판으로 가공하여 전자, 통신기기용 자심 재료로 사용하고 있다.

6-3-2 고주파용 자심재료

전자나 통신기기용 인덕턴스 코일에 이용되는 자심재료는 사용 주파수가 높아 고주파 손실이 커지기 때문에 투자율은 높으면서 히스테리손과 와전류손이 작은 재료가 필요하다. 따라서 고투자율 금속을 분쇄하여 작은 입자로 만든 다음 각 분말의 표면을 절연처리하고 결합제를 섞어 압축성형하거나 또는 저항률이 높은 산화물을 소결하여 사용된다.

이 중 금속을 분쇄하여 압축 성형한 것을 압분심(dust core)이라 하고, 산화물을 소결한 것을 페라이트(ferrite)라 한다.

(1) 압분심

압분심에는 그 원료에 따라 카보닐철(carbonyl iron) 압분심, 퍼멀로이 압분심, 센더스트(sendust) 압분심 등이 있다.

① 카보닐철 압분심

철카보닐인 $Fe(Co)_6$를 열분해하면 극히 순도가 높은 카보닐철의 구상 미립자를 얻을 수 있는데, 이들을 절연하여 가압 성형한 것으로 고주파용 자심으로 매우 우수하다. 초비투자율이 25~60으로 고주파용 또는 장하코일(loading coil) 자심에 사용된다. 특히 지루퍼(sirufer), 지매퍼(simafer)는 이 압분심에 속하는데 비투자율은 20 정도로 다소 떨어지나 미세입자이므로 손실이 적어 1~100[MHz] 범위의 고주파용에 적합하다.

② 퍼멀로이 압분심

퍼멀로이 속에 소량(0.01[%] 정도)의 유황을 첨가하여 용해시켜 주조하면 침상결정이 되어 아주 물러진다. 이를 열간 압연 또는 냉간 압연하여 200매쉬(mesh) 이하의 미립자로 분쇄하여 성형하고 소성(sintering)하면 압분자심이 되는데, 이것은 저항률이

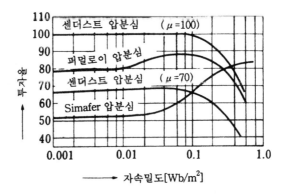

그림 6-20 각종 압분심의 자속밀도에 의한 투자율의 변화

높아 100[kHz] 정도까지는 와전류손은 거의 0이라고 보아도 좋다. 초비투자율이 70∼80 정도로 순철의 압분심보다 우수하며, 수백[kHz]의 고주파에 사용된다.

몰리브덴을 첨가한 몰리브덴 퍼멀로이 압분심은 통상 실용되고 있다. 이 압분심은 초비투자율이 110인 것이 얻어지며 주로 100[kHz] 정도까지의 장하코일, 필터, 기타 변성기용 코일 등에 쓰인다.

그림 6-20은 각종 압분심의 특성을 나타낸 것이다.

③ 센더스트 압분심

센더스트(sendust)는 Fe-Si(8∼10[%])-Al(4∼8[%])으로 된 합금으로 이것을 기계적으로 분쇄한 분말을 절연하고 결합제를 섞어서 가압 성형한 것이다. 저항률, 초비투자율 및 최대비투자율이 모두 높고 히스테리손이 작은 특성이 있으나 기계적으로 약하므로 압분철심으로 하여 사용하기에 알맞다. 센더스트 압분심의 비투자율은 사용주파수에 따라 다르다. 용도는 자기헤드재료, 필터, 지연회로, 변성기용 자심으로 많이 사용되고 있다.

그러나 최근에 자기 특성이 뛰어난 페라이트가 개발되어 금속분말의 압분심보다 전기 저항률도 높아서 압분심은 페라이트로 점차적으로 대체되어 가고 있다.

(2) 페라이트

페라이트(ferrite)는 금속 이외에서 강자성을 가진 물질로서 분자식이 $MO \cdot Fe_2O_3$로 표시되는 구조를 가지며, 여기서 M에는 Mn, Cu, Mg, Ni, Fe, Co 등 2가의 금속원소가 된다. 페라이트는 보통 건식법으로 원료를 분쇄하여 결합제나 혼합제를 혼합시켜 가압 성형하여 1,050~1,400[℃]에서 소성하여 만든다. 그림 6-21은 페라이트 제조공정의 전체적인 플로우 차트(flow chart)를 나타낸 것이다. 페라이트는 Fe_2O_3를 주성분으로 하는 반도체의 페리 자성체(ferri-magnetic substance)로 금속 산화물이기 때문에 금속 자성체보다 저항률이 훨씬 크고 와전류손이 적으므로 고주파용으로 적당하여 라디

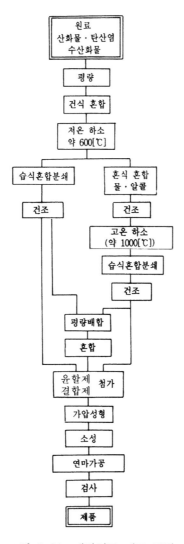

그림 6-21 페라이트 제조 공정

소, TV, 통신기 등의 철심 및 전자계산기의 기억소자나 연산소자 등에 널리 이용된다.

특히 Mn-Zn 페라이트(MnO · Fe$_2$O$_3$+ZnO · Fe$_2$O$_3$)는 투자율 및 자속밀도가 크고, 저항률이 비교적 적으므로 저주파 TV용 플라이백 변압기(flyback transformer)의 자심으로 사용된다. 또 Ni-Zn 페라이트(NiO · Fe$_2$O$_3$+ZnO · Fe$_2$O$_3$)는 저항률이 크고 고주파 손실이 적으므로 라디오용 주파수대의 중간 주파수 변압기로 사용된다.

1,400[℃]로 공기 중에서 소결하면 투자율이 약 4,000까지 되는 것이 있다.

한편 Mg-Zn 페라이트(MgO · Fe$_2$O$_3$+ZnO · Fe$_2$O$_3$)는 각형 히스테리시스 특성을 나다내므로 전자계산기의 기억소자로 사용되기도 하고, 또한 마이크로파에서의 손실이 적으므로 마이크로파용 기기의 소자 재료로 사용된다.

6-4 영구자석 재료

영구자석(permanent magnet) 재료는 외부에서 가한 기자력이 제거되어도 자화된 상태를 오랫동안 유지하는 강자성체 재료를 말한다. 영구자석 재료는 전동기, 발전기, 전기계기 등은 물론 녹음기, 스피커 등에도 사용되는 등 넓은 응용면이 있다.

6-4-1 영구자석 재료의 성질
영구자석 재료로서 갖추어야 할 성질은 일반적으로 다음과 같다.
① 잔류 자속 밀도와 보자력이 클 것
② 최대 에너지적$(B \cdot H)_{max}$가 클 것
③ 열, 기계적 진동을 받는 경우 자기적 감쇠가 가급적 적을 것
④ 열처리가 용이할 것
⑤ 가격이 쌀 것

영구자석 재료의 자기적 성질을 아는데 중요한 것은 포화상태까지 자화시킨 히스테리시스 곡선 전부를 나타내지 않고 제2상한 부분만을 나타낸 감자곡선(demagnetization curve)에 의해 그 성능을 알 수 있다. 영구자석의 우열은 상술한 것처럼 잔류 자속 밀도 B_r와 보자력 H_C의 크기에 따르는데, 이것을 종합해서 이 2개의 자기에너지의 상승적으로 표시하고, 그 적의 최대값을 최대 에너지적이라 한다. 최대 에너지적을 구하는 방법은 그림 6-22에서 B_r의 횡축과 H_C의 종축을 그어서 그 만나는 점을 A라 하고, OA선과 히스테리시스 곡선의 제2상한의 감자곡선과 만나는 점 P_2에 대한 좌표값 B_2와 H_2의 적, 즉 $(B_2 \cdot H_2)_{max}$이 최대 에너지의 적이 된다.

따라서 영구자석 재료에서 중요한 것은 히스테리시스 곡선의 제2상한의 감자곡선 부분으로서 B_r와 H_C를 크게 해 곡선의 형태를 될수록 각형으로 하는 것이 좋다.

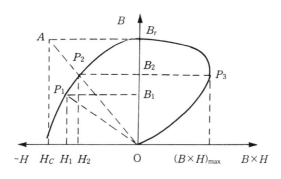

그림 6-22 감자곡선과 에너지적

6-4-2 담금질 경화 자석 재료

탄소(0.5~1.2[%])를 많이 함유한 강을 고온도(변태점 이상)로 가열한 다음, 물 또는 기름에서 담금질(quenching)하여 재료를 경화시켜 보자력을 크게 함으로써 영구 자성을 가지게 한 것으로, 보자력은 크나 조직이 불안정하여 에이징(aging)이 크고, 특히 고온에서 조직이 분해하여 영구 자성을 잃기 쉽다.

(1) 탄소강

탄소 0.8~1.2[%]인 탄소강을 750~850[℃] 정도의 온도에서 물 또는 기름 중에서 담금질한 것으로 오래 전부터 영구자석으로 사용되었다. 그러나 조직이 불안정하고 자기적 성질의 에이징이 커서 정밀을 요하는 것 외에는 별로 사용되지 않는다.

(2) 텅스텐강

탄소강에 5~6[%]의 텅스텐을 첨가한 것으로, 탄소강에 비해 조직이 안정하고 에이징이 적다는 특징이 있다. 이 종류의 재료는 850[℃] 정도에서 담금질을 하면 영구자석으로서 좋은 특성을 나타내지만, 담금질 온도가 너무 높다든지 혹은 고온 유지 시간이 너무 길면 탄화물을 석출해 자성의 열화를 가져와 성능이 저하한다.

(3) 크롬강

크롬을 2~3[%], 탄소를 1[%] 첨가한 강으로 텅스텐강에 비해 자성은 약간 떨어지나 가격이 저렴하므로 현재도 사용되고 있다.

(4) KS강

코발트 30~40[%], 텅스텐 5~8[%], 크롬 3~5[%], 탄소 0.7~1.0[%]를 함유한 강으로, 담금질 경화 자석 중에서 가장 우수하며, 기계적 진동에도 비교적 안정하며, 특히 보자력이 큰 것이 특징이다. KS강의 성능은 코발트량에 따라 향상된다.

KS강의 열처리법은 주조 후 750[℃]로 30분간 예열한 후 950[℃]로 5분 동안 유지한 다음 기름 중에서 급냉시킨다. 이상에서 설명한 담금질 경화형 자석 재료의 특성은 표 6-5와 같다.

표 6-5 담금질 경화 자석 재료의 특성

재료	조성 [%]			열처리조건 [℃]	H_C [Am^{-1}]	B_r [Wbm^{-2}]	$(BH)_{max}$ [10^4Jm^{-3}]	기계적 성질	비중
	Co	C	기타						
탄소강	-	0.9	1Mn	800WQ	4,000	1.0	0.16	H.S.	7.8
W강	-	0.7	5W, 0.3Mn	850WQ	5,600	1.03	0.26	H.S.	8.1
Cr강	-	0.9	3.5Cr, 0.3Mn	830OQ	5,200	0.97	0.24	H.S.	7.0
17Co강	17	0.75	2.5Cr, 8W	1,000OQ	12,000	0.95	0.52	H.S.	8.35
KS강	35	0.85	4Cr, 6W	950OQ	20,000	1.2	1.2	H.S.	8.15

6-4-3 석출 경화 자석 재료

탄소를 포함하지 않은 철합금을 열처리에 의하여 과포화의 고용체로 만든 다음

600[℃] 이상 뜨임질하여 미세한 형으로 석출시킨 것으로, 이 석출입자에 의해 보자력을 높인 자석을 석출 경화 자석이라 한다. 용도는 계기, 픽업, 스피커, 소형 발전기 등에 널리 사용된다. 이 자석은 주로 주조에 의해 만들어지며 다음과 같은 종류가 있다.

(1) MK강

MK강의 성분은 니켈 15~40[%], 알루미늄 9~15[%]를 함유한 철에 소량의 코발트를 첨가한 것으로 이것은 보통 금형으로 주조하여 650~750[℃]에서 풀림 열처리를 하여 석출 경화시킨 것이다. 이것은 자기적 특성이 대단히 우수한 영구자석 재료이다. 열 및 진동에 극히 안정하고 KS강에 비해 잔류자기는 약간 작지만 보자력이 약 2배로 상당히 크고 가격도 저렴하다. 그러나 부서지기 쉬워서 단조는 할 수 없고 주조해야 한다. 이것은 소형으로 할 수 있으므로 픽업, 수화기, 계기 소형 발전기 등에 널리 사용된다.

(2) 알니코(alnico)

MK강에 코발트, 구리, 티탄 등을 첨가하여 특성을 개량한 것으로 합금 성분과 처리 방법에 따라서 많은 종류가 있다. 그 중에서도 자계 중 냉각을 한 알니코가 널리 사용되고 있다. 이 계통의 합금은 어느 것이나 단단하고 취성이 있어서 성형은 주조에 의하는 것 외에는 없고 가공은 할 수 없다. 고보자력이므로 실용자석의 크기를 소형화할 수 있으며 소요재료의 경감과 이 자석을 이용한 계기의 소형화가 가능하다.

(3) NKS강(신KS강)

1934년 혼다(Honda)에 의해 발명된 것으로, 철-니켈-알루미늄 합금에 코발트, 티탄 등을 첨가한 합금이다. 금형으로 주조 후 650~750[℃]에서 풀림 열처리하여 석출 경화시킨다. 이 합금은 보자력이 현저히 크고, 열 및 진동에도 강하고 비중이 작다는 특성이 있다. 현재 실용되고 있는 자석 재료 중 가장 우수하다. 표 6-6은 NKS강의 특성을 나타낸 것이다.

표 6-6 NKS강의 특성

명칭	조성	자기 특성		
		H_C [AT/m×10^3]	B_r [Wb/m²]	(BH)$_{max}$×10^{-9}
NKS 1	Fe-Ni-Al-Co-Cu-Ti계	56	1.10	29.6
NKS 2	Fe-Ni-Al-Ti계	48	0.52	9.6
NKS 3	Fe-Ni-Al-Co-Cu계	48	1.25	38.4
NKS 4	Fe-Ni-Al-Co-Cu-Ti계	76	0.60	16.0
NKS 5	Fe-Ni-Al-Co-Cu계	56	1.32	48.0

(4) 쾌스테르(köster)강

MK강과 거의 같은 시기에 쾌스테르(Köster)가 발명한 석출 경화형 자석강으로, 코발트 5~19[%], 몰리브덴 14~19[%]를 함유하며, 약 1,300[℃]에서 급냉 후 700~800[℃]에서 뜨임을 하여 석출 경화시킨다. 고온에서 압연이나 주조가 가능하지만, 코발트나 몰리브덴을 다량 함유하므로 MK강보다 비싸다. 기계적 가공이 비교적 쉬우나 값이 고가인 것이 단점이다.

(5) 큐니페(cunife)·큐니코(cunico)

구리를 주성분으로 하여 구리(60%)-니켈(20%)-철(20%) 또는 구리(50%)-니켈(21%)-코발트(29%)의 성분을 갖는 석출 경화재료이다. 자기 특성은 알니코 정도지만 특히 기계가공이 용이하고 기계적으로 비교적 유연하고 선인(wire drawing)을 하면 길이방향에 따라 자기 특성은 향상되나 직각방향에서는 저하한다. 특히 압연방향의 자성이 우수해 선인하여 초소형의 자기 녹음용선으로 사용된다.

(6) 비칼로이(vicalloy)

코발트(52%)-바나듐(14%)-철(34%)의 합금으로 압연, 선인 등의 가공이 용이한 자석이다. 포화자속밀도는 바나듐의 함유량 또는 뜨임에 의하여 감소한다. 강도 높은 냉간가공에 의해 현저한 자기 이방성이 생기므로 얇은 테이프로서 자기 녹음재료에 사용되고 있다.

6-4-4 미립자형 자석 재료

강자성체를 미세한 입자로 하면 어느 한계치수(10^{-6}[cm]) 이하에서는 단자구(single domain) 구조로 되기 때문에 보자력이 현저하게 증가한다. 이와 같이 미세한 입자를 이용하여 만든 자석을 미립자형(분말형) 자석이라 하고, 금속분말 자석과 금속 산화물 자석으로 크게 구분할 수 있다.

(1) 금속분말 자석

강자성 금속분말을 압축 성형해서 만든 것으로, 분말은 철 또는 철-코발트 합금의 판을 양극, 수은을 음극으로 하고 황산의 용액 중에서 전해시키면 수은전극 중에 직경 약 0.02[μ], 길이 약 0.1[μ] 정도인 극히 작은 철 미분말이 된다. 이것을 납 또는 플라스틱을 결합제로 자계 중에서 성형한 것이 ESD 자석(elongated single domain magnet)이라 한다. 이 자석은 입자를 가늘고 길게 할 수 있으므로 형상에 의한 이방성이 크므로 높은 보자력이 얻어지며 경량이고 가공이 용이한 것이 특징이다.

(2) 금속 산화물 자석

금속 산화물 합금의 분말가루를 압축 성형하고 고온에서 소결한 자석으로, 보자력이 상당히 크므로 길이가 짧은 자석을 만들 수 있다. 무게는 가볍지만 부서지기 쉬운 결점이 있다.

① OP 자석

OP(oxide powder) 자석은 인공으로 만든 최초의 페라이트 자석으로, 아철산 코발트($CoO \cdot Fe_2O_3$)와 자철강($FeO \cdot Fe_2O_3$)의 분말을 50[%]씩 혼합하여 압축 성형하고, 1,000[℃]에서 소결한 것이다. 잔류 자기는 그다지 크지 않지만, 보자력이 현저히 크고 비교적 가벼운 것이 특징이다. 또 이 자석은 1,000[℃]로 가열 후 300[℃]에서 자계(8×10^4[AT/m])를 가하면서 냉각하면 특성이 개선되어 최대 에너지적이 커진다. 용도는 발전램프, 마이크로 전동기, 계기 등에 사용된다.

② 바륨 페라이트

바륨 페라이트는 1951년 네덜란드의 필립(Philips)사에서 발명된 것으로 최근 알니코와 같이 널리 이용되고 있는 자석이다. 6방정계에 속하는 마그네토 플럼바이트(magneto plumbite)형의 결정구조를 갖는다. 마그네토 플럼바이트는 $PbO \cdot 6Fe_2O_3$의 화학식을 갖는 자성체인데, 이 Pb를 Ba나 Sr로 치환한 것은 강자성을 나타낸다. 바륨 페라이트($BaO \cdot 6Fe_2O_3$)의 결정은 그 이방성 정수가 크고, 일축 이방성이므로 소결체라도 비교적 용이하게 단일자구 구조를 갖는다. 바륨 페라이트의 제조 과정은 원료를 혼합한 후 한 번 기소한 다음 분쇄히는데 이때 입자의 크기를 수$[\mu]$ 정도 되게 하여 단자 구성을 가지게 한다. 이것을 다시 프레스로 굳히고 1,100~1,400$[\text{℃}]$에서 소결시킨다. 프레스로 가압할 때 자계를 인가하면 이방성의 방향이 고르게 배열되어 이른바 이방성 바륨 페라이트로 된다. 이 자석의 특징은 경량이고 보자력이 크며, 전기저항률이 높고, 내식, 내산성이 우수하지만, 결점으로서는 기계적으로 취약한 점, 자속 밀도가 작고 온도계수가 높은 점이다. 바륨 페라이트의 자석을 수$[\mu]$ 정도의 분말로 하여 고무나 수지에 혼입시켜 흡착용 자석, 소형 전동기, 스피커 등에 사용된다. 바륨 페라이트계 자석은 알니코 자석에 비해서 특성은 떨어지지만 코발트, 니켈 등 고가격의 금속을 함유하지 않고 값이 싸므로 현재 대부분의 자석이 바륨 페라이트계 자석으로 바뀌고 있다. 또 최근에는 희토류 금속(Sm, Nb 등)과 코발트의 화합물이 지극히 높은 일축 이방성을 지니는 사실이 발견되어 영구자석으로서 주목받게 되었다. 그 대표적인 것에 사마륨 코발트(Sm-Co) 및 네오듐 철계(Nd-Fe-B) 자석이 있다.

그림 6-23은 각종 영구자석의 성능을 나타낸 것이다.

6-5 특수자기 재료

변압기, 초크(choke), 리액터(reactor) 등에 사용하는 일반적인 자심재료나 영구자석 재료 이외의 특성이나 또는 용도가 특수한 자기재료를 특수자기 재료라 한다.

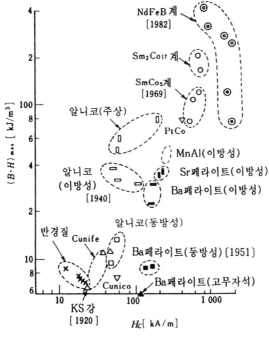

그림 6-23 각종 영구자석의 특성

6-5-1 정자 재료

영구자석이나 자극편 등은 온도가 상승하면 자속밀도가 감소하는데, 이것은 자기회로의 온도에 대한 안정성을 해치게 된다. 그러므로 공극(air gap)과 병렬로 온도상승에 따라 투자율이 감소하는 재료를 설치해 자성재료의 온도상승에 의한 변화를 보상하는 재료를 정자 재료(magnetic shunt material)라고 한다. 정자 재료로 널리 사용되는 것은 성분비에 따라 큐리점(Curie point)의 변화가 가능한 Ni 60[%] 이상에서의 Ni (70~90[%]), Cu(30~10[%])의 Ni-Cu 합금이나 투자율이 높으며, 넓은 온도범위에서 사용할 수 있는 Ni 30[%] 부근의 Ni-Fe 합금 등이 있다. 전자에는 서멀로이 (Thermalloy, Ni 66.5[%], Cu 30[%], Fe 2.2[%]), 모넬메탈(monel metal, Cu 28[%], Ni 67[%], Mn 5[%]), 후자에는 서모펌(Thermoperm, Ni 30[%], Fe 나머지), MS 합금(magnetic shunt alloy, Ni 30~35[%], Cr 7~10[%], Fe 나머지) 등이 있다. 정자 재료는 온도의 변화에 따르는 계기의 오차를 수정하거나, 또 자기 변태점이 약간 높은 재료는 전기로의 자동온도 조절용 소자로 사용된다.

6-5-2 각형 히스테리시스 재료

잔류 자속밀도가 높고 각형 히스테리시스 곡선이 그림 6-24와 같이 각형에 가까운 형태의 고투자율 재료를 각형 히스테리시스 재료라 한다. 일반적으로 사용되는 것은 니켈 50[%], 철 50[%]로 된 용융체를 열간 압연으로 소정의 두께로 한 것을 고순도의 수소 중에서 풀림 처리를 한 다음 연신율이 98[%] 이상 되게 강 냉간압연 후 수소로 중에서 1,000~1,200[℃]로 1~2시간 가열한 후 풀림처리하면 압연방향으로 배열한 이방성 재료가 되어 우수한 각형 특성을 나타낸다. 이러한 재료는 자기 증폭기, 접촉 변류기의 개폐 리액터, 펄스 변압기 등의 자심 또는 컴퓨터의 기억소자 등에 사용된다. 이들 재료를 페르메노름(Permenorm) 5000Z, 델타막스(Deltamax) 등의 상품명으로 시판되고 있다.

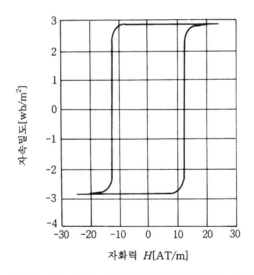

그림 6-24 니켈-철 합금의 히스테리시스 곡선

6-5-3 자기왜형 재료

강자성체는 자화되면 일반적으로 왜형이 일어나며, 역으로 외부에서 왜형을 주면

자성체의 자성은 변화한다. 이 성질을 이용하면 전기진동과 기계진동 사이를 상호 변환할 수 있다. 이와 같은 변환목적에 이용되는 재료를 자기왜형 재료(magneto striction material)라 한다. 자기왜형 재료로서 요구되는 재료는 자기왜형량의 포화값이 커야 하고, 자화력에 대한 왜형량의 증가가 급격하고, 자기적·기계적 손실이 적은 재료가 요구된다. 재료로는 순니켈, 알펠(Alfer, A1 13[%], Fe 87[%]), Ni-Cr 합금(Cr 4 [%]), Ni-페라이트($NiO \cdot Fe_2O_3$)가 있다. 페라이트의 경우 저항률($10^6[\Omega \cdot cm]$)이 높기 때문에 와전류손이 거의 나타나지 않으며, 또한 박판으로 만들 필요가 없이 높은 주파수까지 사용 가능하다. 용도에 따라 얇은 판, 봉 또는 관모양의 것이 쓰이고 초음파 발진기의 진동자, 필터 등에 쓰인다.

6-5-4 자기 기록 재료

자기 기록이란 일정한 속도로 움직이고 있는 강자성체를 음성전류로 자화한 후 이를 재생하여 음파를 내는 것이다. 따라서 자기 기록 재료로서는 자기 기록체와 기록, 재생 및 소자를 할 수 있는 기록 헤드(head)용 재료로 구분된다. 이것은 녹음, 녹화, 계측, 측정, 제어 및 전자계산기 등의 넓은 분야에 이용되고 있다.

(1) 자기 기록체

기록체가 갖추어야 할 특성은 다음과 같다.

① 자화력 H와 잔류 자속밀도 B_r이 직선관계를 가져야 하며, $\Delta B_r / \Delta H$가 될 수 있으면 클 것.
② 녹음을 영구 보존하기 위해서 보자력이 크고 철손이 적을 것.
③ 호환성이 좋아야 한다.
④ 균질의 재료로 요철이 없어야 한다.
⑤ 인장강도가 크고, 기계적 충격에 의하여 자성이 변하지 않아야 한다.

기록체의 재료로서 초기에는 비칼로이(Vicalloy), 큐니페(Cunife), 세날로이(Senalloy) 등이 사용되었으나, 최근에는 주로 침상결정으로 된 γ-Fe_2O_3 분말을 두께 약 40[μ]

의 초산 셀룰로오스의 기판 위에 10 - 15[μ] 두께로 도포하여 사용한다. 도포할 때 자계를 가하여 입자의 긴 쪽 방향을 테이프 방향으로 하면 특성이 향상된다. γ-Fe$_2$O$_3$는 페라이트의 일종으로서 매우 안정하고 가격도 싸므로 각종 자기테이프, 자기디스크에 대량으로 사용되고 있다. VTR(video tape recorder)용 테이프는 녹음테이프와 같은 방법으로 제작되는데 화상의 주파수 영역이 0~4[MHz]로 넓으므로, 테이프의 균일성을 매우 높게 하지 않으면 안 된다. 이 외에 전자계산기와 계측, 제어용으로서는 테이프뿐만 아니라 비교적 값이 염가인 드럼(drum)형 또는 대용량의 기억용으로는 디스크(disk)형이 시용된다. 이 밖의 자기테이프로서 코발트 금속 등을 플라스틱 필름 위에 증착한 것이 있으며 이것을 증착 테이프라 한다. 이것은 자기 특성이 향상하는 외에 테이프상의 자성막 두께가 도포방식의 1/10 이하(0.1[μm] 정도)로 되는 등 소형화, 경량화에 대한 특징도 있다.

그림 6-25는 각종 자기테이프의 자화곡선을 나타낸 것이다.

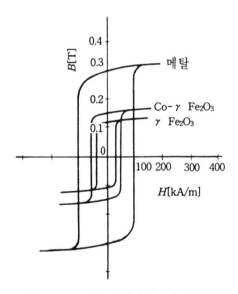

그림 6-25 각종 자기테이프의 자화곡선

(2) 기록 헤드 재료

기록 헤드는 공극이 극히 작은 고주파 전자석이며 테이프와 항상 접촉하기 때문에 자심의 내마모성이 크고, 와류손을 감소시키기 위하여 전기저항률이 큰 재료가 적합하다. 녹음과 소자에는 포화자속밀도가 큰 것이 소형화하는데 적합하다. 이런 재료로서는 몰리브덴 퍼멀로이(Mo 4[%], Ni 79[%], Fe 17[%])를 두께 0.1~0.2[mm] 두께의 박판으로 성층하여 사용하였지만, 최근에는 Fe-Al 합금인 알펌(Alperm), Ni-Zn 페라이트가 저항률이 높고 주파수 특성이 좋으며, 경도가 높고 내마모성이 우수하므로 고주파, TV 녹화 등에 많이 사용되고 있다.

6-5-5 마이크로파 재료

강자성체를 강한 자계 중에 두면 자계 강도에 비례한 주파수의 마이크로파를 흡수하여 강자성 공명 흡수현상이 나타난다. 마이크로파 자성재료는 이 현상을 이용하여 서큘레이터(circulator), 아이소레이터(isolator), 리미터, 필터 흡수기 등에 사용된다. 마이크로파용의 자성재료에서는 전기저항률이 높을 뿐만 아니라 자기공명손실과 유전체 손실이 적은 것이 중요하다. 이러한 자성재료로 실용되고 있는 것으로는 페록스플래나(Ferroxplana), 가아넷(Garnet)형 페라이트가 있다. 가아넷형 페라이트 중 이트륨가아넷(YIG, $3Y_2O_3 \cdot 5Fe_2O_3$)은 대표적인 것으로 비투자율, 전기저항률이 극히 크므로 마이크로파의 손실이 적고 강자성 공명의 흡수폭도 매우 좁다. YIG는 단결정으로서 발진기나 필터에도 사용할 수 있다.

01. 강자성체에 대하여 설명하여라.

02. 자성체 손실에 관해서 간단히 설명하여라.

03. 자기이방성에 대하여 기술하시오.

04. 자심 재료로서 요구되는 특성을 열거하여라.

05. 방향성 규소강대에 대하여 설명하여라.

06. 고주파 자심재료로 압분심이 사용되는 이유를 설명하여라.

07. 페라이트에 관해서 설명하여라.

08. 담금질 경화자석에 대해 설명하여라.

09. 각형 히스테리시스 재료에 관해서 서술하여라.

10. 자기 기록 재료에 대해 설명하여라.

11. 고투자율재료의 대표적인 것으로 니켈 78.5[%], 철 21.5[%]의 합금은?
① 퍼어민바　　　② 퍼멀로이　　　③ 센더스트　　　④ 알페놀

12. 영구자석 재료에 적합한 것은?
① 잔류자속밀도가 작을 것 　　　　② 보자력이 작을 것
③ 최대 에너지적이 클 것 　　　　④ 에너지적이 클 것

13. 다음 중 석출 경화자석은?
① NKS강　　　　② KS강　　　　③ 탄소강　　　　④ 크롬강

14. 다음 중 보자력이 가장 큰 것은?
① 큐니코　　　　② 큐니페　　　　③ MK강　　　　④ 알니코

15. 자기 기록 재료로 사용되지 않는 것은?
① $\gamma-Fe_2O_3$　　　② CrO_2　　　③ 알니코　　　④ Co페라이트

CHAPTER 07 옵토 일렉트로닉스 재료

옵토 일렉트로닉스(opto-electronics)는 광공학의 여러 분야 중 현재 가장 핵심적인 위치에 있는 공학의 한 분야이다.

옵토 일렉트로닉스는 최근 광섬유, 레이저의 발명, 발광 다이오드를 비롯하여 각종 광반도체 재료의 비약적인 발전과 고속, 대용량의 정보처리 등 광정보처리 기술에 대한 시대적 필요와 더불어 급속히 그 응용영역이 넓어지고 있다.

본 장에서는 뉴미디어에 부족하지 않는 광섬유, 레이저 및 액정 재료 등에 대하여 설명하기로 한다.

7-1 발광 다이오드

PN접합형 다이오드에 전압을 가하면 N형 부분의 전자가 전계에 의해 가속되어 접합부분을 넘어 P형 부분에 흘러 들어가서 P형 부분의 억셉터 준위 또는 가전자대에 있는 정공과 재결합(recombination)하여 이 에너지차에 상당하는 에너지를 빛으로서 방출한다. 이러한 현상을 주입형 전계발광(electro-luminescene, EL)이라고 하며, 이것을 이용한 발광 소자를 발광 다이오드(light emitting diode, LED)라고 한다. 그림 7-1은 발광 다이오드의 구조와 원리를 표시한 것이다.

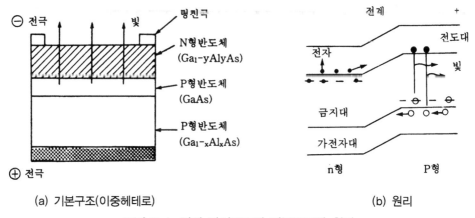

(a) 기본구조(이중헤테로)　　　　　　　(b) 원리

그림 7-1 발광 다이오드의 기본구조와 원리

발광 다이오드는 백열전구나 네온관 등의 발광 소자에 비하여 저전압(1.5~3[V]), 저전류(5~150[mA])로 동작하며, 또 고속 응답성을 갖기 때문에 고체 표시 소자나 영상 표시용의 옵토 일렉트로닉스 소자로써 광범위한 용도를 가지고 있는 반도체 소자이다.

발광 다이오드에 이용되는 대표적인 반도체로서는 GaAs, GaP, SiC 및 이들의 혼정 (아몰퍼스)인 GaAsP 등이 있는데, 발광색은 사용된 재료의 금지대폭과 발광 중심에 도프한 불순물의 종류에 따라 변화한다. 사용하는 반도체가 GaP, GaAlAs이면 적색, 불순물을 바꾼 GaInP이면 황색, GaAsP이면 녹색, GaN이면 보라색이 나온다. 그리고 고휘도의 적색이 나오게 하려면 GaAlAs를 이용하고, 청색을 나오게 하려면 GaN이나 SiC도 이용한다. 일반적으로 갈륨을 중심으로 하는 화합물 결정 및 혼정이 이용되어 왔다. 또 적외선을 방출하는 발광 다이오드는 GaAs 등으로 만드는데 옵토 일렉트로닉스에 많이 활용되고 있다. 이 중 형광체 피복 GaAs 발광 다이오드는 적외선을 발광하는 GaAs 발광 다이오드의 표면에 형광체를 피복하여 GaAs에서 적외광을 가시광으로 변화하여 얻어낸다. 이러한 특성 때문에 적외선 형광체 발광 다이오드라고 불린다. 그림 7-2는 각종 재료의 발광 다이오드의 입력 전류에 대한 발광휘도 특성을 나타낸 것이다.

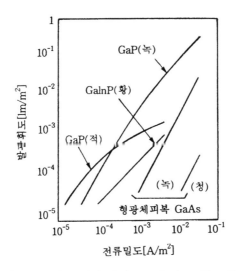

그림 7-2 각종 발광 다이오드의 전류-휘도 특성

발광 다이오드는 수명이 길고 신뢰도가 높으며, 진동에 강하고 또한 소비전력이 적다는 등의 특징을 가지고 있으므로 광신호 전달의 발광 소자나 브라운관 대신의 고체 영상판, 디스플레이 지시등용 발광 소자 및 휴대용 전자계산기, 전자 손목시계, 전자 계측기 등의 전자 숫자 표시 장치에 널리 사용되고 있다.

7-2 광섬유

광섬유(optical glass)의 기초는 1960년의 레이저의 발명에 잇따른 1962년 반도체 레이저의 발전성공과 1966는 실리카유리를 전송매체로 쓸 수 있다는 카오(Kao)의 논문이 새로운 가능성을 보여주고 1970년에 미국의 코닝(Corning) 유리회사가 실리카로 만들어지고 광손실이 20[dB/km] 이하인 광섬유를 최초로 제조하여 광섬유의 연구, 개발에 박차를 가하는 계기를 마련함으로써 시작되었다. 그 후 광섬유의 제작법, 케이블화, 접속법, 측정법의 개발 등이 진전되어 현재는 미국, 일본을 중심으로 한 세계 각국에서는 공중통신시스템은 물론이며, 전력, 교통분야의 제어시스템, 빌딩 및 공장 내의 각종 정보 전송시스템에 이르기까지 널리 이용되고 있다.

7-2-1 광섬유의 원리

광섬유는 투명한 유전체로 만들어진 길고 가느다란 선으로 가시광선 또는 적외선 영역의 빛을 유전체 경계면의 전반사현상을 이용하여 유도시키는 역할을 한다. 광섬유용 유전체 재료로서는 보통 석영유리(실리카)나 다성분계 유리와 같은 유리가 쓰인다. 경우에 따라서는 플라스틱 또는 액체가 쓰이기도 하며, 또 광회로용의 전송로에서는 유리, 플라스틱, 레지스터재와 같은 유기물, 광학 결정 또는 반도체 등이 사용된다. 광섬유의 기본구조는 그림 7-3에서와 같이 빛이 통과해 전파되는 코어(Core)와 코어를 둘러싸고 외부에서 빛이 밖으로 나가지 못하게 하는 클래닝(Cladding)으로 구성되며, 클래딩은 코어보다 굴절률이 약간 낮은 유리로 구성되고, 그 바깥이 표면손상을 막기 위해 피복을 입힌다.

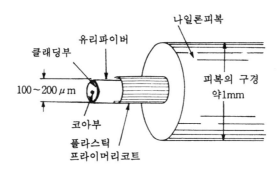

그림 7-3 광섬유의 구조

광섬유의 원리는 광섬유의 중심에 있는 굴절률이 높은 코어에 빛을 통하면 빛은 코어, 클래딩 계면의 전반사에 의해 감금되고, 코어 내를 전파하는 것이다.

광섬유의 코어부의 직경은 수[μm]에서부터 수십[μm]이며, 그 외측의 클래딩부는 직경이 100~200[μm]이다. 이대로는 기계적으로 대단히 약하고 수분이 부착되면 광학적으로 약해지므로 그 위에 플라스틱의 일차적 코팅이나 나일론 코팅을 한 후 수본 이상 같이 묶어 광섬유 케이블(optical fiber cable)로서 이용한다.

7-2-2 광섬유 재료의 종류와 제조법

광섬유를 분류해 보면 코어의 굴절률 분포에 따라 굴절률이 일정한 굴절률 계단형 (step index) 광섬유와 중심으로 갈수록 굴절률이 서서히 증가하는 집속형(graded index) 광섬유로 나누고, 한편 모드(mode) 수에 따라 단일 모드(single-mode) 광섬유와 다중 모드(multi-mode) 광섬유로 나눈다. 다중 모드의 경우는 주로 집속형 형태를 취하는데 모드간의 분산(dispersion)으로 인해 단일 모드 광섬유보다 대역폭이 작은 반면에 제조와 설치상의 편리함 때문에 수년 전까지 대부분의 통신 시스템에 사용되었다. 그러나 더욱 큰 정보 전달용량에 대한 필요성이 증가하고, 단일 모드 광섬유가 수년 전부터 집중적으로 연구 · 개발되어 현재 설치되는 시스템은 대부분이 단일 모드 광섬유를 채택하고 있다.

굴절률 계단형 광섬유는 코어부의 굴절률이 같기 때문에 빛은 코어와 클래딩 계면에서 전반사하면 지그재그 모양으로 전반한다. 이것에 비하여 집속형 광섬유는 코어부의 굴절률이 중심에 가장 크게 되는 볼록 렌즈와 같은 수속작용이 일어나고 빛은 주기적인 궤적을 그리고 전반된다. 그림 7-4에 코어부의 굴절률 분포와 코어 내의 빛 전반의 상태를 나타낸 것이다.

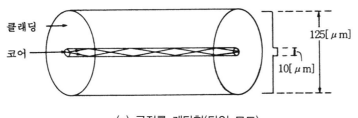

(a) 굴절률 계단형(단일 모드)

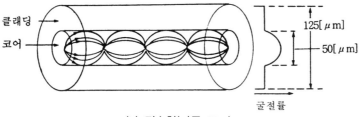

(b) 집속형(다중 모드)

그림 7-4 굴절률 분포와 빛의 전반

굴절률 계단형 광섬유는 광의 전파경로에 따라 광학적 길이가 달라져서 전파시간이 차이가 생긴다. 그러나 집속형 섬유에서는 크게 우회하는 빛은 굴절률이 작은 주변부를 통하기 때문에 전파속도가 빠르다. 그 때문에 코어 중심을 통하는 빛과 전파시간의 차이가 없어진다. 즉, 광학적 길이가 달라도 전파시간이 일정하다. 따라서 집속형 광섬유는 고속의 광신호 전송이 가능하다. 다중 모드 집속형 광섬유는 코어 직경이 커서 취급하기 편리하며, 전송대역도 비교적 넓다.

한편 광섬유를 모체가 되는 재료의 종류에 따라 분류하면 석영 유리섬유와 다성분 유리섬유로 나뉜다.

(1) 석영 유리섬유

석영유리(실리카)는 유리상태의 순수한 SiO_2로서, 광파 또는 근적외선 영역에서 가장 저손실인 재료인데 굴절률은 광학유리 중에서는 가장 낮다. 이 때문에 석영유리를 코어로 하는 경우에는 클래딩의 저굴절률 재료로서 B나 F를 포함한 SiO_2 또는 플라스틱 등의 유기재가 이용된다. 또 역으로 코어부에는 SiO_2에 P나 Ge 등을 첨가하는 등으로 하여 고굴절률로 하는 방법이 있다. 대표적인 제조법에는 내측화학증착법(Modified Chemical Vapor Deposition, MCVD), 파이프 로드(Rod in tube)법, 기상축부법(Vapor phase Axial Deposition, VAD) 등이 있다. 위의 방법에서 MCVD법은 현재 세계적으로 가장 많이 사용된다. 이 방법에서는 그림 7-5와 같이 가열된 유리관 내에 $SiCl_4$, $GeCl_4$ 등의 가스를 산소와 함께 흘려보낸다. 그러면 산화반응에 의하여 생긴 유리 미

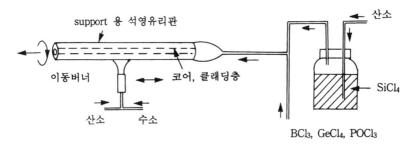

그림 7-5 MCVD법에 의한 광섬유 모체의 제작

립자가 관 내벽에 부착, 퇴적되어 유리층이 형성된다. 처음에는 클래딩층, 다음에는 코어층을 만든 후 붕괴과정에 의해 중심부의 빈 공간을 없애 투명한 유리관을 만든다. 이 방법은 정밀한 굴절률 분포 제어가 가능해서 고품질화에 많은 역할을 해왔으나, 코어 중심부의 굴절률이 떨어지고 양산성이 결여된 약점을 지니고 있다. 또는 튜브를 씌운 후에 약 1,900[℃]의 고온에서 잡아 늘려 실같이 뽑는 파이프 로드법이 있다.

한편 VAD법은 유리 합성을 축방향으로 행하는 것으로 preform의 길이방향으로 연속 제조할 수 있다는 것이 최대의 장점이다. 따라서 preform의 길이가 가장 커서 양산에 적당한 방법이라고 말할 수 있다.

(2) 다성분 유리섬유

SiO_2 이외에 B_2O_3, Na_2O, Tl_2O 등의 다른 성분을 가하면, 900~1,300[℃] 정도의 낮은 온도에서 실로 뽑을 수 있는 것이 특징이다. 2종류의 굴절률이 다른 유리를 2중 도가니로부터 연속적으로 끌어내어 섬유로 하는 양산성에 뛰어난 방법을 이용할 수 있으며, 또 석영 유리섬유보다 저손실화가 가능하다. 그러나 용융시키기 위해 도가니를 이용하기 때문에 불순물이 혼입될 우려가 있어 저손실화를 위해서 각별한 주의가 요구된다.

7-2-3 광섬유 통신의 특징과 응용분야

빛을 송신할 때 공간으로 보내는 것 뿐 아니라 빛의 도선으로 효율이 좋은 광섬유를 이용하면 지금까지의 구리선을 사용한 전기통신 전송로와 비교하여 다음과 같은 특징을 가지고 있다.

(1) 전송손실이 적다.

손실면에서는 석영계 섬유가 가장 우수하다. 석영계 광섬유의 전송손실은 0.5~5.0 [dB/km]에서 가장 저손실인 동축케이블과 비교하여 한 자리 이상 적다. 광섬유도 처음에는 손실이 컸지만, 세계 각국에서 많은 연구가 진행되어 광섬유의 손실이 거의 이론적 극한치인 0.2[dB/km]까지 도달하고 있다. 따라서 종래의 구리도체 선로에서는 생각히지도 않은 50[km] 이상도 무중계로 전송이 가능하며 장거리 전송선으로 효과적이다.

(2) 광대역성이다.

광섬유는 취급하는 것이 빛이기 때문에 그 주파수는 수[GHz]인 마이크로파의 1,000배 이상 높기 때문에 본질적으로 대단히 넓은 통과 주파수 대역폭을 가지고 있다. 따라서 주파수 대역폭이 넓으므로 한 시스템으로 수천의 전화선이나 수십 채널의 TV 신호를 전송할 수 있으며, 고속 신호와 무애전송이 가능하다.

(3) 절연성이다.

광섬유는 그 자체가 우수한 절연체로서 전위의 영향을 거의 받지 않는다. 따라서 고전압 기기 주변에서도 자유로이 사용할 수 있고, 또 각 장치간의 접지에 대한 배려가 필요 없다. 또 낙뢰가 많은 지역에서 각종 관측과 통신방송의 중계는 완전한 절연물인 광섬유를 사용하는 것으로서 완전히 달성할 수 있다.

(4) 무유도 전송이다.

종래의 구리선을 이용한 전송계의 경우 정보전송의 캐리어는 전자이기 때문에 주위의 전자유도와 정전 유도의 영향을 받기 쉽다. 이에 비하여 광섬유의 정보전송의 캐리어는 빛이기 때문에 본질적으로 전기와의 상호작용이 없기 때문에 전자적, 정전적 유도작용의 영향을 받지 않는다.

(5) 지름이 가늘고 무게가 가볍다.

광섬유 외경은 약 0.1[mm]로 가늘고 다심 케이블로 구성하기에 유리하고 부설공간도 효과적으로 이용할 수 있는 이점이 있다. 또한 광섬유의 비중은 구리에 비하여 1/3 이하이기 때문에 훨씬 가볍다. 이상의 뛰어난 성능을 가지고 있기 때문에 많은 분야에서 관심이 모여지고 있다.

이들의 응용분야를 열거하여 보면

① CATV(Cable TV)

② 도로망, 철도망, 전력계 등의 교통관제통신

③ 전자계산기 내 배선

④ 제어, 계측계의 정보전송(항공기, 선박, 자동차, 열차, 각종 계측 시스템, 플랜트, 전력시스템 등)

⑤ 건물, 구내통신

⑥ 공중통신(가정과국간, 도시내국간, 시외국간)

⑦ 해저통신, 국제통신(중계간격 10~100[km], 국제간에서는 전장 10,000[km])

⑧ Data 통신

7-3 액정재료

액정(liquid crystal)은 광전자공학의 발전과 함께 각종 표시용으로 중요한 존재일 뿐만 아니라, 광학적으로 특수한 성질을 이용하여 온도감지장치, 압력 측정 및 액정 디스플레이(liquid crystal display, LCD) 등 여러 용도에 이용되고 있다.

7-3-1 액정의 성질

액정은 고체 및 액체의 중간 상태로서 광학적으로 결정(crystal)처럼 동작하는 유기화합물로서, 일정 온도 범위 내에서 길고 가는 분자가 그림 7-6(a)처럼 정렬되어 결정

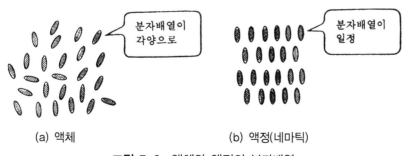

그림 7-6 액체와 액정의 분자배열

형태로 줄지어 있다. 따라서 액정의 성질을 나타내는 온도 범위는 그 물질이 고체와 액체 중간의 온도이다.

액정 물질은 거의 유기물질이고, 분자구조는 가늘고 긴 막대모양으로 되어 있다. 예를 들면 실온 액정으로 중요한 MBBA(4-methoxy-4′-butylbenzylidene aniline)의 분자구조는 그림 7-7과 같으며, 그 길이는 수[nm]이고 폭은 0.2~0.5[nm]이다.

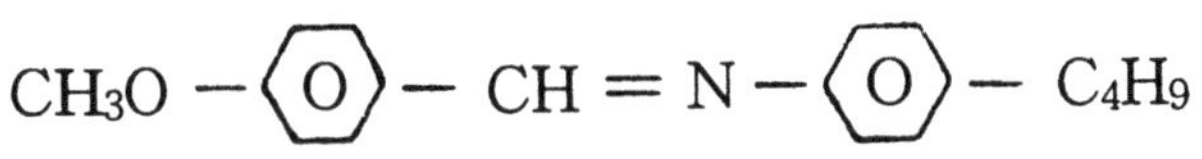

$$CH_3O - \langle O \rangle - CH = N - \langle O \rangle - C_4H_9$$

그림 7-7 MBBA의 분자구조

액정의 분자배열 구조는 결정구조처럼 단단한 것은 아니고 변형되기 쉽다. 따라서 전계, 자계, 온도, 응력 등의 외부자극에 의해 분자의 배열 방향과 분자의 기능에 변동이 생기고, 이것에 의해 액정의 광학적 이방성에 기초를 둔 제특성이 변화를 받는다.

액정의 전기광학 효과(electro-optic effect)란 액정 분자의 어떤 배열상태가 전계에 의해 다른 배열상태로 변화하는 것으로 액정 셀의 광학적 제성질이 변하고 이것에 의해 전기적 원인으로 광변조가 생기는 현상을 말한다. 액정 표시에 이용되는 효과의 대부분이 이것에 의한 것이다. 그림 7-8은 비틀림 네마틱(Twisted Nematic, TN) 배열 셀을 직교편광자 사이에 배치한 TN형 LCD의 전기광학 효과를 나타낸 것이다. 전압무인가로 빛을 투과하고 전압인가로 빛을 차단한다. 한편 평행편광자 사이에서는 이 빛의 투과와 차단의 관계가 역으로 된다. 현재 전자 디스플레이용으로 가장 넓게 보급되어 있는 LCD는 이 TN형으로 흰 배경에 검은 표시 또는 흑 배경에 흰 표시가 가능하다. 또한 액정에 전계를 가한 상태에서 온도변화를 주었을 때 광학적 성질의 변화를 전기열광학 효과(electro thermo-optic effect)라고 한다. 이것은 가열이나 냉각 수단으로 액정 분자의 배열상태가 변화하는데 근거를 두고 있다.

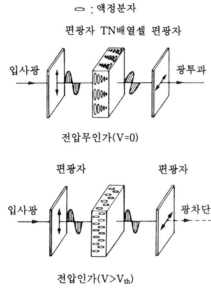

그림 7-8 TN형 LCD의 전기광학 효과

7-3-2 액정의 종류

액정 물질의 대다수는 가늘고 긴 봉상이든가 편평한 분자구조를 가진 유기화합물로 되어 있으며, 현재까지 1만 종류가 넘는다. 액정은 액정상에서 분자배열 구조의 형태에 의해 스멕틱(smectic) 액정, 네마틱(nematic) 액정과 콜레스테릭(cholesteric) 액정의 3종류로 분류할 수 있다. 그림 7-9는 각 상의 분자 배열을 도시하였다. 스멕틱 액정의 분자 배열은 그림 7-9(a)처럼 분자의 장축이 나란하고, 동시에 분자의 중심배치가 층상구조로 되어 있는 것이 특징이다. 네마틱 액정이 평면적인 1차원의 규칙성을 가진 것에 비하여 스멕틱 액정은 입체적인 2차원 규칙성을 가지고 있다. 특징은 복굴절성과 점도가 크다는 것이다.

네마틱 액정은 그림 7-9(b)처럼 분자 중심 배열에 규칙성은 없지만, 분자의 장축이 한 방향으로 배열하고 있는 것이 특징이다. 네마틱 액정의 화학구조를 크게 구별하면 중심그룹의 원자단 종류에 따라 에스텔 화합물, 아조 화합물, 아조킨 화합물 및 아조메틴 화합물 등으로 분류된다.

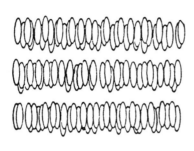

(a) 스멕틱

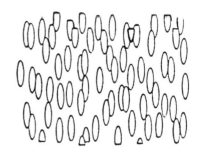

(b) 네마틱

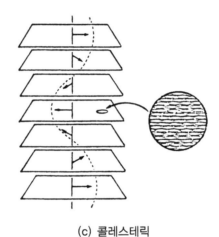

(c) 콜레스테릭

그림 7-9 액정구조

    에스텔 화합물은 화학적으로 안정하므로 다른 액정을 첨가하여 혼합액정의 조정용에 이용된다. 아조 및 아조킨 화합물은 가수분해에 대해서는 아조메틴 화합물보다는 안정하지만 자외선에 약한 결점이 있으므로 황색으로 착색한다.

    아조메틴 화합물은 화학적으로 불안정하고 공기 중의 수분과 접촉을 하면 가수분해를 받기 쉬우므로 습기에 대한 취급에 주의를 요한다. 네마틱 액정은 유동성이 크고 점도는 적지만 복굴절성이 있다는 특성이 있다.

    콜레스테릭 액정은 콜레스테롤의 유도체에 많이 존재하기 때문에 붙여진 이름으로, 분자배열은 그림 7-9(c)와 같이 네마틱 액정과 마찬가지로 분자의 방향은 한 방향으로 나란하지만, 분자축이 오른쪽 또는 왼쪽의 한쪽 방향으로 비틀려 있는 것이 특징이다.

비틀림의 방향이 오른쪽으로 선회하는가 왼쪽으로 선회하는가는 물질에 의해 정해진다. 이 액정은 선택광산란, 원편광2색성 및 선광성 등의 특징이 있다.

7-3-3 액정소자의 특징과 용도

액정디스플레이소자, 액정광학소자, 액정셀소자 등으로 대표되는 액정소자의 최대 특징은 저전압동작, 저전력소비이다. 이 때문에 LSI 구동호로와 정합이 뛰어나기 때문에 실용상 아주 유리한 입장에 있다.

액정은 종래의 표시 디바이스(Device)와 달리 스스로 발광하는 표시 디바이스가 아니라는 것이 가장 큰 특징이며, 장점을 열거하면 다음과 같다.

① 동작전압(수[V]~10[V])이 낮고 소비전력이 적다.

② 박형, 경량이며 더욱이 소형 표시에서 대형 표시까지 가능하다.

③ 표시의 크기가 비교적 자유롭게 선택된다.

④ 수광형 표시기이 때문에 밝은 곳에서도 잘 보인다.

⑤ 색깔의 표시가 가능하다.

액정을 잘 이용하면 위와 같은 상섬을 가지고 있지만, 다음과 같은 결점이 있다.

① 비발광 표시이므로 반사형 표시에서는 어두운 곳에서 선명하지 않다.

② 콘트라스트비(contrast ratio)가 충분하지 않다.

③ 보는 각도에 따라 제한이 있다.

④ 광학 특성이 외부 환경(특히 온도)에 의해 변한다.

⑤ 표시, 소거의 응답시간이 10^{-3}~10^{-2}[sec]이므로, 빠른 동작의 표시에 적합하지 않다.

이들 장점을 살려 액정의 여러 면의 표시 디바이스로, 예를 들면 손목시계의 표시, 전자계산기의 표시, 워드프로세서의 표시, TV 화상 표시, 퍼스널 컴퓨터 표시, 데이터 터미널 표시, 액정 센서, 광 셔터, 그 밖의 여러 가지 표시용으로 널리 이용되고 있다.

7-4 레이저

레이저(Light amplification by stimulated emission of radiation, Laser)는 금세기 최대이고 최후의 발명이라고 말한다. 역사적으로 본다면 1950년대의 초단파공학에 대한 발달은 메이저(Maser)의 탄생을 가져왔고, 잇따라 1960년에 들어서서는 이 원리를 이용하여 광발진기인 레이저를 발명하였다.

그 후 레이저는 대량 통신의 필요성에 의하여 개발이 계속 추진되어 왔으며, 오늘날에 와서는 레이저만이 가지는 성질 때문에 레이저 통신, 측량, 설계, 의용, 해융합, 광비디오 디스크, 레이저 가공기, 군사장비 등 여러 분야에 걸친 응용이 실현되었으며 또 계속 연구개발 중이다.

7-4-1 레이저의 원리

물질 중의 전자는 원자핵을 중심으로 한 궤도상에 위치하고 있다. 원자의 에너지 준위는 이들 전자의 상황에 따라 결정되는데, 원자나 분자들은 무수히 많은 불연속적인 에너지 준위들을 가지고 있다. 이들 에너지 준위들 가운데에서 높은 에너지 준위로부터 낮은 에너지 준위로 옮길 때 그 차에 해당하는 에너지를 빛으로 방출하게 되는데, 이때 광파의 진동수 ν와 에너지 준위 사이의 관계식은 다음과 같다.

$$E_1 - E_2 = h\nu \tag{7-1}$$

여기서, h는 플랑크(Planck) 상수이다. 아인슈타인(Einstein)의 이론에 의하면, 외부에서 입사시킨 광과 여기된 에너지 준위와의 상호 작용은 유도방출(stimulated emission)이 가능하다. 이때 유도방출된 광파는 진행방향, 진동수 및 위상이 입사광과 똑같게 된다. 이 세 가지 양들이 같게 되기 때문에 유도방출에 의하여 생긴 광들은 단색성이 우수하며, 지향성이 강하고, 고휘도이고, 위상이 정연히 갖추어져 있어 가간섭성(coherence)의 특성을 가질 수 있게 된다. 레이저광은 주파수와 위상이 일정하므로 코히런트(coherent) 광이라 하고, 코히런스(coherence)가 좋다고 한다. 레이저는 많은 광들이 유도방출에 의한 광이 되도록 하는 장치이다. 레이저의 기본구성을 그림 7-10

에 나타내었다.

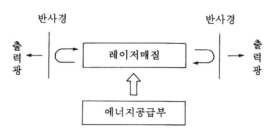

그림 7-10 레이저의 기본구성

레이저 장치는 레이저 매질, 여기장치 및 레이저 공진기 등 크게 3가지로 이루어져 있다. 레이저를 발광시키는 데에는 흡수와 유도방출을 효율적으로 일으킬 필요가 있다. 외부에서 에너지를 주고, 에너지 준위의 낮은 쪽에서 높은 쪽으로 원자와 분자를 여기하는 것을 펌핑(Pumping)이라고 한다.

그림 7-11에 유도방출의 대표적인 경우를 나타내었다. 그림 7-11(a)는 3준위 레이저를 나타낸다. 외부에서 ν_P인 진동수를 가진 광으로써 광-펌핑하는 예인데, 이때 기저 상태 E_1에 있던 원자들이 ν_P에 의하여 높은 에너지 준위 E_3로 여기된다. E_3 준위에 머무는 시간은 대단히 짧으므로 자연방출에 의해 준안정준위(metastable state) E_2로 떨어진다. 따라서 E_2와 E_1 사이에는 밀도반전이 가능하다. 이와 같이 밀도반전이 형성되어 있을 때에는 $(E_2 - E_1)/h$의 진동수 ν_L을 가진 광파가 유도복사가 됨으로써

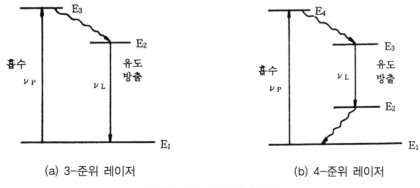

그림 7-11 레이저의 준위

진동수기 ν_L인 레이지 출력광의 발생이 가능해진다. 그림 7·11(b)의 그림은 4준위 레이지로서 외부에서 진동수 ν_P인 광으로서 광-펌핑을 하는 예이다.

여기에서 E_1 상태에서 E_4 상태로 여기된 원자들은 자연방출을 통하여 E_3로 매우 빠르게($10^{-9} \sim 10^{-12}$[sec]) 옮겨 간다. 처음에는 E_2 준위에는 원자가 거의 채워 있지 않았기 때문에 E_3 준위와 E_2 준위 사이는 밀도반전이 매우 쉽게 생길 수 있다. 더불어 E_2 준위에서 E_1 준위로의 천이가 매우 빠르게 일어날 수 있다면, 레이저의 발진은 연속적으로 될 수 있다. 이와 같이 E_3와 E_2 사이에 밀도반전이 생긴 때에는 $(E_3 - E_2)/h$의 진동수 ν_L을 가지고 있는 광파가 유도방출됨으로 레이지 출력광을 얻어낼 수 있다.

(b)의 방법은 원래 E_2 상태의 원자의 수가 적기 때문에 펌핑광의 세기가 과히 크지 않더라도, 쉽게 E_2와 E_3 사이에 밀도반전을 일으킬 수 있는 장점이 있다.

지금 기저상태의 에너지 준위 E_1 및 여기상태 E_2에 있는 원자밀도를 각각 N_1, N_2라고 하면 N_1, N_2는 볼쯔만의 분포칙에 의하여 각각 다음 식으로 주어진다.

$$N_1 = N \exp\left(-\frac{E_1}{kT}\right) \tag{7-2}$$

$$N_2 = N \exp\left(-\frac{E_2}{kT}\right) \tag{7-3}$$

따라서

$$\frac{N_2}{N_1} = \exp\left(-\frac{E_2 - E_1}{kT}\right) \tag{7-4}$$

그러므로 열평형상태에 있어서는 $E_2 > E_1$이므로 반드시 $N_1 > N_2$가 되어 빛 에너지의 흡수가 일어난다. 이러한 상태에서는 광의 증폭, 즉 레이저 작용을 일으킬 수는 없다. 그러나 어떤 방법으로든지 $N_2 > N_1$의 상태가 되도록 해주었다면 입사광이 증폭되는 결과가 된다. 이 $N_2 > N_1$의 조건을 반전분포(population inversion) 조건 또는 부온도 조건이라 한다. 이와 같은 원리에 따라 유도방출로써 빛을 증폭하는 작용을 레이저라고 부른다. 그림 7-12는 부온도 매질에 의한 빛의 증폭을 나타낸 것이다.

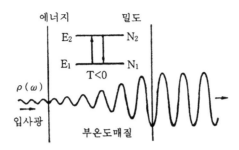

그림 7-12 부온도 매질에 의한 빛의 증폭

레이저 매질로서는 기체, 액체, 고체 상태가 모두 가능하다. 레이저 공진기(Laser cavities)는 레이저 매질 양쪽에 각각 거울이 놓여져 있다. 한 쪽 거울은 전반사경이며, 다른 쪽 거울은 출력경으로 반사율은 100[%]보다 작은 부분 반사경으로 되어 있어서 레이저의 출력광이 이 거울로부터 나오도록 되어 있다. 레이저에는 고체 레이저(solid laser), 기체 레이저(gas laser), 반도체 레이저(semiconductor laser), 액체 레이저(liquid laser) 등이 있다.

7-4-2 고체 레이저 재료

고체 레이저는 루비, YAG(Yttrium aluminum garnet)와 같은 결정과 유리와 같은 비정질을 모체로 하여 그 속에 형광을 발생하는 활성이온을 부가하여 레이저 작용을 갖도록 한 것이다. 고체 레이저에는 루비(ruby) 레이저, 유리(glass) 레이저 및 YAG 레이저가 있으며, 최초의 레이저는 1960년에 휴우즈항공사의 데어도어 마이먼(theodore H. Maiman)에 의하여 발명된 루비 레이저이다. 고체 레이저의 특징으로서는 활성이온의 농도를 크게 할 수 있으므로 발진출력이 크며, 또한 기계적으로 강하며 부서지지 않는 점 등을 들 수가 있다. 고체 레이저는 보통 광에너지에 의하여 펌핑한다.

(1) 루비 레이저

그림 7-13은 루비 레이저 장치를 나타낸 것이며, 알루미나(Al_2O_3)에 0.05[%] 정도의 미량의 Cr^{3+}이온을 포함한 단결정을 사용하고 있다. 이 크롬이온은 루비 특유의 핑크

색을 발생함과 동시에 레이저 반사와 관련된 발광 중심으로 작용하게 된다.

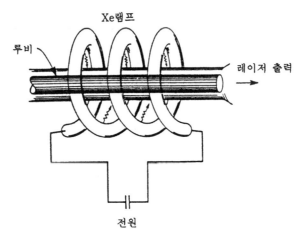

그림 7-13 루비 레이저의 발생장치

크롬이온들은 크세논(Xe) 램프에서 나온 5,600[Å]의 녹색광을 흡수하여 기저상태에서 여기상태로 올라간다. 이 상태는 수명이 매우 짧으므로(10^{-8}[sec]) 자연방출을 하면서 비교적 수명이 긴(10^{-3}[sec]) 준안정준위로 떨어진다. 충분한 수가 준안정준위에 모여 반전분포를 이루면 유도방출에 의해 기저상태로 떨어지며, 그 차에 해당하는 에너지를 빛으로 방출하게 된다.

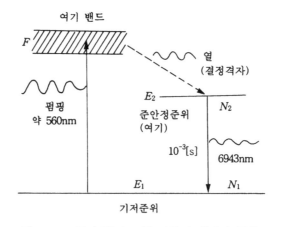

그림 7-14 루비 중의 크롬 이온의 에너지 준위도

크롬 이온의 에너지 준위는 그림 7-14에 나타낸 바와 같다.

레이저 작용을 하는 것은 Cr^{3+}이온이며, Al_2O_3는 Cr^{3+}이온을 서로 격리시켜 고립이온으로 만드는 일을 한다. 그러므로 레이저의 출력은 물론 함유되어 있는 Cr^{3+}이온의 밀도에 비례하게 되지만 한편 Cr^{3+}이온밀도가 너무 크면 그 전자파동함수가 서로 중첩되기 시작하여 스펙트럼선의 폭이 넓어서 레이저로서의 특성이 저하되므로 적당한 이온밀도의 값이 존재한다. 모체 재료인 Al_2O_3는 광학적으로 가능한 한 균질한 것이라야 한다. 루비는 상온에서 동작하므로 편리하지만 효율은 아직 낮아 연속발진에서 보통 수[%] 정도이다.

(2) 유리 레이저

유리는 광학적으로 균질화할 수 있는 기술이 발달되어 있다. 이와 같은 유리 속에 Nd^{3+}(Neodymium), Yb^{3+}(Ytterbium), Ho^{3+}(Holmium), Er^{3+}(Erbium) 등의 희토류 이온을 혼입하면 이온의 4f전자 상태간의 천이에 의해 레이저 작용을 일으킬 수 있다. 유리는 재료를 균질하게 할 수 있을 뿐 아니라 결정으로서는 곤란한 긴 재료를 만든가, 섬유상으로 할 수 있다는 이점이 있다. NaCaSi 유리와 KBaSi 유리에 Nd 등의 희토류 이온을 2~5중량[%]을 혼입하면 레이저 작용을 일으킬 수 있다. 펌핑은 루비의 경우와 같아서 상온에서 동작하고, 발진파장은 NaCaSi 유리가 920[nm], KBaSi 유리가 1,060[nm]로서 모두가 다 펄스 발진이다. 한편 Nd^{3+} 레이저를 발진시키는 데는 루비의 경우에 비하여 훨씬 낮은 펌핑 에너지로써 가능하여 장치도 소형화 시킬 수 있으나 스펙트럼 순도는 루비보다 나쁘다.

유리 레이저는 광학적 균질성이 우수하며 대형 레이저 소자도 쉽게 만들 수 있으므로 대출력 펄스 레이저로서 최적이다.

(3) YAG 레이저

이 레이저는 $Y_3Al_5O_{12}$(YAG) 결정 내에 동작 이온으로서 Nd^{3+}나 Ho^{3+}를 용해시킨 것으로 출력이 매우 크며 효율이 높은 점이 특징이다. 펌핑에는 옥소램프 등이 이용되며 3,400[K]에서의 방사스펙트럼 중 이론적으로 약 70[%]가 유효하게 이용된다. 이와

같은 특성 때문에 직경 3[mm], 길이 3[cm] 정도의 작은 소자로서 상온에서 1~2[W]
의 연속출력을 얻을 수 있다. YAG 결정은 입방정계에 속하며 광학적으로 등방적이어
서 대단히 우수한 모체 재질이 된다. 효율이 대단히 좋아서 현재 실용에 제일 널리 이
용되고 있다. 발진파장은 1,060[nm]로 적외선 영역에 있다. 그림 7-15는 YAG 결정
내의 Nd^{3+}의 에너지 준위도이며 준위 $^4F_{3/2}$과 $^4I_{11/2}$ 사이에서 레이저 작용이 일어난다.

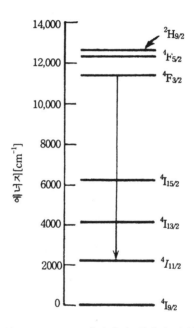

그림 7-15 YAG 레이저의 에너지 준위도

7-4-3 기체 레이저 재료

레이저 매질이 기체인 것을 기체 레이저(gas laser)라고 한다. 고체나 액체 상태의
매질을 가진 레이저에 비하여 쉽게 발진하고 질이 높은 광선을 얻을 수가 있으며, 또
한 기체는 그 부피를 얼마든지 크게 할 수 있으므로 우리가 원하는 출력의 에너지를
마음대로 조절할 수 있다는 큰 이점이 있다. 또 기체 레이저의 종류는 대단히 많으며,
발진파장은 자외선으로부터 원적외선까지 이르며 응용도 여러 가지이다.

(1) He-Ne 레이저

기체 레이저에서 제일 대표적인 것이 He-Ne 레이저이다. 이것은 글라스 세관 중에 He와 Ne를 5 : 1의 비율로 혼합하여 형광등과 같은 정도의 압력(수 Torr)으로 봉입한 것이다.

He-Ne 레이저의 구조를 그림 7-16에 표시하였다.

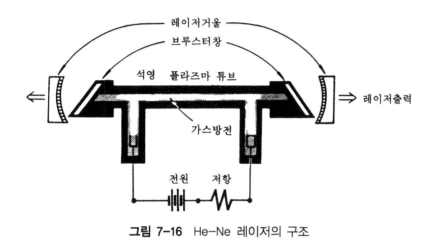

그림 7-16 He-Ne 레이저의 구조

이것에 직류 또는 교류전압을 가해 방전시키면 연속 발진이 생기며, 파장은 6,328 [Å]의 적색 레이저 광선이 방사된다. 이 레이저광은 연속파로서, 실온에서 잘 통하며 출력은 수 [mW]~수십[mW]이다. 또 이 레이저는 스위치만 넣으면 곧 동작하므로 매우 간편하다.

He-Ne의 동작원리는 다음과 같다.

Ne 원자가 붉은 광을 내는 주역이며, He 원자가 Ne보다 훨씬 많이 봉입되어 있으므로 방전에 의하여 생긴 전자는 주로 He 원자와 충돌하여 다수의 He 원자를 여기시킨다. 여기된 He 원자는 Ne 원자와 충돌하여 Ne에 에너지를 주고 자신은 에너지를 잃고 기저상태로 돌아간다.

He-Ne 레이저의 에너지 준위를 그림 7-17에 나타내었다. 그림에서 He와 Ne의 여기 에너지 준위가 거의 같은 레벨에 있으므로 펌핑은 극히 유효하게 이루어지며 Ne의

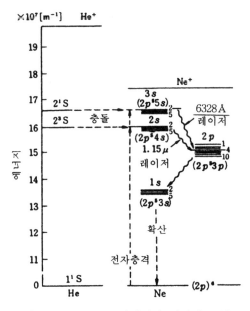

그림 7-17 He-Ne 레이저의 에너지 준위도

상위 준위에 있는 여기원자수는 점차 증가하여 결국 하위 준위의 원자수보다 많게 되어 반전분포가 일어난다. He-Ne 레이저는 그림에 있는 바와 같이 3S → 2P의 유도방출에 의하여 파장 6,328[Å]의 적색 레이저가 또 2S → 2P에 의해 1.15[μm]의 적외선 레이저가 발진된다.

희망하는 파장의 광을 얻기 위해서는 공진기의 반사경에 반사파장의 선택성을 주고 공진기의 길이를 조정한다. 보통은 가시광인 6,328[Å]를 이용한다.

He-Ne 레이저는 가장 표준적인 레이저 광원으로서 도량측정, 광통신, 과학연구, 계측분야 등에 널리 사용되며, 높은 가간섭성(Coherence)이 있으므로 입체사진(holography)에도 널리 이용이 된다.

(2) CO₂ 레이저

CO_2 레이저는 CO_2의 진동에너지를 이용하는 레이저이며, 1964년 초에 제안되었다. 처음에는 CO_2만을 사용하였기 때문에 그렇게 큰 출력을 얻을 수가 없었지만 그 후 N_2 가스와 H_2 가스를 적당량 혼합함으로써 특출한 대출력을 얻게 되었다. 이 레이저는

발진이 아주 강하며, 출력은 수[kW] 이상, 효율도 10~20[%] 이상이 된다. 10.6[μm] 의 발진파장을 가지고 있으며, 연속형 발진인 경우 최고 약 10[kW] 이상의 출력을 얻을 수 있다. CO_2 레이저처럼 여러 가지 많은 타입이 제안되고 있는 레이저도 드물다. 보통 타입의 CO_2 레이저는 길이 1[m], 직경 2[m] 정도의 방전관 내에 H_2 가스 80 [%], N_2 가스 15[%], CO_2 가스 5[%]의 혼합가스를 수[Torr]의 압력으로 봉입하여 양극, 음극면에서 방전시켜 이것을 광공진기 내에 넣는 것이다. 이 경우에 방전관 주위에 냉각수를 흘려 가스의 온도를 내리면 출력은 수배 정도 증가한다. 출력을 증가하기 위해서는 가스의 압력을 높여야 한다. 그러나 가스압이 1기압 이상이 되면 방전이 곤란하게 된다. 따라서 고기압 CO_2 레이저에서는 이 방전을 용이하기 위해서 전자를 발생시키는 작용과 이 전자를 이용하여 가스분자를 여기하는 작용을 별도로 하는 방법이 채용되고 있다. 이 방법을 이용한 것으로 횡방향 여기 대기압 레이저(Tranverse Excitation Atmospheric Laser, TAE)와 전자빔 CO_2 레이저가 있다. 한편 CO_2 레이저는 펄스형 발진인 경우 한 개의 펄스당 1[Joule]의 에너지를 가진 레이저광을 얻을 수 있으며, 이것은 펄스 시간이 0.1[μsec]인 경우 10[MW]의 출력에 해당하는 것이다. 그러므로 이러한 고출력을 이용하여 용접, 절단, 드릴링, 세라믹 가공, 의료, 핵융합, 대기오염 감시 등에 사용이 되고 있다.

7-4-4 반도체 레이저 재료

반도체 레이저라 함은 반도체 발광 다이오드에 반사경을 만들어 줌으로써 광발진작용을 하는 레이저를 말한다. 반도체에서는 높은 에너지대의 전자가 낮은 에너지대로 떨어질 때 내는 빛도 보통의 상태에서는 주파수는 넓은 폭을 갖고 코히런트가 되지 않는다. 그러나 순방향 전류의 밀도를 현저하게 크게 하면 주파수폭이 좁은 코히런트의 빛을 방사할 수 있게 된다. 반도체 레이저가 타 레이저에 비하여 극소형이며, 저전력으로 구동할 수 있다는 장점 외에 광섬유의 저손실 파장영역에서 발진하고, 동시에 직접 변조도 가능하므로 광통신용 광원으로 이용된다. 그리고 대량 생산이 가능하며 전자산업화 시대에 부응하여 공업적인 측면에서 볼 때 이용될 가치가 높은 레이저라 하겠다. 가스 레이저에서는 방전에 의해서 고체 레이저는 빛을 쬐는 것에 의해서 펌핑을 하는데 비하여, 반도체 레이저에서는 결정에 흐르는 전류에 의해 직접 펌핑을 한다. 따라서 전류의 변화에 따라 레이저광의 강도를 변화할 수 있고, 전류에 의한 직접 변조가 가능한 것이다. 대표적인 반도체 레이저의 구조를 그림 7-18에 나타내었다.

횡폭이 약 100[μm], 두께가 약 100[μm], 길이 약 300[μm]의 크기로 다층 구조로 되어 있다. 앞뒤의 2개의 면은 벽개면에 의한 반사경면이다. 위쪽과 아래쪽 표면에 전극이 있고 p측에서 n측으로 전류를 흐르게 하여 발진동작을 시킨다. 레이저광이 증폭되는 영역을 활성영역(활성층)이라 부르고, 그 크기는 폭 3~10[μm], 두께 0.1[μm] 정도이다.

지금 그림 7-18에서와 같이 1대의 평행한 반사경을 준비한 Pn접합에 순방향 전압을 가하면 정공과 전자가 인가방향으로 이동하고 활성영역에서 재결합하여 발광한다. 캐리어의 밀도를 높이면 활성영역 중에서 재결합은 연속하여 일어나도록 되어 있다. 발광한 광에 의해 유도방출이 일어나 레이저 발진에 이르는 것이다.

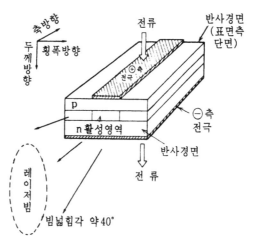

그림 7-18 반도체 레이저의 구조

실제 반도체 레이저에서는 발광 효율을 좋게 하기 위해서 그림 7-19에 나타낸 바와 같이 2중 헤테로(double hetero) 구조로 하여 고밀도 전류영역을 만들어 내도록 하고 있다. 다시 말해서 활성영역의 금지대폭을 Eg로 하고 그 바깥쪽을 큰 금지대폭의 p형과 n형의 반도체로 끼운다. 계면은 밴드갭이 다르기 때문에 불연속적인 장벽이나 돌기가 생긴다. 외부에서 순방향으로 직류 전압을 인가하면 p측에서 정공, n측에서 전자가 활성영역에 주입된다. 전자와 정공은 계면에서의 장벽 때문에 확산이 멈추어지고 활성영역 내에 효율 좋게 가두어진다. 또한 활성영역의 밴드갭이 작게 되기 때문에 바깥쪽 영역보다 굴절률이 크게 되어 있어서 발생한 빛을 활성영역을 중심으로 도파한다.

유도증폭작용은 광감도와 전도대 속의 전자수와 거의 비례하여 생긴다.

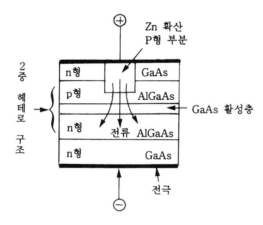

그림 7-19 2중 헤테로의 구조

반도체 재료로서는 GaAs, InAs, InP, InSb, CdS, CdTe, $Al_xGa_{1-x}As$, $I_{1-x}Ga_x$, $In_xGa_{1-x}AsyP_{1-y}$ 등 많은 재료가 있으나 봉입효과를 가지는 nAlGaAs-PGaAs-PAlGaAs의 2중 헤테로의 구조의 재료도 있다.

반도체 레이저에서 현재 실용화되고 있는 것은 InP-InGaAs계의 $1.0 \sim 1.5[\mu m]$대 레이저와 GaAs-GaAlAs계의 $0.78 \sim 0.85[\mu m]$대의 2종류이다. InP-InGaAsP계의 $1[\mu m]$대 레이저는 광통신용 광원으로서 실용화되고 있고 광통신용에 이용하는 광섬유의 손실이 $1.5[\mu m]$ 전후의 파장에서 최소로 되고 또 파장의 분산도 작기 때문에 장거리 통신용 광원으로서 $1[\mu m]$대 레이저는 최적이다. 한편 GaAs-GaAlAs를 이용한 근시

근적외광 레이저는 10년간 많은 연구노력이 이루어져서 다음과 같은 여러 방면에서 실용화되고 있다.

① 레이저 프린터용 광원

② 단, 중거리 광통신용 광원

③ 디지털 오디오 디스크(DAD)용 광원

④ 광학식 디지털 기록용 광원

7-4-5 액체 레이저 재료

레이저 매질을 액체에 용해해서 사용하는 것을 액체 레이저라고 한다. 액체라는 명칭은 녹이고 있는 용매에서 온 것이고 광증폭은 용해 속에 녹고 있는 재료에 의해 행해진다. 화학약품을 용매에 녹여서 레이저를 만들기 때문에 화학레이저라고도 부른다. 용매를 호스트(host) 재료라고 부른다. 다이(dye)라고 불리는 염료를 에틸알코올에 녹인 다이 레이저가 그 대표 예이다. 액체 레이저의 펌핑은 광조사에 의해 행한다. 즉 강력한 광원으로 레이저 매질이 용해되고 있는 액체를 조사하면 레이저 매질 속의 전자가 여기되어 반전 분포를 만든다. 또한 펌핑에서 공급된 에너지는 일부만이 레이저광이 되고 다른 대부분은 열이 되어 버린다. 그 때문에 연속적인 발진이 아닌 펄스 동작으로 하는 경우가 효율이나 방열효과가 좋고 높은 출력을 얻을 수 있다.

7-4-6 레이저의 응용분야

이상과 같은 여러 가지 출력 파장 및 출력 에너지를 가지고 있는 레이저 등을 이용하여 그 목적에 맞게 선택하여 응용하고 있다. 이들 중 대표적인 응용분야를 기술하면 다음과 같다.

(1) 레이저 가공

고출력 레이저를 이용하여 절단, 용접, 구멍뚫기, 트리밍(trimming), 표면처리, 스크라이빙(scribing) 등 재료 가공에 사용한다.

(2) 레이저 계측

정확한 길이의 측정, 외경의 측정, 물체의 두께 및 표면상태의 측정, 고체 및 유체의 속도측정에 사용되기도 한다.

(3) 의용 레이저

레이저 광선이 갖는 지향성 집속성을 응용하여 에너지를 미소한 점에 집중시켜 의용기기로 활용한다. 그 예를 들면 CO_2 레이저로서 피부 절단에 매스 대신 사용하며 Ar^+ 이온 레이저로서 혈액 속의 헤모글로빈을 응고시킴으로써 지혈작업도 할 수 있으며, He-Ne 레이저로써 수정체의 렌즈를 이용하여 망막에 레이저광을 집속시킴으로써 간단히 망막염을 치료할 수가 있다. 또한 피부의 점이나 사마귀 등을 태워버리거나 암을 태워버리는 데도 레이저가 이용된다.

(4) 광섬유 통신

광섬유를 이용하여 통신을 할 때 광원으로써 많이 이용을 하며, 레이저광의 직진성을 이용하여 공간에서 직접 통신을 하며 보안 통신을 할 수도 있다. 그 외에도 통신분야에서 많은 응용을 하고 있다.

(5) 입체사진

레이저의 높은 간섭성을 이용하여 3차원의 영상을 재현하는 데에 사용된다.

(6) 대기오염의 감시

짧은 광로의 흡수를 이용하여 대기오염의 측정, 레이저광의 높은 지향성을 이용해서 장거리에서의 대기오염 측정, 라이다를 사용하여 3차원적인 오염농도 분포의 측정에 사용한다.

그 외에도 핵융합 반응, 레이저 동위원소 분리 등에도 이용하려 시도하고 있다.

01. LED에 대하여 설명하여라.

02. 광섬유 통신의 특징을 열거하고 설명하여라.

03. 액정의 종류를 열거하고 설명하여라.

04. 레이저의 원리에 대해 기술하시오.

05. 광펌핑에 대해서 설명하시오.

06. YAG 레이저에 대하여 설명하여라.

07. He-Ne 레이저에 대하여 설명하여라.

08. 반도체 레이저의 발진원리에 대하여 설명하여라.

09. 액체 레이저에 대해 기술하시오.

10. 레이저의 응용분야 3가지만 열거하고 설명하시오.

11. 발광 다이오드에 이용되는 반도체가 아닌 것은?
① GaAs ② Nb_3Ge ③ GaP ④ SiC

12. 액정 소자의 장점이 아닌 것은?

① 동작전압이 낮다.

② 소비전력이 적다.

③ 표시·소거 응답시간이 $10^2 \sim 10^3$[S]이다.

④ 박형, 경량이다.

13. 레이저의 특성이 아닌 것은?

① 선광성이다.　　　　　　　② 단색성이 우수하다.

③ 지향성이 강하다.　　　　　④ 고휘도이다.

14. 광학적 균질성이 우수하여 대형레이저 소자도 쉽게 만들 수 있으므로 대출력 펄스 레이저로서 최적인 레이저는?

① 루비 레이저　　② YAG 레이저　③ CO_2 레이저　④ 유리 레이저

15. 다이 레이저는 어느 레이저에 속하는가?

① 기체 레이저　　② 액체 레이저　③ 반도체 레이저　④ 고체 레이저

CHAPTER 08

센서 재료

    현대를 정보화 시대, 자동화 시대라고 불리우며 여기에 대처하기 위한 과학기술에의 요청도 한층 엄격해지고 있다. 정보화 및 자동화 시대를 초래한 가장 큰 원동력은 말할 것도 없이 반도체 기술의 발달, 나아가서는 컴퓨터와 같은 정보처리 기기의 발달이다.

    이러한 정보화 사회를 우리 몸의 생체에 비유하여 생각해보면 컴퓨터는 인간의 두뇌를 모방(imitation)한 것이라 할 때 센서(sensor)는 인간의 오감(시각, 청각, 촉각, 후각, 미각)을 모방한 것이다. 최근 과학기술의 급속한 발전과 함께 컴퓨터 등 정보처리 기기의 발달에 따라 그 동안 인간이 수행해야만 했던 일련의 과정들은 기계에 의해 자동화되어 가고 있다. 이와 같은 자동화 시스템에 필수적으로 요구되는 것이 사람의 감각기능을 대신할 센서이다. 센서는 송배전 여러 설비를 비롯해 생산기기, 가전제품, 생산분야의 공정관리, 공해방지, 항공기, 자동차 등의 관리, 보안, 제어 등에 다양하게 사용되고 있으며, 사용분야 및 목적에 따라 새로운 센서들이 개발되고 있다.

8-1 센서의 정의 및 분류

    센서는 인간의 오감에 대응하는 것이라고 생각하면 쉽게 이해할 수 있다. 우리들 인간은 눈·귀, 피부, 코, 혀라고 하는 5개의 기관에 의해 외계로부터의 자극을 감지하고 있다. 이들 오감으로서 감지하는 신호는 신경세포를 통해서 대뇌에 전달되고, 이

표 8-1 인간의 감각과 센서와의 비교

인간 감각	센서	물리현상	
시각(눈)	광센서	광기전력효과 광도전효과 광양(량)자방출효과 photon drag 효과	
청각(귀)	압력센서 자기센서	압전효과 피에조 저항효과 표면탄성파	홀효과 자기저항효과 조셉슨효과
촉각(피부)	온도센서 압력센서	열저항효과 광전효과 표면탄성파 초전효과	압전효과 피에조저항효과 표면탄성파
후각(코)	가스센서 온도센서	흡착효과	
미각(혀)	미(맛)센서	미개발	

곳에서 비로소 사물의 형상, 음, 냄새, 맛 등이 인식된다.

인간의 오감을 센서와 대응시켜 놓은 것이 표 8-1이다.

인간의 눈에 대응하는 것이 광센서, 귀에 대응하는 것이 압력센서, 자기센서, 촉각에는 온도센서, 압력센서, 후각에는 가스센서, 온도센서 등이 대응된다. 이러한 센서를 통해 얻어지는 정보는 어떤 형태로 연산처리되어 우리들이 보기 쉬운 양으로 변환되거나 혹은 자동제어용으로 이용된다. 즉, 센서라는 것은 인간의 오감처럼 온도·습도·압력·진동·회전수·자기·빛·가스·방사선·위치 등의 물리량을 측정 및 제어 가능한 전기량으로 변환하는 소자라고 말할 수 있다. 전기량으로 변환하는 이유는 증폭, 귀환, 연산, 전달, 기억, 지시, 원격조작 등이 용이하고, 제어장치나 전자계산기 등의 정보처리장치에 도입시키기가 용이하기 때문이다.

일반적으로 밖에서 얻어지는 정보는 온도, 압력, 변위, 속도 등의 물리량이지만, 성분, 농도 등은 화학량으로 전기량이 아닐 때가 많다. 이와 같은 비전기량을 전기량으로 바꾸는 수많은 트랜스듀서(transducer)까지 포함시켜 이들을 넓은 의미로 센서라 한다.

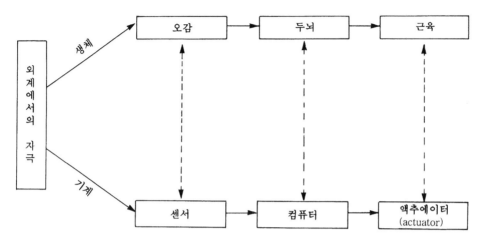

그림 8-1 생체와 기계와의 대응관계

우선 밖에서 얻어지는 정보를 오감으로 받아서 그 신호를 두뇌로 전달한다. 두뇌에서는 이 신호를 연산처리 등을 행하여서 근육으로 전달한다. 이 프로세스(Process)를 기계 등으로 행하게 하려고 하면, 그림 8-1과 같이 된다. 즉, 두뇌에 대응하는 것이 컴퓨터, 근육에 대응하는 것이 액추에이터이고, 오감에 대응하는 것이 센서이다.

최근에 센서기술의 발전에 힘입어 센서는 우리 주변에서 대단한 활약을 하고 있다. 예를 들면 전자레인지, 전자밥솥, 전자동세탁기, 냉·난방용 에어컨, 자동판매기 등이 스위치 하나로서 모든 기능들을 스스로 알아 자동적으로 수행하게 되었으며, 최근에는 음성 합성장치를 이용한 말하는 냉장고까지 출현하게 되었다.

센서를 구성하는 재료에는 금속, 반도체, 세라믹스, 페라이트 및 고분자 재료 등이 있다. 지금 주요 센서를 사용하는 입장에서 용도별로 분류하면 다음과 같다.

① 온도센서(열전대, 더미스터, 초전도적외센서, 반도체 온도센서, 백금측온저항체 등)

② 광센서(CdS, PbS, 포토 셀, 포토 다이오드, 포토 트랜지스터, 포토 커플러, LCD 등)

③ 자기센서(조셉슨소자, 홀소자, 자기저항소자, 초전도양자간섭소자 등)

④ 가스센서(반도체 가스센서, 고체전해질 가스센서 등)

⑤ 습도센서(세라믹 습도센서, 탄소막 습도센서, 고분자계 센서 등)

    ⑥ 압력센서(반도체 압력센서, 감압 다이오드, 로드셀)

    ⑦ 바이오센서(효소센서, 반도체를 이용한 바이오센서, 미생물센서 등)

8-2 온도센서

온도센서는 다른 센서에 비해 종류가 가장 많은 것으로, 온도라는 물리량을 전기신호로 변환하는 것이다. 그 사용 방법에 따라 구별하면 접촉형과 비접촉형으로 된다. 전자는 계측하려고 하는 가스분위기 속에 센서를 직접 넣는다든지 또는 온도를 측정하고자 하는 물체에 직접 접촉시켜서 측정하는 형태이고, 후자는 측정하려고 하는 물체에서 떨어져서 먼 곳에서 광으로 검출하여 측온하는 것이다.

접촉형 온도센서의 대표적인 것이 시백(Seeback) 효과를 이용한 열전대와 온도에 따른 저항 변화 특성을 이용한 측온저항체 및 더미스터(thermistor)이다. 이 중에서 특히 더미스터는 가전제품의 전자화가 진보됨에 따라 각광을 받아왔으며 전기밥통, 전기오븐, 전자레인지, 전기모포 등 민생용으로 매우 많이 사용되고 있다. 열전대는 2종류의 서로 다른 금속간의 접속점을 가열하는 것으로서 발생하는 열기전력을 온도센서로 이용한 것이다. 열전대는 사용하는 금속선의 종류에 따라 여러 가지 형태로 분류되며 각기 사용온도 범위가 다르다. 1,000[℃] 정도의 고온용으로는 타입 R(백금-백금 13%·로듐)이 1,000[℃] 이하에서는 타입 K(크로멜-알루멜), 타입 E(크로멜-콘스탄탄) 및 타입 T(구리-콘스탄탄)가 자주 사용되고 있다.

열전대는 전체적으로 화학적으로 약한 점이 있다. R, K, E는 고온에서 환원성 분위기에 약하고, T는 산화하여 열화하기 쉽다. 일반적으로 공업용 계측에는 열전대를 보호관에 넣어 이용하고, 내부는 항상 깨끗하게 해 놓아야 한다.

측온저항체, 더미스터에 비해 열전대는 높은 온도에서 사용하는 것이 많다. 측온저항체로는 종래 구리, 니켈도 사용되고 있었으나, 현재에는 공업용 온도센서로서 백금선을 사용한 측온저항체가 KS에 규정되어 있다.

백금측온저항체는 지름 0.05[mm] 정도의 고순도 백금선을 보빈과 마이카틀에 감고

0[℃]의 저항 R_0를 50[Ω] 또는 100[Ω]으로 한 것이다. 그림 8-2는 백금측온저항체와 각종 열전대의 온도 특성을 나타낸 것이며, 왼쪽 위의 그림은 유리피복형 백금측온저항체의 한 예이다.

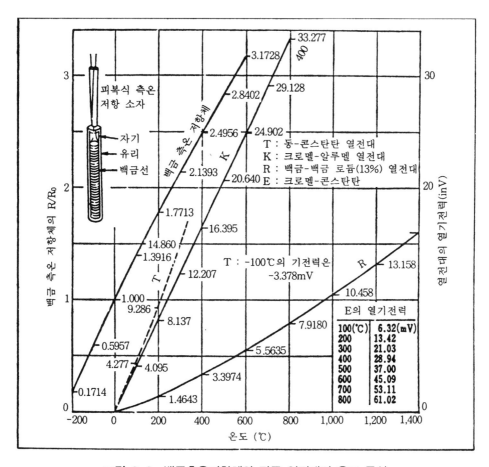

그림 8-2 백금측온저항체와 각종 열전대의 온도 특성

백금측온저항체로 온도를 검출하는 데는 보통 휘트스톤 브리지(Wheatstone Bridge)를 사용하지만, 백금선의 저항치가 낮으므로 도선저항을 무시할 수 없다. 100[Ω]의 측온저항에 대해서 1[Ω]의 도선저항은 약 −2.5[℃]의 검출 오차를 준다. 브리지 방식의 경우, 이것을 보정하기 위해서 그림 8-3에 나타내듯이 3선식 접속법을 사용하여 리드선의 저항을 캔슬하는 방법이 사용되고 있다. 한편 순백금은 30[K] 이하에서 급

격히게 시항온도계수기 각게 되어 버리기 때문에 백금에 미량의 코발트를 서어 극저온에서도 사용할 수 있도록 하여 2[K]로부터 300[K]까지 측정 가능하다.

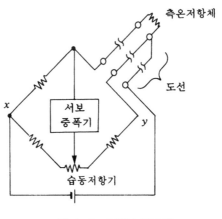

그림 8-3 3선식 접속법

더미스터는 가장 오래된 반도체 온도센서로서, 이것은 반도체의 저항치가 온도에 따라 민감하게 변화하는 성질을 이용한 것이다. 저항체에는 온도상승에 의해서 저항치가 증가하는 것과 감소하는 것이 있지만, 단지 더미스터라고 말할 경우에는 온도상승에 따라 저항치가 감소하는 것으로 지칭한다. 그리고 이 더미스터를 특히 NTC 더미스터라고 부른다. NTC는 주로 Ni, Mn, Co, Fe 등 21종 이상의 전이금속 산화물을 혼합하여 소결한 것이다. 따라서 NTC는 소결반도체이기 때문에 많은 결점이 있다. 그러나 NTC 온도센서는 모양이 작고 응답속도가 빠른 특성이 있다.

또 NTC는 높은 온도에서 저항값이 작아지고 안정성면에서도 문제점이 있으므로, 보통의 것은 400[℃] 이하에서 사용된다. 특수한 것으로 고온용의 것도 만들어지고 있지만, 공업계측용이 아니라 어떤 특정 온도의 감시용에 이용되는 것이 대부분이다. 그러나 현재는 여러 가지 기술적 난점을 극복하여 정도가 좋은 것의 신뢰성, 호환성은 열전대를 능가하여 백금 특성과 비슷하게 되었다.

PTC는 강유전체인 $BaTiO_3$를 주체로 한 양(+)의 저항온도 계수를 가진 더미스터이다. 실온에서 100[℃] 정도까지는 보통의 반도체처럼 NTC 특성을 나타내지만, 이 이상의 온도에서는 저항치가 10의 지수로서 급격히 변화한다. 아직 안정성에 문제가 있지만, 상온 또는 좁은 온도 범위의 온도센서로 이용되고 있다. 최고 사용온도는 140[℃] 정도로 유리피복형 NTC에 비해 낮지만, 측온저항체에 비해 2배 정도의 저항온도계수의 값을 가지고 있으며, 온도에 대해서는 거의 직선적으로 저항변화를 하기 때문에 온도센서로 사용하기 쉽다.

CTR은 V, Ba, P 등의 산화물 혼합물을 빈 유리상에 소결한 후 급랭시킨 반도체로 W, Ge 산화물 등을 도포하여 어느 정도 급변 온도를 움직일 수 있다. 급변 온도의 정도는 0.5~1[℃]이고, 0.5[℃] 정도의 히스테리시스가 있다.

CTR은 어느 특정 온도에서 전기저항이 급변하므로 넓은 온도폭의 측정에는 무리이지만 정온도의 검출에는 우수하다. 고온에서는 산화하고 특성이 열화하므로 NTC와 같이 유리 피복할 수는 없다. CTR는 PTC보다 급격하게 저항변화를 하기 때문에 상온 가열장치, 이상온도 감지 등 상온 검출용의 센서로 사용되고 있다.

한편, 비접촉형 온도센서는 물체에서 발하는 광(방사광)을 이용하고 있다. 이것에는 반도체의 광흡수에 전자천이를 이용한 양자형과 광흡수에 의한 온도변화를 이용한 열형의 것으로 나눌 수 있다. 비접촉형 센서를 이용하여 비접촉 온도센서, 침입경보장치, 화재경보기, 통행자수 카운터, 자동문, 전자레인지, 가스분석계, 자원탐사 등에 널리 응용되고 있다. 양자형에는 PbS, Ge(Cu) Hg_{1-x} Cd_x Te 등의 반도체를 사용한 광도전형과 Pt-Si 쇼트키 접합, InSb, Hg_{1-x} Cd_x Te 등을 사용한 광기전력형이 있고, 감도나 응답속도는 좋지만, 감도에 파장의존이 있고 냉각이 필요하게 된다.

특히 Hg_{1-x} Cd_x Te는 Hg와 Cd의 비율을 조절하면 매우 작은 금지대폭이 될 수 있고 보다 긴 파장까지도 감도를 얻을 수 있다. Ge(Cu)는 Ge 반도체에 Cu 불순물을 넣어서 불순물-전자대간의 천이에 의한 감도를 더욱 긴 파장까지 확대한 것이다.

Pt-Si 쇼트키 접합이 작은 장벽의 천이를 이용한 것에는, Si의 미세가공기술이 사용되고, 집적화가 용이하다. 이것들 양자형인 것에서는 감도가 좋은 것을 이용해서 단일 센서로 공업계측이나 과학계측에 이용되는 이외에, 1차원과 2차원 배열소자를 이용해서 적외선 촬상을 하고 있다. 그림 8-4는 적외 카메라를 의료용으로 사용한 예로서 적외 카메라를 사용하여 국부적으로 체온이 낮아진 부분을 검출할 수 있기 때문에 암을 비접촉으로 발견할 수 있다.

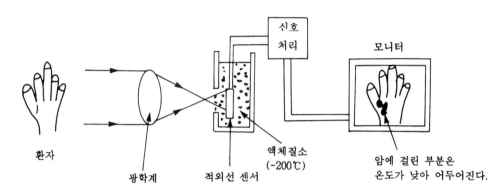

그림 8-4 비접촉형 온도센서에 의한 암진단

열형인 것으로서는 볼로미터와 초전형 센서가 있고, 감도는 낮지만 실온동작이 가능하고 감도의 적외선 파장 의존성이 작은 것 등의 특징을 갖기 때문에 광범위한 분야에서 응용되고 있다.

초전형 센서는 자발분극을 갖는 TGS, $LiTaO_3$와 $PbTiO_3$ 등의 물질이 온도변화와 동시에 분극을 변화시켜 외부 자유전하를 발생시키는 것으로 열형인 것 중에서는 응답속도, 감도가 비교적 크므로 일반적으로 잘 이용된다. 그림 8-5는 초전형 적외선 센서를 이용한 침입경보기의 검출 블록도이다. 침입자로부터 방사된 적외선은 凹면 거울에 의해 집광되어 초전형 적외선 센서에 조사되고, 초전체의 온도가 변화해서 전하가 발생한다.

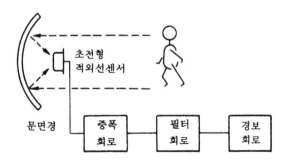

그림 8-5 침입경보장치의 검출 블록도

초전형 적외선 센서는 등가적으로 콘덴서와 병렬인 전류원으로 생각할 수 있고, 그 출력 신호는 고입력저항의 증폭기에 의해 증폭되고, 필터에 의해 잡음을 소거한 후 경보회로에 알려지게 되어 있다.

8-3 광센서

광센서란 일반적으로 가시광선에서 근적외 광역까지의 빛에너지를 받아 전기신호로 변환하는 것을 말한다. 최근에는 광섬유를 이용한 센서도 출현하고 광센서도 더욱 다양화가 진행되고 있다. 광센서는 광의 강약만을 계측할 뿐이며, 색이나 상은 인식할 수 없다.

그러나 광에 대한 응답속도는 우수하여 10^{-9}[sec] 정도로 빠르며, 인간의 눈의 응답속도는($\sim 10^{-1}$[sec])와는 비교도 되지 않는다. 보통 광센서용 재료에는 반도체가 쓰여지고 있다.

광센서의 원리에는 광도전 효과, 광기전력 효과, 광전자 방출 효과 등의 광전변환 효과가 이용되고 있다. 광센서의 종류에는 광도전 효과형 광센서, 광전자 방출형 광센서, 자외선 센서, 복합형 광센서 등이 있다.

8-3-1 광도전 효과형 광센서

광도전 효과형 광센서는 반도체에 빛이 닿으면 전자와 정공이 증가하고 빛에너지에 비례한 전류 증가가 일어나는 원리를 이용한 것이다. 카메라의 조도계로서 오랜 전부터 알려져 있는 황화카드뮴 광센서가 대표적인 예이다. 광조사에 의해서 발생하는 전자-정공은 어느 시간을 경과하면 소멸한다. 광에 대한 감도를 향상시키기 위해서는 수명시간을 길게 하는 것이 필요하다. 그러나 수명시간을 길게 하면 광에 대한 응답속도가 늦어진다. 광도전 재료로서 잘 쓰여지는 CdS나 CdSe 광전 효과형 광센서의 응답속도는 10^{-3}[sec]로 늦다. 이것들은 가로등의 자동점멸장치 등에 쓰여지고 있다.

8-3-2 광기전력 효과형 광센서

광기전력 효과를 이용하는 디바이스(device)에는 포토 다이오드, 포토 트랜지스터, 포토 사이리스터 및 태양전지 등이 있다. 대표적인 광기전력 효과형 광센서는 실리콘 포토 다이오드이다.

Si 단결정을 기판으로써 열확산법에 의해 기판과 극성이 다른 불순물을 도포하는 것에 의해 PN접합을 형성한 반도체 디바이스이다. 빛이 PN접합에 조사되면 전자-정공쌍이 다수 발생하며 전극간에 기전력을 발생한다. 이 센서는 인가전압을 필요로 하지 않으므로 이용법이 간단하다. 포토 다이오드의 재료는 PN접합을 형성할 수 있는 것, 예를 들면 Si, Ge, GaAs, InGaAs 등이 사용되고 있다. 재료, 형상, PN접합의 위치 등에 의해서 수광, 파장 영역이 다르다.

포토 다이오드는 특히 근적외선에 최고 감도를 가지고 감도, 직선성도 좋아 사용하기 쉬운 LED와 조합시켜 카드 리더, 마크 센서와 같은 컴퓨터 입력기기 등에 널리 이용되고 있다. 그림 8-6은 고속응답을 겨눈 포토 다이오드에서 PN접합 용량을 작게 하기 위해 P층과 N층 사이에 높은 저항층 i층을 마련한 구조를 갖는 Pin 포토 다이오드의 구조 및 동작원리를 나타낸 것이다. 즉, N형 실리콘 기판 위에 불순물이 적은 높은 저항층을 만들고, 그 위에 P층을 형성한다. 동작으로서는 외부에 의해 P층측에서 조사된 빛은 주로 i층에 흡수되어 정공⊕와 전자⊖를 생성하고 있다. 이러한 종류의 소자는 역바이어스 인가로 사용되기 때문에 정공은 P층으로 전자는 N층으로 확산되어 양전극에 의해 외부로 꺼내어진다.

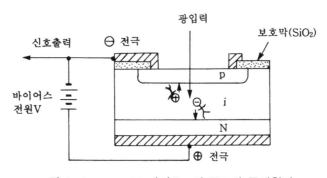

그림 8-6 Pin 포토 다이오드의 구조와 동작원리

핀 포토 다이오드는 보통의 PN접합형 포토 다이오드에 비해 응답속도가 높아서 바 코드 리더(bar cord reader)와 광통신에 이용되고 있다.

포토 트랜지스터는 응답속도가 늦은 결점이 있지만, 증폭작용이 있어 감도가 좋고 출력 전류도 커서 적외선의 센서로 널리 이용되고 있다. 예를 들면 버스나 엘리베이터 의 자동문이나 운동장의 전광게시판 등에 쓰이고 있다.

포토 사이리스터는 빛에 의해 스위치 동작을 하는 것으로 큰 전류를 제어할 수 있 어 조광장치와 무접점 스위치에 이용되고 있다.

8-3-3 광전자 방출 효과형 광센서

광전자 증배관(PMT)이 이 종류 광센서의 대표적인 예이다. 광전음극, 음극, 양극으 로 구성되어 있고, 빛이 광전음극에 입사하면 광전음극에서는 2차 전자가 방출된다.

이 2차 전자는 다음의 음극에서 증배되어 최초로 양극에 도달하는 사이에 10^5배 이 상이나 증폭이 행해진다. 광전자 증배관은 매우 고감도이므로 저조도광의 검지용으로 써 널리 산업계에서 사용되고 있다.

8-3-4 자외선 센서

Si 자외선 포토 다이오드, 자외선 검지관(UV 트론) 등이 자외선 센서로서 용도로는 의용기기, 분석기기 및 조도계, 분석계 등의 측광, 이화학 기기에 사용되고 있다.

8-3-5 복합형 광센서

발광원으로서의 LED와 광센서로서의 포토 다이오드, 포토 트랜지스터, 포토 사이리 스터를 일체화한 포토 커플러, 포토 인터럽터 등을 복합형 광센서라고 부르는 경우가 있다.

포토 커플러는 GaAs LED와 포토 트랜지스터를 외부와 광차단한 구조의 것을 말한 다. 원리는 전기신호를 포토 다이오드에서 한 번 빛으로 변환하여 포토 트랜지스터에 서 받아 다시 전기신호로 되돌리는 것이다. 특징으로는 입출력이 전기적으로 절연되어 있고 신호의 피드백(feed back)이 없이 입출력 임피던스기 지유로이 선택할 수 있는 점이다.

포토 인터럽터는 발광부인 LED와 수광부인 포토 트랜지스터가 대향 배치되어 있어 이 사이에 물체가 들어가면 빛이 차단되고 수광부의 광전류가 컷되게 되어 있다. 이 센서는 빛을 온·오프하는 것에 비해 비접촉적으로 물체의 유무를 검출할 수 있는 점이 큰 특징이다.

응용분야는 전기부와 기계부의 결합, 회전속도의 제어, 계수, 경보장치 등이 주된 응용분야이다. 최근의 LED의 고휘도화, 광센서의 저잡음화, IC화가 진행되어 복합형 광센서도 고정밀도, 고성능화를 도모하고 있다.

8-4 자기센서

각종 센서 중에서도 자기센서는 비교적 오래 전부터 사용되고 있다. 나침판을 이용하여 방향을 알아보는 것은 태고부터였다. 나침판은 최고의 자기센서라고 할 수 있다. 그러나 현재의 센서로서는 자기량을 전기신호로 변환하는 형태의 자기센서가 주로 이용되고 있다. 위치나 이동의 검출에 자기센서가 가장 많이 사용되고 있는 것은 응답이 빠르기 때문이다. 반도체 등의 고체에 자계를 가하면, 그 고체의 전기적인 성질이 변화하는 현상, 소위 자전효과를 이용하여 자기로부터 전기로 변환시키는 것도 가능하다. 고체 물성의 자계 의존성에 근거한 자기센서는 고체 자기센서라고 불리며, 소형, 저소비전력, 저가격, 고감도, 고신뢰성 등의 여러 가지 이점이 있고, 근래 급속히 기술 개발이 되어 주목을 받고 있다. 특히 반도체 자기센서는 자기센서용에 맞는 재료와 그 가공기술이 진보하고, 비약적으로 용도가 넓어지고 있다.

자기센서는 반도체 자기센서와 그 밖의 것으로 나누어지고, 반도체 자기센서에는 홀소자와 자기저항소자가 있다.

홀소자는 InSb, GaAs 등 전자 이동도가 큰 반도체 재료로서 만들어진 것이며, 반도체에 자계를 가하면 전류와 자계의 양쪽에 직각으로 전압을 발생하는 홀 효과를 이용한 것이다. 5~500[mA]의 전류를 흘릴 때 출력은 0.1~500[mV] 정도이다. 따라서 이 소자는 그림 8-7과 같이 입출력 단자가 4개가 된다. 출력전압이 작으므로 홀소자와 증폭기를 하나의 칩(Chip)에 집적시킨 홀 IC가 만들어지고 있다.

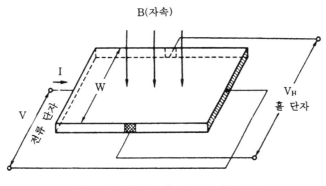

그림 8-7 벌크형 홀소자의 기본 구조

홀소자는 VTR과 레코드 플레이어, 플로피 디스크에 사용되고 있는 각종 브러시리스 모터로의 응용 이외에 자속계, 자기기록용 헤드, 회전계, 속도계 등 다방면에 응용되고 있다. 그림 8-8은 브러시리스 모터의 단면도이다.

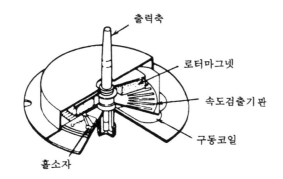

그림 8-8 홀소자를 이용한 브러시리스 모터의 구조 예

자기저항소자는 홀소자와 같이 반도체 속을 지나는 전자의 흐름이 자계에 의해 영향을 받아 저항이 높아지는 현상을 이용하고 있다. 이 소자는 홀소자가 4단자 구조인 것에 대해서 1대의 전류 전극만을 가진 2단자 구조이다. 출력 전압은 홀소자보다 훨

빈 큰 전압인 수[V]가 얻어져 최근에는 이것이 더 많이 사용된다. 홀 이동도 μ_H가 큰 재료일수록 좋으므로 일반적으로 InSb가 재료로 사용된다.

반도체 자기저항소자는 무접촉 가변저항기, 포텐셔미터, 변위 및 진동 픽업, 마이크로파 전력계, 지폐 식별 센서 등에 널리 사용되고 있다.

8-5 가스센서

가스센서는 기체 중의 특정 성분을 검지하여 적당한 전기신호로 변환하는 디바이스로서 출력이 전기신호이고, 또 검출부가 작고 가벼워 사용법이 간편하고 값이 싼 특징이 있다. 인간의 후각이 예민하기는 하지만 대상이 되는 성분이 한정되어 있는 것에 반해서 가스센서의 대상은 매우 많다.

가스센서가 우선 실용화된 것은 가연성 가스(LPG 등)의 폭발방지를 위한 가스누설경보기용으로서였다. 그 후 유독 가스용, 프로세스 계측용, 자동 제어용, 환경 계측용 등으로서 용도가 확대됨과 동시에 계속하여 새로운 가스센서가 제안되고 있다. 가스센서는 화학센서의 한 분야이다. 가스를 검출하기 위해서는 물체에서 흡착, 화학반응, 고체 전해질 속의 이온의 투과, 적외선 흡수, 열전도율 등의 현상을 이용한다.

흡착에 의한 검출에는 반도체식, 표면전위식, 수정발진식 등이 있다. 가스센서에는 몇 가지 종류가 있으나, 여기서는 최근 주목을 받고 있는 반도체식 센서를 소개한다.

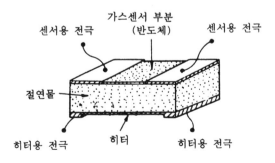

그림 8-9 반도체 가스센서의 구조

반도체 가스센서의 기본 구조를 그림 8-9에 나타냈다.

반도체식은 SnO_2, Fe_2O_3, ZnO 등의 N형 산화물 반도체 분말의 소결체와 그 후막 또는 증착이나 스퍼터링으로 제작된 얇은 막을 200~500[℃] 정도로 가열하고 가스 속에서의 전기저항의 변화로 가스를 검출한다. 가스가 반도체 표면에 흡착하면 전자의 교환에 의해 전자밀도의 변화와 공핍층 두께 등의 변화에 의해 반도체 입자 사이의 전위장벽이 변해서 전기저항이 변화한다. 검지되는 가스는 H_2, CO, NO_2, CH_4, C_2H_2, C_3H_3, C_4H_{10}, LP 가스, 알코올, 에탄올 등이다.

그림 8-10은 SnO_2와 ZnO계 센서에 대해 농도 0.1[%]의 프로판 가스를 30초간에 흘릴 때의 출력 피크값과 온도관계를 나타낸 것이다. 그러나 센서로서는 동작온도가 낮고 고성능인 것이 상당히 바람직한 셈이고 이런 이유 때문에 유력한 방법으로서 센서에 촉매작용을 갖는 Pt, Pd 등을 소량 첨가하는 방법이 시도되고 있다.

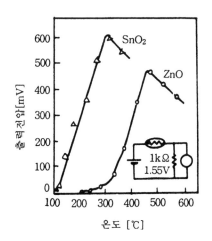

그림 8-10 가스센서의 감도와 온도의 관계

특히 SnO_2 센서는 가장 잘 연구되어 왔으며 감도가 높고 장기 안성성에도 뛰어나고, 구조도 간단하기 때문에 가정용 가스누출 경보기에 가장 흔히 사용되어 왔고, 또 공기 오염물질을 감지해서 작동하는 자동환기 팬이나 에어컨, 전자레인지 등에도 응용되고 있다.

표면전위식 가스센서는 $Pd-TiO_2$ 다이오드나 Pb를 게이트 전극으로 한 Si-MOSFET

기 있다. Pd의 표면에 수소 등의 가스가 흡착되면 그 일함수가 저하하기 때문에 다이오드의 전압-전류 특성과 MOSFET의 드레인 전류가 변화한다.

그 외에 가열된 백금선이나 더미스터에서 온도가 가스의 열전도율의 차이에 따라서 변화하는 것을 이용한 것, 수정발진자 위에 흡착된 가스가 발진 주파수를 변화시키는 것을 이용한 것 등이 있다. 표 8-2는 각종 가스센서의 분류를 나타낸 것이다.

표 8-2 각종 가스센서의 분류

이용하는 현상		종류 · 재료	특징	응용 예
가 스	물체에의 흡착	반도체(전기저항), 표면전위, 수정발진식	감도 양호, 가스선택 불량	가스누출경보기, 자동조리, 자동환기팬, 불완전연소검출
	화학반응	접촉연소식, 전기화학반응	감도, 신뢰성 양호	가스누출경보기
	이온투과	고체전해질센서	고온 동작	자동차공연비제어
	열전도율	더미스터브리지	전기신호로 하기 쉽다.	가스검지경보기
	적외선흡수	투과광계측	감도 양호, 선택성질	가스검지경보기

화학반응을 이용한 것에는 가스를 연소시키는 경우와 전기화학적 반응에 의한 경우가 있다.

접촉 연소식의 대표적인 센서는 가는 백금선을 코일 모양으로 감고 그 위에 알루미나를 도포한 후 굳힌 것으로 가연성 가스를 접촉시켜 연소시킬 때의 백금의 저항 증가에 의해 검출한다. 실제는 그림 8-11과 같이 알루미나에 귀금속 촉매를 도포 또는 함침시킨 검지소자와 가스에 반응하지 않는 보상소자를 브리지 모양으로 묶어서 사용

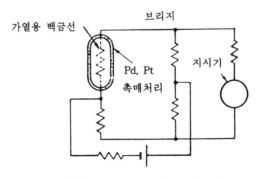

그림 8-11 접촉 연소식 가스센서

한다. 가연성 가스를 연소시켜서 이용하기 때문에 검출은 폭발 하한계 농도 이하의 검출에 의한다.

전기화학반응을 사용한 센서는 전해질 용질에 전극을 넣고, 이것을 가스투과막으로 덮은 구조를 가지며, 가스투과막을 통해서 전해질 용액에 들어가고, 전극 부근의 전기화학반응에 의해 전극간에 발생하는 전류와 전압으로 검출한다.

측정 대상가스는 O_2, H_2, Cl_2, CO, CO_2, NO, NO_2, SO_2, HCl, HCN 등이다.

고체 전해질은 특정 이온을 선택적으로 투과시키는 성질이 있고, 그때에 발생하는 전류나 전압으로 가스를 검출한다. 가장 잘 사용되는 고체 전해질 센서는 지르코니아(ZrO_2)를 이용한 것이다. ZrO_2는 산소이온을 자유롭게 통하는 고체 전해질로 알려져 있다. 그림 8-12와 같이 양면에 다공질의 백금 전극을 부착하였을 때 고산소측의 전극이 $\oplus$, 저산소측의 전극이 $\ominus$라는 극성의 기전력을 발생한다. 산소의 농도비가 클수록 기전력은 크므로 이것은 산소 센서가 된다. 이 산소 센서가 여러 가지 공업 목적에 쓰인다. 예를 들면 공장 배수오염 감시, 각종 노내의 산소분석, 용강 중의 산소함유량 분석, 자동차 배기가스 성분 조정 등이다.

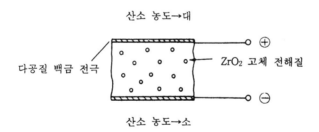

그림 8-12 지르코니아 산소 센서

8-6 습도센서

습도센서의 원리도 가스센서의 경우와 마찬가지로 전해질, 산화물 반도체, 수정, 고분자 등의 물질에 수분이 흡착된 때의 전기저항, 유전율, 열전도율과 발진주파수 등의 변화에 의해 구할 수 있다. 알루미나 양극 산화마, 세라미, 염화리튬, 스틸렌이나 아크릴계 회합물 등은 흡습성이 있고, 수분 흡착 후의 전기저항의 변화에서 온도를 검출하고 있다.

그 외에 공기의 열전도도의 온도에 의한 변화에 따르는 더미스터의 저항변화에서 구하는 것, 공기의 온도를 내려 결로시켰을 때의 습도에서 구하는 것, 부착된 수분에 의해 수정진동자의 발진주파수의 변화에서 구하는 것 등이 있다.

염화리튬을 이용하는 대표적인 습도센서에는 던모어(Dunmore)형과 함침식의 것이 개발되어 있다.

던모어(Dunmore)형은 폴리스티롤의 원통관에 2개의 평행한 팔라듐 선을 전극으로 하고 이 수지 위에 폴리비닐 아세테이트와 염화리튬 수용액(0.5~0.1wt%)의 혼합액이 균일한 막대모양이 되도록 도포된 것이다. 이런 종류의 센서는 1개로는 측정범위가 좁다. 그 때문에 염화리튬량이 다른 여러 종류의 센서를 조합시켜 상대습도 20~90[%] 영역의 계측에 사용할 수 있도록 연구되고 있다. 그림 8-13은 던모어형 센서 구조의 일례를 나타낸 것이다.

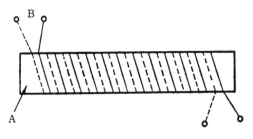

그림 8-13 던모어형 센서 구조의 일례

고분자계 센서는 흡습성 수지를 카본 등의 도전성 분체를 가한 전기저항식 센서, 초산 부틸 셀룰로오스의 전기용량의 변화를 이용한 것, 수정진동자의 표면에 폴리아미드 수지를 코팅하여 흡습에 의한 공진주파수의 변화를 이용한 것이 보고되고 있다.

흡습성 수지에 도전성 분체를 넣어 흡습에 의한 전기저항의 변화를 꺼내는 형태는 도전성 입자에 탄소분을 사용하는 것이 많아 카본 센서라고 불리어진다. 상습 범위에서 저항치가 낮고 이온성의 오염에는 강하지만, 히스테리시스를 없애는 것이 어렵다.

고분자 자체의 전도성이 흡습에 의해 변화하는 습도센서도 있다. 비닐 모노마 등을 다른 모노마와 공중합시킨 것이 시판되고 있고, 이 센서는 제조시의 재현성이 좋고, 히스테리시스도 작다고 한다. 그림 8-14에 고분자계 습도센서의 습도 특성의 일례를 나타낸다.

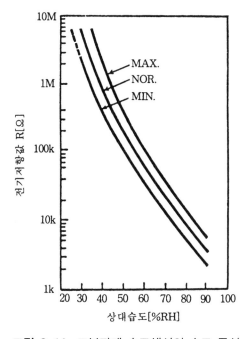

그림 8-14 고분자계 습도센서의 습도 특성

니켈 페라이트($Ni_{1-x} Fe_{2+x} O_4$계) 습도센서는 수증기 흡착에 의한 전기저항 변화 기구가 전자적인 것이라고 생각되고 있다. 그림 8-15는 이 습도센서 구조의 개략도를 나타낸 것이다.

그림 속의 A는 센서의 주요부인 감습부이다. B, C는 전극이며 소체와 잘 밀착되어 접촉저항이 적은 전극재료, 예를 들면 도전성 금페인트로 만들어진다. 센서의 치수는 길이 1.0×폭 0.5×두께 0.1이다. 전극 간극은 0.3[cm]이다. 그림 8-16은 센서의 전기 저항-습도 특성의 일례를 나타낸 것이다. 그림에서 보는 바와 같이 상대습도의 증가

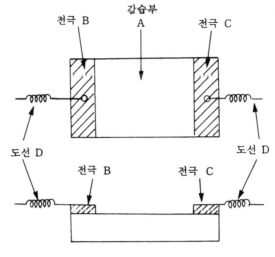

그림 8-15 니켈 페라이트 습도센서

에 따라서 센서의 저항값은 직선적으로 증가하고 이온전도인 경우와 반대의 경향을 나타내고 있다.

그 전도기구는 다음과 같이 설명할 수 있다. 마그네타이트 또는 페라이트의 일부는 Fe^{3+}와 Fe^{2+}가 B부격자에 공존하고 있다. 그 때문에 전자의 교환이 비교적 쉽게 일어

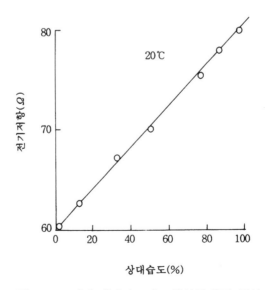

그림 8-16 니켈 페라이트 습도센서의 응답 특성

나는 것이라고 생각되고 있다. 이들 마그네타이트 또는 페라이트의 전도기구가 Fe^{2+}와 Fe^{3+}의 원자가 교환에 의한 것이라고 하면 Fe^{2+}와 Fe^{3+}의 전자 이동에 의해서 결정 속에 정공이 생긴다. 소자 표면에 중성의 물분자를 흡착시키면 이것이 정공과 결합하여 양이온으로 되고 표면층 부근의 정공이 감소하여(Fe^{3+}가 Fe^{2+}로 된다) 저항이 증가하는 것이라고 생각할 수 있다.

이 센서는 특성의 재현성이 좋고 온도 의존성도 작지만 제조에 있어서 생산성이 나쁘고 또 호환성도 얻을 수 없기 때문에 실용화가 늦어지고 있지만 앞으로의 연구에 기대되는 바가 크다.

세라믹 습도센서는 1966년 Fe_3O_4 콜로이드 소자의 발표 이래, Cr_2O_3, Fe_2O_3, Al_2O_3, ZnO 등의 도포막을 사용하는 것으로부터 최근에는 Fe_2O_3-K_2O계 세라믹스, ZnO-Li_2O-V_2O_5계 세라믹스, $MgCr_2O_4$계 세라믹스에 이르기까지 다양한 재료가 연구되고 있지만, 모두 출력은 상대습도에 대응하는 것으로, 주로 흡탈습에 의한 저항변화를 측정하고 있다.

이러한 종류의 것은 저항변화를 측정에 이용하고 있기 때문에 측정회로가 간단하고 소자 가격도 비교적 싼 것이 많기 때문에 민생 기기 등의 분야에서 응용되고 있다. 이 중 실용화되어 있는 $MgCr_2O_4$계 습도센서에 대해서 기술한다. $MgCr_2O_4$계 습도센서는 그림 8-17과 같이 $MgCr_2O_4$-TiO_2계 세라믹 칩(Chip)의 양면에 RuO_2계 전극과 백금과 이리듐 선을 부여하고 있다. 칩의 주위에 가열 클리닝용 칸탈 히터를 방사형으로 장치

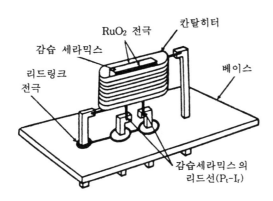

그림 8-17 $MgCr_2O_4$-TiO_2계 습도센서의 구조

한 구조로 되어 있다.

세라믹스는 25~30[%] 정도의 기공률을 가진 다공질 소결체로 습분의 흡착에 필요한 1[μm] 이하의 세공분포를 가지고 있다. 또한 세라믹스는 반도체이지만 150[℃] 정도의 고온까지 저항의 온도변화가 적다. 그러나 150[℃] 이상은 통상의 더미스터 특성을 나타낸다. 이와 같은 세공분포를 가진 다공질 세라믹스로는 통상의 치밀한 세라믹스와 비교하여, 현저하게 표면적이 크고, 수증기는 이 벌크 안까지 흡착된다. 일반적으로 벌크형으로는 흡착이 매우 늦고 센서로서 본 경우 평형상태에 달하기까지 장시간을 요한다고 생각되는데, 이 계의 센서는 앞에서 서술한 것 같이 표면적이 큰 것과 그 벌크의 두께를 얇게 하는 것으로, 단시간에 흡탈착의 평형상태를 얻을 수 있다. 그림 8-18은 대표적인 MgCr$_2$O$_4$계 센서의 습도 특성을 나타낸 것이다.

Ⅰ형은 저습도 영역에서 고감도이며, Ⅱ형은 대수적으로 거의 리니어(linear)한 특성이다.

모두 1[%] RH 정도의 저습도까지 감도를 보유하고, 거의 전상대습도 영역에 걸쳐서 습도 제어를 할 수 있다. Ⅰ형 센서의 치수는 4×4×0.25[mm], Ⅱ형은 2×2×0.20[mm]이고, 치수에 의해 특성의 평행 이동이 가능하다.

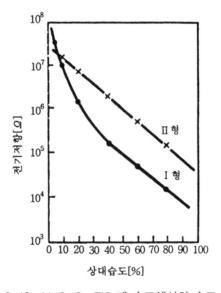

그림 8-18 MgCr$_2$O$_4$-TiO$_2$계 습도센서의 습도 특성

습도센서는 품질관리, 환경관리면에 중요한 역할을 수행하고 있는 것이다.

일반 응용면에는 반도체, 철강, 화학, 섬유, 식품, 전자부품, 기기, 광학기기면 등과 같은 각 공업면에 있어서 프로세스의 습도 제어 등을 들 수 있다. 환경관리면에서는 빌딩의 습도관리, 병원, 연구소의 습도관리, 온실, 주거환경 조절, 광산에서의 안전관리, 식물의 물 보급, 조림에 있어서의 산불 예측 등을 들 수 있다.

8-7 압력센서

압력센서는 압력의 검지 대상에 따라 유체와 고체의 경우로 나눌 수 있다. 이 센서는 습도센서와 함께 일상생활과 관계가 매우 크다. 가정 전기제품의 청소기, 세탁기와 기상관측의 고기압, 저기압, 건강관리를 위한 혈압측정, 자동차 타이어의 압력측정, 경막 외에서의 뇌내압의 측정 등 압력의 정보를 필요로 하는 곳은 너무나 많다.

압력센서의 종류로는 여러 가지가 있으나 최근 광범위하게 적용되고 있는 반도체 압력센서에 대해서 서술한다. 다이어프램(diaphragm)은 실리콘 결정으로 만들고, 그 표면의 소정의 위치에 불순물을 확산하여서 변형 게이지를 형성하고, 열응력이 적은

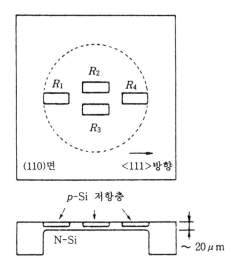

그림 8-19 다이어프램형 압력센서의 원리

지지대에 접합히어 금속 케이스에 장치된 압력센서이다. 그림 8 19는 다이어프램형 압력센서의 원리를 나타낸 것이다. 그림에서 알 수 있듯이 N형 실리콘 위에 확산으로 P형 저항층을 형성하고, 에칭(etching)으로 다이어프램부를 얇게 만든 것이다. 압력에 의해서 다이어프램이 변형하면 피에조(Piezo) 저항효과에 의해 게이지의 전기저항이 현저하게 변화하는 것을 이용하여 압력을 검출한다.

이 소자는 소형, 저잡음, 높은 안정으로 온도 의존성이 작고 충격에 강한 인텔리전트(intelligent) 센서로서 기체, 액체의 압력이나 무게의 측정 등 넓은 분야에서의 응용이 기대되고 있다.

8-8 바이오센서

바이오센서(biosensor)는 뛰어난 물질 인식 기능을 갖는 생체 물질을 이용해서 화학 물질을 선택적으로 분자를 식별하는 기능을 이용한 화학센서이다. 바이오센서는 사용하는 생체 관련 물질에 의해 분류되고 효소센서, 면역센서, 미생물 센서 등의 이름이 붙어 있다.

그림 8-20에 바이오센서의 원리도를 나타낸다.

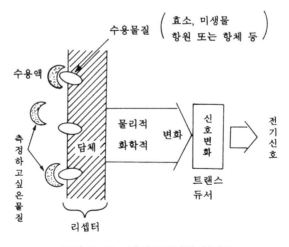

그림 8-20 바이오센서의 원리도

8-8-1　효소센서

효소센서는 효소를 고분자막으로 고정하고 효소 특유의 반응에 의해 생성된 이온, 가스 등에서 물질을 검지하는 바이오센서이다. 글루코스(glucose) 센서는 가장 먼저 실용화된 대표적인 효소센서이다. 글루코스는 대표적 단당류로 생물의 가장 좋은 에너지원이다.

우리의 혈액 속에는 일정 농도의 글루코스가 포함되어 있어서 당뇨병 환자에 대한 임상검사로서 혈액, 소변 속의 글루코스 농도를 측정하는 것은 중요하다. 글루코스옥시타제(glucose oxidase, GOD)가 효소로서 사용되고 글루코스를 산화하여 용액 중의 산소를 소비해서 과산화수소를 생성한다. 고정화 효소막의 내측에 산소센서를 만들어 두면 산소의 감소에서 글루코스의 양을 알 수 있다.

글루코스는 GOD에 의해 아래 식의 반응에 따라서 산화된다.

$$C_6H_{12}O_6 + O_2 \ \rightarrow \ C_6H_{10}O_6 + H_2O_2 \tag{8-1}$$

즉, 글루코스의 양에 따라서 산소가 소비되고 H_2O_2와 글루코 노락톤이라고 하는 유기산이 발생한다. 따라서 글루코스의 농도를 측정하는데 산소의 소비량, H_2O_2의 발생량, 유기산에 의한 PH변화, 이상의 양을 계측하는 3종류의 방법이 고려된다.

8-8-2　면역센서

면역센서는 항체가 항체에 대응하는 항원을 선택적으로 식별하는 항원항체반응을 이용한 센서이다. 항원 또는 항체를 막에 고정화하면 면역반응의 고도의 분자 식별 기능을 가진 기능성막이 생긴다. 예를 들면 아세틸 셀룰로오스막에 항체를 고정화한다.

단백질은 양성 전해질이기 때문에 항체 고정화막은 표면 전하를 갖고 그 전하량에 따르는 막전위를 가지고 있다. 이 항체에 항원이 흡착하고 복합체가 형성되면 막전위가 변화한다. 따라서 항체막의 막전위 변화에 의한 항원의 흡착량을 측정할 수 있다.

대표적인 면역센서에는 혈액형 센서, 암센서, 매독 센서 등이 있다. 최근 Si의 MOSFET의 채널상에 Si_3N_4막을 만든 IS FET(Ion Sensitive FET)에 의해 PH를 측정하는 센서기 개발되어 있다.

8-8-3 미생물 센서

미생물 센서는 측정대상에 대해서 선택적으로 미생물이 반응하고 발생하는 여러 가지 변화를 전기신호로 검지하는 바이오센서이다. 대표적인 미생물 센서에 생물적 산소 요구량을 검출하는 BOD(Biochemical Oxygen Demand) 센서가 있다. 효모를 셀룰로오스 아세테이트막에 흡착, 고정하고 산소센서와 조합하여 BOD 센서를 만들 수 있다.

배수 중의 유기물질은 효모에 의해 섭취되고 산화되어 산소가 소비된다. 이 산소의 변화를 산소센서로 검출하면 BOD의 양을 알 수 있게 되고, 오염된 물이나 공장 폐수 등의 환경 계측에 응용된다. 이외에 아미노산, 초산, 메탄가스, 글루타민산 등을 검지하는 미생물 센서와 미생물 균체의 수를 셀 수 있는 센서도 출현되어 있다. 그림 8-21은 미생물 센서의 구조를 나타낸다.

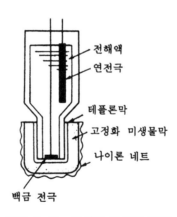

그림 8-21 미생물 센서의 구조

미생물 센서의 특징은 미생물 균체를 직접 이용하기 때문에 안정성이 우수하고 효소센서보다 가혹한 조건에서 사용할 수 있다. 특히 내열성균을 사용하면 70~80[℃]에서의 사용도 가능하지만 전과 다름없이 응답속도가 늦은 결점이 남아 있다.

연습 문제

01. 온도센서에 대하여 설명하여라.

02. 복합형 광센서에 대해 기술하여라.

03. 자기센서의 특징을 열거하여라.

04. 가스센서에 대하여 간단히 설명하여라.

05. 습도센서에 대하여 설명하여라.

06. 압력센서에 관해서 설명하여라.

07. 바이오센서에 대하여 설명하여라.

08. 온도센서에 이용되는 것은?
① 포토다이오드　　② 더미스터　　　③ 포토트랜지스터　④ LCD

09. 자기센서에 이용되는 것은?
① 홀소자　　　　② 열전대　　　　③ 더미스터　　　④ CdS

10. 어느 특정 온도에서 전기저항이 급변하므로 넓은 온도폭의 측정에는 무리이지만 저온도의 검출에는 우수해서 상온가열장치, 이상온도감지 등 상온 검출용 센서로 사용되는 것은?
① NTC　　　　② PTC　　　　③ CTR　　　　④ FET

11. 포토다이오드의 재료로 사용되는 것이 아닌 것은?

① Ge   ② GaAs   ③ InGaAs   ④ Nb_3Ge

12. 다음 중 자외선센서의 응용분야가 아닌 것은?

① 의용기기   ② 경보장치   ③ 분석기기   ④ 측광이화학기기

13. 다음 중 자기센서의 이점이 아닌 것은?

① 소형   ② 저감도   ③ 저소비전력   ④ 고신뢰성

14. 흡습성 수지에 도전성 분체를 넣어, 흡습에 의한 전기저항의 변화를 이용한 센서는?

① 고분자계 센서   ② 니켈페라이트 센서

③ $MgCr_2O_4$계 센서   ④ $MgCr_2O_4-TiO_4$계 센서

15. 다음 센서 중 면역센서가 아닌 것은?

① 혈액형 센서   ② 암센서   ③ 매독센서   ④ 효소센서

CHAPTER 09

초전도 재료

초전도(conductivity)란 어떤 종류의 금속이 극저온으로 냉각되었을 때에 나타나는 전기적 성질과 자기적 성질의 현저한 결합에 주어진 이름이다. 그와 같은 매우 낮은 온도는 1908년 하이케 카멜린 온네스(Heike Kamerlingh Onnes) 교수가 헬륨의 액화에 성공함으로써 이용할 수 있게 되어 저온물리학의 문을 열어 놓았다.

그로부터 3년 후인 1911년에 수은의 전기저항이 액체 헬륨온도(4.2K)에 가까운 극저온에서 갑자기 0이 되는 현상을 발견했다. 이와 같은 새로운 현상을 초전도라 하고, 이와 같은 성질을 지닌 물질을 초전도체(superconductor)라 한다.

초전도 응용 기술은 현재 실용화되고 있거나 개발 중인 깃 등 여러 산업 분야에서 그 개발과 응용이 크게 기대되고 있다. 이 초전도 응용 기술에 사용되는 초전도 재료는 초전도선이다. 물론 초전도선의 재료는 초전도 물질이다.

1911년 네덜란드의 물리학자 온네스 교수에 의해 초전도 현상이 발견된 이래 70여 년 동안 초전도 재료와 그 종류에 대한 연구 개발이 계속되어 왔다. 최근 액체 질소 온도(77k)에서 초전도가 되는 세라믹 산화물 고온초전도체가 발견되고 있으며 이 새로운 물질에 의한 응용이 개발될 것으로 예상되나 많은 난점도 예견된다. 예를 들면 초전도 재료의 기본 물성적 이론의 규명, 재료의 신뢰성, 선재화, 양산화 기술 등이다. 무엇보다도 임계전류의 증가 및 박막화 등 선결되어야 할 기초 기술의 문제를 해결할 필요가 있다. 이것이 해결되면 이 물질의 경제적 효용성은 앞으로 더욱 더 증가될 것이며 초전도 에너지 저장(SMES)장치로도 쓰일 것이다. 또 핵융합이라든가 전자유체(MHD) 발전도 가속적으로 발전할 것이다.

9-1 초전도의 발전사

18세기 말부터 여러 가지 가스의 액화 연구가 성행하여 기체의 대부분이 액화되어 갔다. 액화 기술의 발전은 과학자들의 연구에 있어서는 대단히 흥미 깊은 저온 환경을 처음으로 실현하였던 것이다. 초전도체는 헬륨의 액화에 의하여 극저온이 가능해진 것이 계기가 되어 발견되었다. 이 헬륨의 액화에 정열을 쏟은 사람이 네덜란드 라이덴 대학의 하이케 카멜린 온네스(H.K. Onnes)이다. 이런 노력은 1908년 헬륨의 액화에 성공함으로써 저온물리학의 문을 열어 놓았다. 그로부터 3년 후인 1911년, 극저온 인 수은의 전기저항 측정 실험으로부터 초전도 현상을 발견했다. 1957년에는 BCS (Bardeen-cooper-Schrieffer) 이론이 발표되면서 상당히 이상한 현상으로 여겨져 왔던 초전도 현상이 현재에는 극저온 하에서의 일반적 현상으로 여겨지기에 이르렀다. 한편 1950년대의 후반에는 임계자계(Critical magnetic field) Hc가 높아 고자계의 발생이 가능한 니오브(Nb)나 바나듐(V)이 들어간 새로운 합금 및 금속간 화합물이 다수 발견되어 초전도 응용의 문이 열렸다. 초전도 현상을 응용화 시키기에는 신재료의 발견과 그 실용화가 선도적인 역할을 해왔다. 그 이후 4반세기 사이에 선재화기술의 개발 및 응용기술의 개발이 진행되어 현재에는 에너지, 의료, 정보, 수송, 기초과학 등 많은 분야에 초전도가 응용되고 있다. 종래에는 초전도 현상이 일어날 수 있는 최고 온도는 23[K]였다. 1973년에 수립된 이 기록은 1986년 4월까지 13년간 깨뜨려지지 않았다. 그러던 것이 1986년 산화물 초전도체가 발견된 이후 그 전까지 상승 속도로는 상상할 수도 없던 임계온도의 연속적 상승이 나타났다. 그림 9-1에 나타낸 것은 고온 초전도체를 발명한 연도를 나타낸 것이다. 1986년 4월에는 스위스 취리히 IBM 연구소가 란타늄(La)-바륨(Ba)-산화구리(CuO)의 화합물을 이용해 30[K]에서 초전도 현상을 일으키는데 성공, 23[K]의 장벽을 넘어서는데 앞장섰다.

이 기록은 1986년 11월 일본에서 확인 과정을 거치면서 다시 깨져 일본 동경대 공대연구팀이 37[K]를 기록했다. 1986년 말에는 Ba 자리에 Sr(스트론튬)을 치환시킴으로써 임계온도가 40[K]까지 올라가는 La-Sr-Cu-O계 초전도체가 발견되었다. 그러나 가장 놀라운 연구 성과는 1987년 2월 중순 미국 휴스턴 대학의 츄(C.W. Chu) 박사에

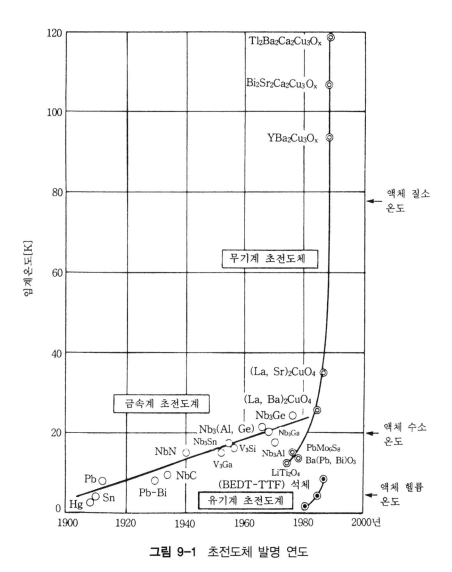

그림 9-1 초전도체 발명 연도

의해 La와 Sr을 각각 Y(이트륨), Ba(바륨)로 치환시킴에 따라 액화질소의 온도를 상회하는 90[K]의 산화물 고온 초전도체인 Y-Ba-Cu-O계가 발견되었다. 그 후 1년 남짓 지난 1988년 1월 일본 금속재료 기술 연구소의 마에다 팀이 100[K]를 상회하는 Bi(비스무스)-Ca(칼슘)-Sr(스트론튬)-Cu(구리)계 초전도체를 발견했다. 또한 거의 같은 시기인 2월 22일 미국 휴스턴에서 개막된 '초전도 세계 학술대회'에서 아이캔섬대학의 셍과 헐맨 박사가 임계온도 125[K]인 Tl(탈륨)-Ca-Ba-Cu-O계 초전도체를 발견했다고 발표했다. 현재까지도 초전도체에 대한 연구는 끊임없이 계속되고 있으며, 실온에서 초전도 현상이 발견되었다는 보고도 있다. 그러나 마이스너 효과(Meissner effect)의 확인, 안정성, 재현성 등의 문제점들이 남아 있어서 실온에서의 완전한 초전도 현상은 아직 확인되지 않았다고 볼 수 있다.

다음은 지금까지의 초전도 연구개발의 경과를 간단히 소개한다. 제1기(1911~1956년)는 저온물리학의 시대로 1911년 수은의 초전도 현상이 온네스 교수에 의해 발견된 이래 저온물리의 기초적인 측면으로부터 활발한 연구가 진행되었다. 이 시대의 실험 결과를 기초로 두 개의 전자가 쿠퍼(Cooper)쌍을 이루어 상호간에 에너지를 교환한다는 BCS(Bardeen-Cooper-Schrieffer) 이론이 탄생되었고 실험 결과를 잘 이해시켜 주었다. 이어서 제2기(1957~1986년)에는 Nb-Ti, Nb_3Sn 등의 상부임계자계 Hc_2가 높은 합금, 금속간 화합물의 제2종 초전도 재료가 발견되었고 극세다심선의 선재 가공기술과 응용기술의 개발이 진행되었다.

한편 1986년 말부터는 세라믹계의 임계온도 Tc가 높은 고온 초전도 재료가 잇달아 발견되어 초전도의 응용이 액체헬륨으로부터 값이 싸고 사용이 편리한 액체질소(77k)의 시대로 이동하려는 시대가 되었다. 이 시대가 제3기이다. 현재 인류는 초전도의 제3기에 접하고 있다고 한다. 현재까지의 연구 결과 및 응용 분야로 보아서 우리 인류에게 새로운 발전 및 혜택을 가져올 것이 분명하다.

9-2 초전도 현상

많은 금속의 전기저항은 전술한 것처럼 온도의 강하와 함께 감소하지만 0[K]가 되어도 불순물이나 격자결함 등으로 인하여 잔류저항이 있기 때문에 금속의 저항이 0으로 되지 않는다. 그림 9-2에 고전물리에 의한 저항온도 특성을 나타냈다.

그러나 실제로 물질에 따라서는 0[K]에 가까운 극저온에서 전기저항이 거의 0이 되는 것이 있다. 이와 같은 현상을 초전도(superconductivity)라고 한다. 이와 같은 현상은 1911년 라이덴 대학의 카멜린 온네스 교수에 의해 수은을 온도계로 쓸 목적으로

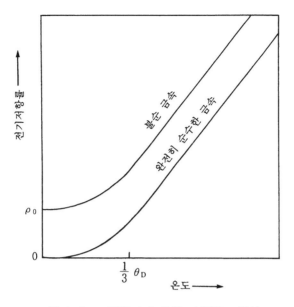

그림 9-2 고전물리에 의한 저항온도 특성

수은의 전기저항을 극저온에서 측정하던 중 약 4.2[K] 부근에서 전기저항이 그림 9-3
에 나타낸 바와 같이 완전히 0으로 되는 이상현상이 발견되었다. 보통상태인 상전도
에서 초전도로 이동하는 온도는 재료에 따라 다른데, 수은의 경우 4.15[K], 니오브는
9.3[K], 하프니움은 0.35[K]이다. 이와 같은 온도를 임계온도(critical temperature) 또
는 전이온도(transition temperature)라 하고, Tc로 표시한다.

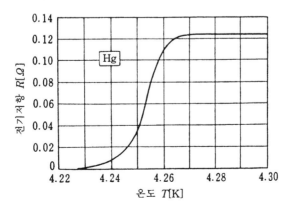

그림 9-3 수은의 전기저항의 온도변화

표 9-1에 제1종 초전도 재료의 임계온도 Tc를 표시하였다. 수은의 초전도성이 발견된 후 현재까지 금속 및 비금속 원소 약 30종과 합금이나 화합물 세라믹 유기물질 등 1천 수백 종이 발견되었으나, 표 9-1에서 보는 바와 같이 임계온도는 대단히 낮다. 그러나 최근 니오브3게르마늄(Nb_3Ge) 합금(23.2K)에서는 20[K] 이상의 것이 얻어지고 있는 것으로 보아 임계온도가 반드시 극저온이라야 한다는 본질적인 이유는 없고 금후 더욱 높은 임계온도를 갖는 재료가 발견될 가능성이 높다. 그러나 나트륨, 칼륨, 리튬 또는 금, 은, 구리 등의 전기 양도체 그리고 철, 니켈, 코발트 또는 비스무스 등의 강자성체들은 0.01[K] 정도의 저온까지 조사를 하여 보았으나 초전도 현상이 나타나지 않았다. 초전도체(Superconductor)의 또 하나의 특징은 그림 9-4(a)와 같이 상전도 상태

표 9-1 제1종 초전도 재료의 임계온도

원소	Tc (k)	원소	Tc (k)
Al	1.18	Ru	0.49
Ga	1.08	Ta	4.48
Ir	0.14	Tl	2.38
La	6	Th	1.37
Pb	7.19	Ti	0.39
Hg	4.15	W	0.01
Nb	9.3	V	5.38
Sn	3.72	Zr	0.55

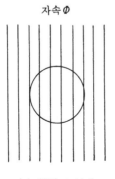

(a) 상전도 상태

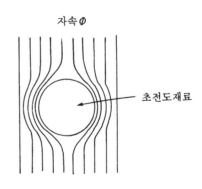

초전도재료

(b) 초전도 상태

그림 9-4 마이스너 효과

에서 자계 H를 가해놓고 온도를 초전도 상태까지 강하시켜 초전도 상태가 되게 하면 그림 9-4(b)와 같이 모든 자속이 외부로 밀려난다. 즉, 초전도체 내부에는 자계가 존재하지 못한다. 이것을 그 발견자의 이름을 따서 마이스너 효과(Meissner effect)라 하는데, 재료 안에 자속이 전혀 존재하지 않는다 하는 것은 외부의 자계를 전부 내밀 수 있는 반자화가 내부에서 생기고 있기 때문이라 할 수 있다.

상전도에서는 저항이 0이 되는 극저온의 극한상태에서도 자속은 밀려나지 않는다. 고로 이것 역시 초전도의 특유한 현상이다.

1933년 독일의 물리학자 마이스너(Meissner)가 오흐젠펠트(Ochsenfeld)는 초전도에 관해서 또 하나의 중요한 실험을 행하여 초전도 상태에서는 자속이 완전히 배제한다는 것을 증명하였다. 온도가 임계온도 Tc보다 낮은 데서 증가하면 자속은 갑자기 온도가 Tc에 접근한 후 시료에 침입하고 이 물질은 상도전 상태가 된다. 물질 내의 자기유도는 다음과 같다.

$$B = \mu_0 H + J = \mu_0 (1 + \chi_r) H \tag{9-1}$$

여기서 H는 외부자계의 세기, J는 매질 내의 자화도, 그리고 χ_r은 비자화율이다. 그런데 초전도 상태에서는 B=0이므로 식 (9-1)로부터 다음과 같이 된다.

$$J = -H \tag{9-2}$$

즉, 자화도는 H와 크기가 같고 부호가 반대임을 알 수 있다. 그러므로 매질은 반자성이고, 또 비자화율은 다음과 같이 된다.

$$\chi_r = -1 \tag{9-3}$$

이와 같은 조건을 완전 반자성(perfect diamagnetism)이라고 말한다. 이것 역시 초전도의 특유한 현상이다.

초전도 상태에 있는 물질에 아주 강한 자계를 가하면 그 초전도성을 상실 전기저항이 있는 상전도 상태로 돌아가며 다시 자계를 약하게 해가면 초전도 상태로 복귀한다. 이와 같이 초전도가 깨뜨려지는 한계의 자계의 세기를 임계자계(critical magnetic field)

라 부르며 Hc로 나타낸다. 인계자게 Hc는 물질에 따라 다를 뿐만 아니라 온도 T이 함
수가 된다.

Hc와 T의 관계는 대개 다음 식으로 표시되는 포물선과 같다.

$$\mathrm{Hc(T)} = \mathrm{H_0}\left\{ 1 - \left(\frac{\mathrm{T}}{\mathrm{Tc}}\right)^2 \right\} \tag{9-4}$$

여기서 $\mathrm{H_0}$는 $\mathrm{T} = 0[\mathrm{K}]$때의 임계자계이고 물질에 따른 고유상수이다.

위 식은 근사적으로 그림 9-5와 같이 많은 물질에 대하여 성립한다.

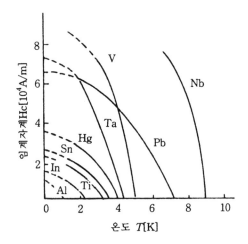

그림 9-5 초전도체의 임계자계와 온도 관계

그림 9-5의 곡선에서 각 곡선의 아래쪽은 초전도 상태를, 위쪽은 상전도 상태를 나타
낸다. 초전도 상태는 외부자계에 의해서 파괴될 뿐만 아니라 초전도체 내에 흐르는 전
류에 의해 발생되는 자계에 의해서도 파괴된다. 따라서 강한 자계를 발생시키기 위해
초전도체를 코일로서 사용할 때에는 임계자계 Hc가 큰 재료를 선택할 필요가 있다.

주기율표 중의 초전도 원소와 임계온도 Tc 사이에는 마티어스(Matthias)가 지적한
일정한 규칙성이 있다. 즉

① 가전자수가 2~9인 금속이 초전도로 된다.

② 전이 금속에서는 가전자수가 기수인 것이 Tc가 높고, 비전이 금속에서는 가전자

수가 2로부디 증가함에 따라 Tc가 높게 된다.

③ 반강자성, 강자성을 나타내는 원소는 초전도로 되지 않는다.

합금이나 화합물에 대해서도 일반적으로 마티어스의 경험법칙이 성립한다. 초전도체는 자기적 성질에 따라 제1종 초전도체(type Ⅰ superconductor)와 제2종 초전도체 (type Ⅱ superconductor)로 나눌 수 있다. 그림 9-6(a)에 나타낸 것과 같이 외부자계의 변화에 따른 자화에 의하여 임계자계까지 완전 반자성을 보이다가 임계자계 이상에서는 급격히 정상 금속으로 변하는 초전도체를 제1종 초전도체라 하고, 그림 9-6(b)

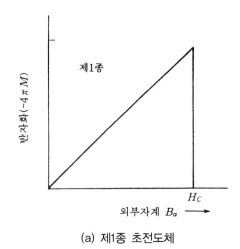

(a) 제1종 초전도체

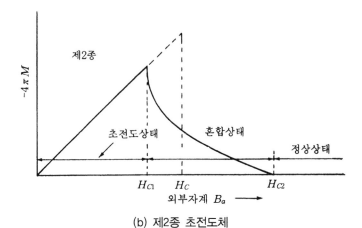

(b) 제2종 초전도체

그림 9-6 제1종 및 제2종 초전도체의 자화곡선

에서 실선으로 나타낸 것처럼 하부임계자계 H_{c1}까지는 안전 반자성 $H_{c1} < H_c < H_{c2}$ 범위에서는 외부자계의 침투가 일어나는 혼합상태를 이루다가 상부임계자계 H_{c2}를 초과하면 물질 내로 완전히 자속이 침투하여 상전도 상태로 상전이를 하는 초전도체를 제2종 초전도체라 한다.

제2종 초전도체인 경우 H_{c2}가 수십 테슬러(Tesla)에 이르기 때문에 실제 응용에 많이 쓰인다. 예를 들면 초전도 자석, 초전도 송전, 고주파용 재료 등에 폭넓게 사용될 수 있다.

초전도체는 저항이 0이라고 해서 전류를 무한정 많이 흘릴 수 있는 것은 아니다. 자계 중에 제2종 초전도체가 있을 때 이에 전류가 흐르면 초전도 환류 전류에 둘러쌓여 있는 자속과 전류 간에 로렌츠(Lorentz) 힘이 작용자계와 전류에 직교하는 방향으로 자속을 움직이게 한다. 그러나 재료 중의 불순물 또는 격자결함(lattice defect)에 의한 핀 저지력에 의해서 움직이지 못하게 된다.

그러나 전류가 증가해서 임계전류밀도 J_c에 도달하면 핀 저지력에 로렌츠력이 이겨 자속이 움직이게 되어 초전도 상태가 깨진다. 이와 같이 초전도체의 임계치에는 임계온도, 임계자계 이외에 저항 0으로서 흐를 수 있는 임계의 전류밀도 J_c가 존재한다. 임계온도 T_c, 상부 임계자계 H_{c2} 및 J_c의 3개의 임계치는 상호관련을 가지고 있으며, 이들 중 하나라도 그 임계치를 벗어나면 상전도가 되어 버린다. T_c, H_{c2}, J_c의 3차원

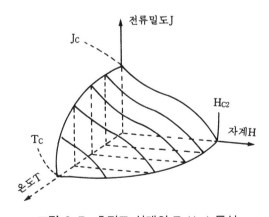

그림 9-7 초전도 상태의 T–H–J 특성

공간으로 초전도체의 전이 영역을 표시하면 그림 9-7과 같이 된다. 실용적으로는 이들 임계치가 전부 높은 것이 바람직하다. Tc가 높을수록 냉각이 용이하게 될 수 있으므로 사용온도에 대한 이익이 크게 얻어진다. Hc₂가 높으면 그만큼 높은 자계를 발생시킬 가능성이 생긴다. 또 Jc가 큰 것도 고자계 발생에 필요함과 동시에 마그네트(magnet)를 소형화 시킬 수 있다. 또한 Tc, Hc₂, Jc의 균형도 필요하다. 다시 말하면 2개의 임계치가 커도 하나의 임계치가 작으면 문제가 된다.

9-3 초전도 이론

9-3-1 론돈(London) 이론

벌크(bulk) 초전도체의 완전 반자성을 설명하기 위해 1935년에 론돈형제(F. & H. London)는 물리적 고찰로부터 론돈 방정식이라 불리워지는 현상이론 방정식을 제안했다. 그들은 초전도체 속의 전자를 운동할 때 충돌에 의한 에너지 손실을 생기게 하는 상전자와 무충돌로 운동하는 초전자로 분류하고 전자가 만드는 상전류는 옴의 법칙에 따르고, 후자가 만드는 초전류는 다음의 식을 충족시킨다고 생각했다.

$$\frac{dJ}{dt} = \left(\frac{n_s e^2}{m}\right) E \tag{9-5}$$

$$\nabla \times J = -\left(\frac{n_s e^2}{m}\right) B \tag{9-6}$$

여기서 J는 초전류 밀도, n_s는 초전자 밀도, E, B는 전계와 자속밀도이다.

위의 두 개의 식을 론돈 방정식(London equation)이라 한다. 식 (9-5)는 초전도의 저항이 없는 성질을 나타내고 전류가 변화하지 않으면 금속 내에 전계가 일어나지 않으며, 식 (9-6)은 반자성임을 나타내고 있다. 다음 식 (9-6)과 맥스웰(Maxwell)의 방정식으로부터

$$\nabla^2 B = \frac{B}{\lambda_L^2} \tag{9-7}$$

이 유도된다. 여기서 $\lambda_L - \sqrt{m/\mu_0 n_s e^2}$ 는 론돈의 자기침입깊이라 불리우며 딘체의 초전도체에서 수십[nm] 정도의 값을 갖는다.

한편, 위의 식 (9-7)을 만족하는 B는 1차원으로 다음 식의 형태로 쓸 수 있다.

$$B(\chi) = B(0)e^{\frac{-\chi}{\lambda_L}} \tag{9-8}$$

즉, 평면으로부터 λ_L의 거리까지는 외부자계가 침입하나 그보다 내부에서는 자계가 0으로 간주되는 것으로 되어 벌크 시료의 완전 반자성이 유도된다. 그리고 론돈 방정식은 초전도체의 표면에서 자속밀도가 매우 급격하게 지수함수적으로 감쇠하는 것을 나타내고 있다.

그림 9-8은 표층 전류밀도와 자계의 침입상태를 나타낸 것이다.

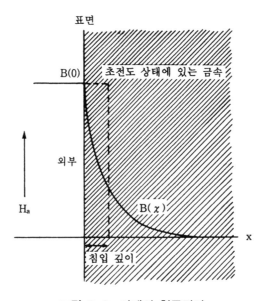

그림 9-8 자계의 침투깊이

식 (9-7)로부터 자계가 초전도체 표면으로부터 λ_L 정도밖에 침입할 수 없고, 내부에서는 B = 0가 되는 것, 즉 마이스너 효과(Meissner effect)가 성립하는 것을 나타낼 수 있다. 그러므로 초전도체를 자계 내에 투입하면 표층 전류가 내부 자계를 완전 상쇄하도록 흐른다. 따라서 외부자계는 대단히 강화되고 완전 반자성체의 경우와 같게 된다. 이와 같이 초전도체의 반자성이 표층 전류에 의한 것이라고 설명한 사람이 론돈(London)으로서 이것을 론돈 이론이라고 부른다.

9-3-2 BCS 이론

초전도체의 이론은 온네스 교수가 초전도 현상을 발견한 지 46년이 지난 1957년에 바딘(Bardeen), 쿠퍼(Cooper) 및 슈리퍼(Schrieffer)에 의해 이루어졌는데, 이 이론은 발명자 세 사람 이름의 머리글자를 따서 BCS 이론이라고 불리운다. 이 BCS 이론이 출현한 이후 초전도의 현상이 기본적으로 해명되었으며 그 이해가 폭넓게 진행되어 현재에는 극저온 하에서의 일반적인 현상으로 여겨지기에 이르렀다.

BCS 이론의 가장 핵심적인 개념은 1956년 쿠퍼(Cooper)가 제안한 쿠퍼전자쌍이다. 만약 두 전자 사이에 약한 인력이 작용하면, 이 인력이 아무리 약하더라도 정상상태의 바닥상태의 파동함수가 불안정하여져서 두 개의 전자가 하나의 쌍을 이루는 새로운 속박상태로 전환한다는 것이 쿠퍼에 의하여 밝혀졌다. 당시 일리노이 대학의 대학원생이었던 쿠퍼는 금속 중의 전자의 상호작용을 연구하던 중 같은 전하를 가진 전자 간에 반발력이 작용하는 것이 아니라 상호 간에 인력이 작용함을 발견했다. 이 문제를 검토한 결과, 초전도 상태에서는 두 전자가 인력에 의해서 쌍이 된다는 이론을 정립하게 되었고 이 전자의 쌍을 쿠퍼쌍(Cooper pair)이라고 부르게 되었다.

즉, 초전도체 중에서는 그림 9-9와 같이 진동하고 있는 격자(lattice) 사이를 한 전자가 지나갈 때 격자를 구성하고 있는 원자는 양전하를 갖고 있기 때문에 음전하를 가지고 있는 전자가 지나가면 그 쪽으로 인력을 받지만 전자가 중량이 가벼우므로 순간적으로 지나가 버리고 격자는 무서워서 천천히 움직이므로 결과적으로 양의 전하밀도가 높게 된다.

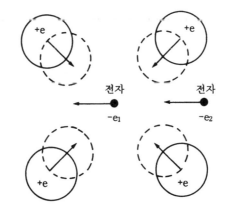

그림 9-9 금속의 격자와 전자와의 상호작용

　그때 다른 전자가 지나가면 이를 잡아당기기 때문에 제1의 전자가 제2의 전자를 끌어당기어 두 개의 전자가 일체가 되어 금속 중을 이동한다. 그래서 제1의 전자가 잃은 에너지를 제2의 전자가 되돌려 받아 전자쌍 자체로서는 에너지 감소없이 금속 중을 이동하게 되어 전기저항이 0이 된다. 온도가 임계온도 T_C 이상이 되면 이 쿠퍼쌍이 열에너지 때문에 깨져 상도체가 되어 저항이 발생하게 된다. 쿠퍼쌍의 이동은 파동성을 갖고 있기 때문에 터널 효과에 의해 초전도체 간에 끼어놓은 절연막을 통과할 수 있다.

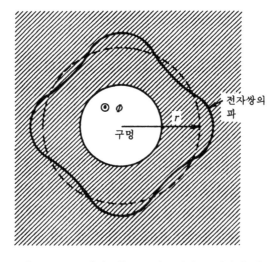

그림 9-10 구멍이 있는 초전도체와 쿠퍼쌍의 파동

그림 9-10은 구멍이 있는 초전도체와 전자쌍의 파동을 나타낸 것이다.

따라서 BCS 이론을 간단히 말하면 전자와 양자 사이에서 주고받는 포논(Phonon)을 전자끼리 주고받으면 인력이 생긴다는 것이다. BCS 이론에 의한 초전도 현상의 필요 조건은 전자쌍(Cooper pair)을 이루어야 하며, 전자쌍 형성에 필요한 인력의 원인으로서 전자와 격자의 상호 작용이 존재해야 한다는 것이다. 이 BCS 이론은 합금초전도체, 화합물초전도체의 발전에도 크게 기여하여 제2종 초전도체가 탄생하게 되어 드디어 제1차 초전도체 이용의 문을 열게 한 것이다.

9-4 초전도 재료

초전도 응용기술은 현재 실용화되고 있거나 개발 중인 것 등 폭넓은 산업 분야에서 그 개발과 응용이 크게 기대되고 있다. 초전도 응용기술에 사용되는 초전도 재료는 초전도선이다. 물론 초전도선의 재료는 초전도 물질이다.

1911년 카멜린 온네스가 수은의 초전도 현상을 발견한 이래 많은 과학자들에 의해서 초전도 물질은 계속 발견되고 또 물리적 성질에도 많은 성과를 이룩하였으나, 공학적 응용 가능성을 지닌 물질이 발견되지 않아 그의 실용화는 쉽게 이루어지지 않았다. 그 후 1950년대에 쿤즐러(J.E. Kunzler)에 의해 순수금속이 아닌 합금체에 의한 고임계자계 및 고임계온도 재료가 발견됨으로써 실용성 있는 초전도 전선이 탄생되었고, 이를 이용해 대형 초전도 자석 기술이 발달하기 시작해 1965년에는 스태키(J. Steckey) 등이 처음으로 MHD 발전에 사용할 수 있는 전자석을 제작, 인류에 공헌할 수 있는 기술로 이용하기 시작한 것이다.

1950년 이후 초전도체는 단체 원소 28종, 합금과 금속간 화합물을 포함하면 약 100여종 이상의 존재가 확인되고 있다. 그러나 실용적으로 사용되는 초전도 재료의 수는 상당히 적다. 1950년 이후 현재까지 Nb-Ti, Nb_3Sn, Nb_3Ge, V_3Ga 등 여러 초전도 물질이 발견되어 초전도 마그넷으로서 실용되고 있다. 이런 가운데에서 1986년 말부터 1987년에 걸쳐 세계적으로 새로운 초전도 물질이 발견되었는데, 그 재료는 란탄계

(La-Ba-Cu-O)나 이트름게(Y-Ba-Cu-O), 비스무트게(Bi-Sr-Ca-Cu-O) 등 세라미게 로 더구나 그 임계온도가 100[K] 정도인 것도 있고, 이러한 임계온도의 고온측에의 이 행은 액체질소 온도 77[K]에서 사용할 수 있다는 가능성을 나타내 주목되고 있다. 따라서 산화물계 초전도 재료가 실용화 되면 초전도의 이용범위가 크게 넓어질 것이다.

9-4-1 원소 초전도 재료

주기율표에 있는 100여종의 원소들은 각기 물리, 화학적 성질을 달리하며 존재하고 있다. 이 단체 원소들 중 초전도를 나타내는 것은 28종이다. 초전도 재료가 실용화가 되기 위해서는 먼저 초전도 전이온도가 높아야 한다. 현재 냉각제로서는 끓는점이 4.2 [K]인 액체 헬륨, 20[K]인 액체 수소, 27[K]인 액체 네온, 77[K]인 액체 질소 등이 사용 가능하다.

따라서 적어도 4.2[K] 이상에서 초전도 상태를 유지하지 못하면 실용적이라고 할 수 없다. 표 9-2는 초전도성을 갖는 원소의 전이온도를 나타낸 것이다. 이들 초전도성 을 나타내는 원소들 중 초전도 전이온도가 4.2[K] 이상으로 실용조건을 갖추고 있는 것은 Nb(9.3[K]), Pb(7.19[K]), La(6.0[K]), V(5.38[K]), Ta(4.48[K]) 등 겨우 다섯 원

표 9-2 초전도성을 갖는 원소의 전이온도

종별	원소 또는 물질	임계온도 [K]	종별	원소 또는 물질	임계온도 [K]
IIIa 족	Al	1.18	VIIa 족	Tc	11.2
	La	6		Re	1.7
IVa 족	Ti	0.39	VIIIa 족	Ru	0.49
	Zr	0.55		Os	0.66
	Hf	0.16		Ir	0.14
	Th	1.37	IIb 족	Zn	0.85
Va 족	V	5.38		Cd	0.52
	Nb	9.3		Hg	4.15
	Ta	4.48	IIIb 족	Ga	1.09
	Pa	1.4		In	3.41
VIa 족	Mo	0.92		Ti	2.37
	W	0.01	IVb 족	Sn	3.72
				Pb	7.19

소이다.

V, Nb 및 Ta는 같은 결정구조를 갖고 있으며, 원소의 주기율표에서도 같은 족에 속해 있으므로 화학적 성질이나 기계적 성질도 매우 비슷하다. 따라서 초전도 전이온도 Tc가 가장 높은 Nb가 이들을 대표한다고 생각할 수 있다.

원소들 중 실용 재료인 Nb는 짙은 백색을 띤 단단한 금속이다. 유연성과 단단함은 철과 비슷하나 철보다는 약간 무겁다. 융점은 비교적 높아 내열성 합금원소로 사용되고 있다.

9-4-2 합금계 초전도 재료

단체 금속원소 중 실용 초전도 재료인 니오브, 납, 바나듐 등에 다른 원소를 첨가한 것이 특성이 좋은 초전도 합금이 된다.

합금계 초전도체로서는 Nb-Ti계 합금이 독점적 위치를 차지하고 있다.

그 이유는 Nb-Ti 합금의 가공성이 양호하므로 Cu와의 복합선 가공이 용이하기 때문이다. 처음에는 Nb-Zr 합금이 발견되었다. 이 합금은 니오브에 지르코늄을 첨가한 것으로, 상부 임계자계 Hc_2의 상승을 가져왔다. 이 합금은 전·연성이 나쁘고 높은 자계에서 임계전류밀도가 낮기 때문에 그렇게 실용성이 높다고는 할 수 없다. 그러나 가공성은 Nb-Ti계에 뒤떨어지나 선재로 사용이 가능하다. 그 후 가공성이 좋은 Nb-Ti 합금이 등장하면서 Nb-Zr 합금을 대신하여 실용 재료로 각광받게 되었다. 이 합금은 임계자계가 높고(12[T]) 전·연성이 좋으며, 특히 연신율이 높아서 전선으로서의 활용 가능성이 높을 뿐만 아니라, 적당한 열처리와 가공처리를 하면 임계전류밀도가 두세 자릿수나 증대하는 특성을 갖는다. 현재 가장 실용화되고 있는 합금계 초전도 재료는 Nb-Ti이다. 그 중에서도 가장 많이 이용되는 조성은 원자수로 Nb가 50~70%, 그 나머지를 Ti로 하는 비율이다. 이 금속을 극세다심으로 하여 Cu 매트릭스 중에 매입한 것이 Nb-Ti 초전도선이다.

실용 Nb-Ti 극세다심선의 기본적인 제조법은 전자빔 용해(electron beam melting)로서 정제한 고순도 니오븀과 티탄을 배합한 후 소모 전극식의 아크 용해에 의해 반복히어 용해를 행히어 조성 및 조직의 균일성이 뛰어난 Nb-Ti 합금 잉곳(ingot)을 용제한다. 이 잉곳을 열간 단조한 후 상온에서 봉상으로 가공한다. 그 다음에 Nb-Ti 합금봉을 고도전율의 무산소 동파이프에 삽입한 복합봉을 수백본, 동관에 집어 넣어 Nb-Ti/Cu 복합체를 제작한다. 이 복합체를 압출 및 인장 가공에 의해 극세다심선으로 가공하고 가공의 최종단계에서 선재에 트위스트 가공을 행하여 완성된다. 또 임계전류를 증가시키기 위한 열처리가 최종적으로 행해진다.

이상과 같이 Nb-Ti선은 선재를 만드는 공정이 간단하고, 그다지 기술적 검토사항이 없으므로 제조측으로서는 대량생산, 저렴한 가격이 되도록 할 수 있다.

그림 9-11은 Nb-Ti 초전도 선재의 제조공정을 나타낸 것이다.

9-4-3 화합물계 초전도 재료

금속원소 간의 화합물은 금속간 화합물이라고 불리운다. 금속간 산화물은 두 종류 이상의 금속이 간단한 정수비로 결합한 화합물로, 단일 원소 합금에 비해 초전도 재료로서는 우수한 특성을 가지고 있다. 금속간 화합물이 되면 보통 전기전도도가 저하되어 반도체에 가까워진다. 그 이유는 원자 간 결합이 자유전자에 의한 것에서 전자를 공유하는 결합으로 변해서 전자가 자유롭게 움직이지 못하게 되기 때문이다. 화합물계 초전도 재료는 금속간 화합물을 확산 등에 의해 생성된 것이다. 합금계와는 달리 여러 결정구조를 취하지만, 대표적인 것은 다음과 같은 4가지 형으로 나뉜다. 즉, ① A15(β-ω)형, ② B1(NaCl)형, ③ C15(Laves)형, ④ 셰브렐(Chevrel)형이다. 표 9-3에

표 9-3 화합물의 초전도 특성

재료	결정형	Tc (K)	Hc₂(4.2K) (T)
Nb_3Sn	A15형 화합물	18.0	21.5
Nb_3Ga	A15형 화합물	20.3	33
Nb_3(Al, Ge)	A15형 화합물	20.7	41
Nb_3Ge	A15형 화합물	23.0	37
V_3Ga	A15형 화합물	15.2	22
NbN	B1형 화합물	15.7	13
$PbMo_6S_8$	셰브렐 화합물	14.3	50

이들 화합물 초전도체의 초전도 특성을 나타내었다.

이 중에서 가장 실용에 가까운 것은 니오브3주석(Nb_3Sn)이 있고, 이미 선재나 코일로서 실용화되어 있다. $Tc = 18.0[K]$, $Hc_2 = 21.5[T]$로서 Nb-Ti 합금에 비하여 상당히 높다. 화합물 재료의 공통적인 결점은 기계적 특성이 세라믹처럼 단단하고 부스러지기 쉬우며, 가공이 어렵고, 또 가공비가 비싸다.

Nb_3Sn 극세다심선의 제작법은 우선 Cu-Sn 합금 매트릭스 중에 다수의 니오브봉을 삽입한 복합체를 압출과 인장 가공에 의해 선상으로 가공한다. 그 후, 700[℃] 정도의 온도에서 열처리하게 되면 가늘게 가공된 Nb심과 주위의 Cu-Sn 합금 중의 Sn이 확산반응하여 Nb_3Sn 화합물의 가는 심이 생성된다. 이 제법은 복합 가공법이라고 불리

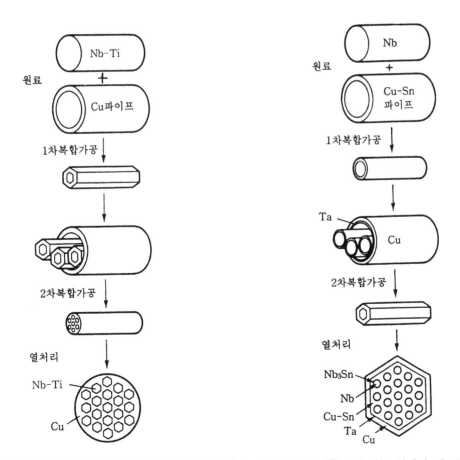

그림 9-11 Nb-Ti 초전도 선재의 제조공정 **그림 9-12** Nb_3Sn 화합물 초전도 선재의 제조공정

워진다. 한편 바나듐3갈륨(V₃Ga) 선재는 그림 9-13에 나타낸 것처럼 Nb₃Sn 선재보다 뛰어난 고자계 특성을 나타낸다. V₃Ga 극세다심선은 Cu-Ga 합금 매트릭스와 V심과의 복합체를 복합 가공한 후 열처리하는 방법으로 제작된다.

그림 9-12는 Nb_3Sn 화합물 초전도 선재의 제조공정을 나타낸 것이다. 또한 복합가공법으로 Cu-Sn 합금 속에 0.4~0.5%의 Ti를 첨가시켜서 상부 임계자계 H_{c2}와 고자계에서의 임계전류 Jc를 대폭으로 개선시켰다. 이와 같은 방법으로 제작된 (Nb, Ti)₃Sn 극세다심선으로 15[T] 정도의 초전도 전자석의 제작이 가능하게 되었다. 한편 니오브3게르마늄(Nb₃Ge) 화합물의 선재화에는 증착속도가 큰 화학증착법(CVD법)이 사용되고 있다. 이 방법은 적당한 비율로 혼합된 $NbCl_5$와 $GeCl_4$ 가스가 H_2 가스에 의해 환원되어 가열된 기판 테이프 위에 Nb₃Ge 화합물을 연속적으로 증착시키는 것이다.

셰브렐형인 $PbMo_6S_8$ 화합물은 Pb를 피복한 Mo과 S 증기를 반응시켜 합성한다. 이렇게 하여 제작한 재료는 임계전류 Jc가 작은 것이 결점이었으나, 최근 20[T]에서 $2 \times 10^4[A/cm^2]$ 정도의 Jc를 갖는 선재가 만들어져 앞으로 그 실용적 개발이 크게 기대되고 있다.

그림 9-13은 현재 실용되고 있는 초전도선 재료의 자계와 임계전류밀도의 관계를

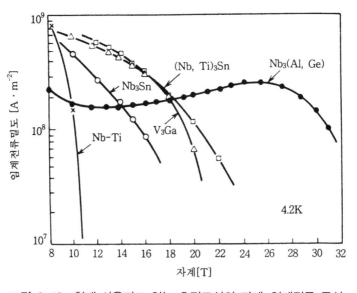

그림 9-13 현재 사용되고 있는 초전도선의 자계-임계전류 특성

나타낸 것이다.

9-5 산화물 고온 초전도체

9-5-1 고온 초전도 재료

산화물은 일반적으로 세라믹(ceramics)이라고 불리는 유기화합물과 마찬가지로 밥 공기나 벽돌같은 전기를 통하지 않는 절연체가 대부분이다. 이 세라믹이 초전도를 나타내고 더욱이 그 임계온도가 120[K] 정도까지 높아진 것은 정말 놀랄만한 일이다. 새로운 고온 초전도체는 임계온도가 비교적 높은 온도에서 형성되는 값이 싼 액체 질소 온도(77[K])에서 특성을 갖는 세라믹이다. 고온 초전도체의 제1 특징은 역시 임계온도가 높다는 것이다. 다만, 초전도체를 응용할 경우에는 임계온도 뿐만 아니라 임계자계, 임계전류밀도 등의 조건도 중요하다. 또한 재료의 선재화나 박막화도 중요한 문제점이 된다.

고온 초전도 재료의 개발경쟁에 불을 붙이는 역할을 하게 된 것은 1986년 4월 스위스 IBM사 취리히(Zürich) 연구소의 뮐러(K.A. Müller)와 베드노르츠(J.G. Bednortz)가 Zeitschrift für Physik지에 La-Ba-Cu-O계의 세라믹계로 임계온도가 30[K]이라고 발표되고부터이다.

11월에는 일본 동경대학의 다나카(T. Tanaka) 교수가 독자적으로 고온 초전도 재료를 만들고, 완전 도전성과 마이스너 효과를 측정하여 초전도를 확인하고 결정구조가 페로브스카이트(Perovskite) 구조임을 확인하였다. 그림 9-14에 페로브스카이트 구조의 단위격자를 나타내었다. 이 확인 과정을 거치면서 임계온도가 37[K]를 기록했다. 그 후 미국 전화 전신회사의 Bell 연구소와 휴스턴 대학에서 Ba 대신 Sr을 치환하여 La-Sr-Cu-O에서 임계온도 40[K]에서 페로브스카이트 구조의 고온 초전도체를 제작하는데 성공하였고, 곧이어 1987년 2월에는 휴스턴 대학의 C.W. 추 교수는 La 대신에 Y를 치환하여 임계온도 93[K]인 고온 초전도체 Y-Ba-Cu-O를 발견했고, 1년 뒤에는 일본의 마에다가 Ca를 첨가하여 임계온도 100[K]를 넘는 Bi-Sr-Ca-O계 고온 초전도체를 발견했다. 이와 거의 같은 시기에 체르만 등이 125[K]인 고온 초전도체를 발견했다.

현재도 고온 초전도체의 높은 응용 가능성 때문에 세계 각국의 연구자들은 보다 높은 임계온도를 갖는 새로운 초전도 물질의 개발에 노력을 경주하고 있다.

9-5-2 산화물 고온 초전도체의 구조

(1) 페로브스카이트의 결정구조

광석인 티탄산칼슘($CaTiO_3$)과 동일한 결정구조를 갖는 것은 모두 페로브스키이트(Perovskite)형 산화물이라고 부른다. 페로브스카이트 구조는 우선 입방체가 연결되어 있다고 생각해도 좋은 입방정이라는 결정의 일종으로, 이 결정은 금속이온 A, B와 산소이온으로 구성된 ABO_3 조성을 갖는다.

페로브스카이트 결정구조는 그림 9-15에 나타낸 것과 같이 입방체의 8개의 모서리에 B 이온이 들어간다. A 이온은 입방체의 중심에 들어가며, 산소는 입방체의 각 면의 중앙에 들어간다. A 자리에는 +2가 또는 +3가의 금속이온이 들어오며, B 자리에는 +3가부터 +5가의 금속이온이 들어온다. 페로브스카이트 구조의 산화물들의 결정은 여러 형태로 변형이 가능하기 때문에 자성체, 절연체, 초전도체 등 다양한 물성을 갖는 결정으로 만들 수 있다.

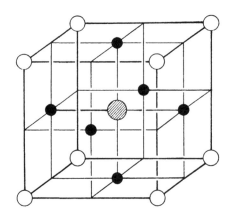

그림 9-14 페로브스카이트 구조의 단위격자

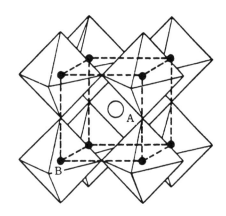

그림 9-15 페로브스카이트의 결정구조

(2) La–Ba–Cu–O계 산화물 초전도체

그림 9-16은 40[K]의 K_2NiF_4 구조인데 페로브스카이트 구조에서 약간 변형되어 있는 구조이다. La-Ba-Cu-O계 산화물 초전도체는 La_2CuO_4라는 K_2NiO_4형 결정에 La의 일부를 Ba로 치환한 초전도체이다. 이 초전도체의 구조의 특징은 페로브스카이트 구조의 특유한 8면체의 사이에 그 8면체의 정점에 있는 산소와 La가 NaCl 격자모양으로 삽입되어 있는 것이다.

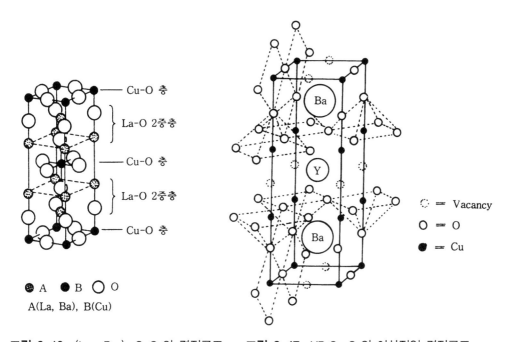

그림 9-16 $(La_{1-x}Ba_x)_2 CuO_4$의 결정구조   **그림 9-17** $YB_2Cu_3O_7$의 이상적인 결정구조

$(La_{1-x}Ba_x)_2 CuO_4$의 결정구조에서 x=0인 경우는 반도체가 되지만 La를 +2가인 Ba로 치환하면 그 치환량에 대응하여 Cu 이온은 +3가로 되어 초전도를 나타내게 된다. 또한 Ba 대신 Sr을 사용하면 결정압축에 의해 Tc가 상승하게 된다.

(3) Y–Ba–Cu–O계 초전도체

1987년 2월 휴스턴 대학의 추 교수가 La계의 La를 Y로 치환함에 따라 임계온도 92[K]의 Ya-Ba-Cu-O계의 초전도체를 발견했다. 이 물질의 조성은 $YBa_2Cu_3O_{9-x}$이며, 결정구조는 그림 9 17과 같다.

이 물질의 전체적인 모양은 페로브스카이트 단위격자(ABO_3)가 세 개 포개어져 있는 꼴이며, A 자리의 양이온 Y, Ba가 Ba-Y-Ba 순으로 규칙적인 배열을 하고 있다.

즉, $BaCuO_3$-$YCuO_3$-$BaCuO_3$ 단위가 반복되는 구조이다. 그래서 처음에는 이 단위격자에 해당하는 격자분자식을 이상적인 페로브스카이트 구조라면 산소이온의 자리가 도합 9개가 있으므로 $YBa_2Cu_3O_{9-x}$로 쓰기도 하였다. 그러나 여기에서 특이한 점은 $YCuO_3$에 해당하는 뭉치의 Y면에는 산소이온이 하나도 없고, 바탕면(ab면)의 (1/2, 0, 0)에 해당하는 위치에도 산소가 있지 않다는 것이다. 따라서 격자 전체의 모양은 산소결함이 있는 페로브스카이트 뭉치 세 개가 차례로 포개어져 있는 것과 같다. 즉 $BaCuO_{2.5}$/$YCuO_2$/$BaCuO_{2.5}$ 이러한 연유로 이 구조를 층상 산소결함 페로브스카이트 구조라고도 부르며, 이 구조에 해당하는 이상적인 격자분자를 $YBa_2Cu_3O_7$로 쓴다.

이런 결정구조를 갖는 초전도체는 Tc가 자기능률에 거의 영향을 받지 않는다. 통상의 초전도체는 쿠퍼쌍이 자기능률과 상호작용하여 초전도의 Tc가 현저하게 감소되지만, 이 Y계에서는 이런 현상이 전혀 나타나지 않는다.

9-6 초전도의 응용

1911년 네덜란드의 카멜린-온네스 교수가 수은의 초전도 현상을 발견한 이래 많은 초전도체가 발견되고 또 그 물리적 특성이 발명되었으나, 공학적 응용 가능성을 지닌 것이 발견되지 못해 초전도의 실용화는 좀처럼 이루어지지 않았다. 그러나 1986년부터는 세라믹계의 임계온도 Tc가 높은 고온 초전도 재료가 잇달아 발견되어 초전도의 응용이 액체 헬륨으로부터 값이 싸고 사용이 편리한 액체 질소(77[K])의 시대로 이동하려는 시기가 되어 산업화의 응용 및 실용화의 가능성이 한층 더 높아질 것으로 생각된다. 초전도체의 응용분야를 표 9-4에 나타냈다.

표 9-4 초전도의 공학적 응용

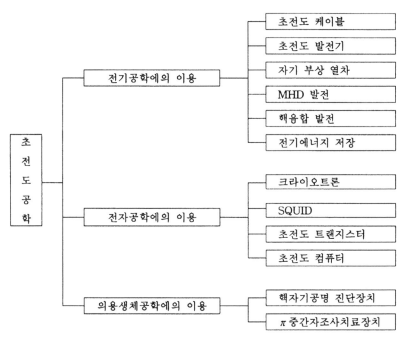

9-6-1 초전도 케이블

매년 증대되는 전력수요로 인하여 대용량 전력 수송방식이 요구되는네 현재 초전도 기술발달로 초전도 송전방식이 제안되고 있다. 이 송전방식에 사용되는 초전도 케이블은 절연온도에서 저항이 0으로 된다는 초전도 현상을 이용해서 무손실 대용량 송전을 하는 케이블이다. 그림 9-18은 초전도 케이블의 구조 예를 나타낸 것이다.

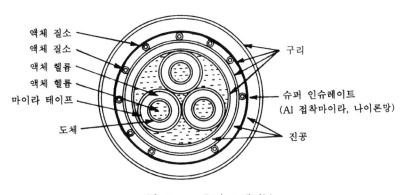

그림 9-18 초전도 케이블

종래에는 초전도체로 니오붐을 사용한 송전 케이블이 많았으나, 교류손이 저은 니 오븀3주석이나 니오븀3게르마늄 등이 임계온도가 높은 점에 비추어 볼 때 이들이 유력한 케이블 재료가 될 것이나, 최근 고온 초전도체의 발견으로 안정성, 저손실 선재화가 성공하여 초전도 송전이 실현된다면 단열구조의 간단화와 냉각 시스템의 고효율화·간략화 등으로 초전도 케이블의 적정 경제 규모의 대폭적인 인하가 예상되어 초전도 케이블의 실용화가 가능할 것이다.

9-6-2 자기부상열차

자기부상열차는 그림 9-19와 같이 선로에 설치한 단락된 코일과 열차에 실은 초전도 자석과의 반발력으로 열차를 부상시켜 비행기와 같이 마찰없이 추진시키는 것이다. 초전도 자기부상열차에서는 열차 내에 영구전류를 흘려 보낸 여러 개의 초전도 자석을 장치한다. 또한 한 번 흘려 보낸 전류는 영구전류이므로 전력이 소비되지 않는다.

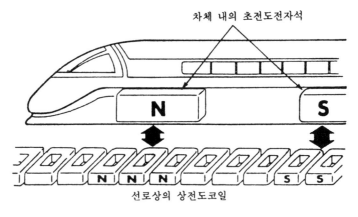

그림 9-19 자기부상열차의 부상원리

이 자기부상열차의 추진 및 부상 자석으로 쓰이고 있는 초전도 자석(super-conductive magnet)은 초전도체로 코일을 만들고 대전류를 흘려서 전력 손실없이 강자계를 발생시키는 장치이다. 그림 9-20은 초전도 마그넷의 구조를 보여주고 있다.

초전도 자석은 열차의 부상과 함께 열차를 달리게 하는 역할도 담당하고 있다. 즉,

열차의 선로를 따라 이어진 양쪽 옆 벽면에 전자석을 설치하여 3상 교류를 흘리면, 열차의 초전도 자석이 가까워졌을 때에는 인력이, 통과하면 반발력이 동시에 작용하기 때문에 열차를 달리게 한다. 이의 연구는 일본에서 가장 활발하며 일본의 국철이 추진 중인 MAGLEV 개발 계획도 그 일종이라 볼 수 있다. 현재는 시속 400[km], 40인승 열차의 개발이 진행 중이고 이의 개발은 초고속, 저소음, 에너지절약의 초전도 자기부상열차에 대한 기대는 크다.

그림 9-20 초전도 마그넷

9-6-3 MHD 발전

MHD(magneto hydrodynamic) 발전의 원리는 자계 중에서 도체를 움직이면 기전력이 생긴다는 전자유도작용을 응용한 것이다. 그림 9-21과 같이 화학연료의 고온가스를 2,000[℃] 이상으로 하여 플라스마로 한 후 5에서 6 테슬러[T]인 고자계 중에 매초

1,000[m] 정도의 고속으로 통과시키면 이온화된 고온가스와 자계에 의한 패러데이의 법칙에 의해 자계와 직각방향에 기전력을 발생시키는 열에너지에서 직접 전기에너지로 변환시키는 발전이다.

MHD 발전의 특징은 연료의 다양화, 높은 열효율, 환경문제의 경감 등이 있지만, 강자계가 필요하며, 또한 2,000[℃] 이상의 고온가스를 이용하므로 고온 내열 재료가 문제점이다. 한편 기술적으로는 고속회전하는 계자권선에서 안정한 초전도 상태를 유지해야 하므로 안정성, 가공성, 기계강도 등이 문제로 남아 있다.

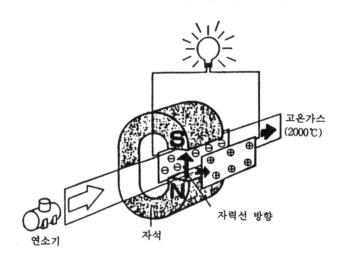

그림 9-21 MHD 발전의 원리

9-6-4 초전도 양자 간섭계

얇은 절연층을 사이에 두고 초전도 상태에 있는 금속체 사이에다 전압을 인가하면 절연층을 통하여 쿠퍼쌍에 의한 전류가 한쪽에서 다른 쪽으로 흐르며 그의 전압, 전류 특성은 에사키 다이오드와 유사한 부성저항을 나타낸다. 초전도체 사이에서 쿠퍼쌍의 터널 효과로 인하여 부성저항이 나타나게 된 소자를 터널트론(tunnel tron)이라고 하며, 특히 절연층을 20[Å] 이하로 하면 전압이 0이 되어도 상당한 전류가 흐르게 된다. 또 이 상태에 있는 소자에 직류 바이어스 전압을 가하면 전계에 비례하는 주파수의 교류전류가 발생한다. 이를 조셉슨 효과(Josephson effect)라 하고, 이 효과를 이용한 소자를 조셉슨 소자(Josephson device)라 한다. 그림 9-22에 초전도 접합을 나타내었다.

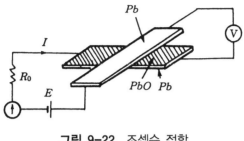

그림 9-22 조셉슨 접합

또한 조셉슨 소자는 터널 효과 외에 그림 9-23과 같이 자계에 의해서 놀라울 정도로 민감한 성질이 있음도 알게 되었다.

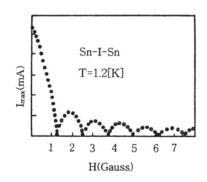

그림 9-23 조셉슨 소자의 자기특성

즉, 극히 미약한 자계도 검출할 수 있는 기능을 갖고 있음을 알 수 있다. 이것을 이용하면 사람의 인체에 해를 가하지 않고도 심장으로부터 나오는 미약한 자계를 검출할 수 있어서, 의료분야에서의 폭넓은 응용이 기대된다. 조셉슨 소자의 자계에 민감한 성질을 이용한 센서를 SQUID(superconducting quantum interference device)라 부르며, 고감도 자속계로서 이용된다.

SQUID 자속계에는 교류 SQUID와 직류 SQUID 2종류가 있는데, 교류 SQUID쪽이 먼저 실용화되었고 20[MHz]의 교류 SQUID 자속계가 시판되고 있다.

SQUID 자속계는 심자도, 근자도, 안구 및 뇌자도 등의 측정에도 사용된다. 심자도는 심장의 근육운동에 동반하는 미소한 자계의 변화를 측정하는 것이며, 심전도와 함께 심장 진단에 사용되고 있다. 또 뇌의 활동에 수반하는 자계도 관측된다. 따라서 지금 화제로 되어 있는 뇌사 판정의 유력한 수단이 되리라고 생각된다.

9-6-5 핵자기 공명 진단장치

최근 전기, 전자 공학을 중심으로 하여 발달된 의용생체공학은 앞으로도 많은 기술이 개발되어 근대 의료를 더욱 발전시켜 나갈 것으로 믿는다. 지금 난치병이라는 암, 심장 및 뇌 장해 등 거의가 조기 진단되고 그 치료기술도 크게 진전할 것이다.

진단장치는 기술진보가 대단히 빠른 분야로서 고도의 영상처리 기능을 갖고 있다. 종래는 컴퓨터를 도입하여 X-선 단층촬영장치, 초음파 단층촬영장치 등을 사용하며 정밀진단을 가능하게 하고 있다. 핵자기공명 진단장치(NMR-CT)도 이런 장치들과 함께 첨단의료장치 중의 하나이다. NMR-CT(nuclear magnet resonance-computerized tomograph) 또는 MRI(magnetic resonance imaging)는 자계 중에 들어 있는 사람에게 전자파를 보내 신체를 구성하는 물의 구성원소인 수소가 공명현상을 일으키는 것을 이용한 것이다.

인체는 약 75%가 물분자로 구성되어 있고 다른 단백질이나 지방을 포함하며, 많은 수소원자의 집합체이다. 이 점이 수소 핵자기공명을 인체에 적용할 수 있는 큰 이점이다. 그림 9-24는 초전도 NMR-CT의 진료장면을 보여주고 있다.

NMR-CT의 장점은 인체의 단층촬영에서 종래의 X선-CT나, 방출형-CT처럼 인체에 해로운 강한 방사선이나 γ선을 쏘일 필요가 없다. 또한 뇌를 비롯하여 인체의 어느 부위라도 진단이 가능하며, 몸을 움직이지 않아도 원하는 부분을 임의의 방향으로 찍을 수 있다. 한편 생체 조직의 외관뿐 아니라 조직의 내부와 병소의 시간적 변화나 생체기능까지도 조사할 수 있다. 초전도 NMR-CT용 초전도 마그넷에는 Nb-Ti 합금 초전도선이 사용된다.

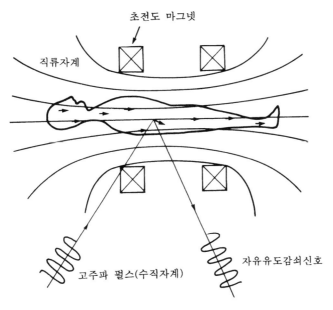

그림 9-24 초전도 NMR-CT의 진료장면

01. 초전도체의 3대 특성을 열거하고 설명하여라.

02. 마이스너 효과에 대하여 기술하여라.

03. 제1종 초전도체와 제2종 초전도체에 대해 비교 설명하여라.

04. BCS이론에 대하여 간단히 설명하여라.

05. 초전도자석용 선재로 사용되고 있는 Nb-Ti와 Nb_3Sn 선재를 비교 설명하여라.

06. 산화물 고온 초전도체인 La-Ba-Cu-O계 초전도체에 대하여 설명하여라.

07. 자기부상열차에 대해 간략히 기술하시오.

08. MRI진단장치에 대하여 설명하시오.

09. 보통상태인 상전도에서 초전도로 이행하는 온도가 Nb인 경우는 얼마인가?
　① 0.35[K]　　　② 4.15[K]　　　③ 7.19[K]　　　④ 9.3[K]

10. 조셉슨 소자의 자계에 민감한 성질을 이용한 것으로는?
　① MRI　　　② NMR-CT　　　③ SQUID　　　④ MHD

연 습
문 제
해 답

제1장

01. $E_k = \dfrac{1}{2} m_e v^2$

$= \left(\dfrac{m_w e^4}{8 \epsilon_0^2 h^2} \right) \times \dfrac{1}{n^2}$

$= \dfrac{13.6}{1^2} = 13.6 \, [eV]$

02. 본문 1-1-3 (2) 참조

03. 본문 1-1-4 (3) 참조

04. 본문 1-1-5 (3) 참조

05. 본문 1-1-6 (2) 참조

06. $\rho - \dfrac{E}{i} = \dfrac{E}{en\mu}$

$= \dfrac{1}{1.6 \times 10^{-19} \times 8.5 \times 10^{28} \times 5 \times 10^{-4}}$

$= 1.47 \times 10^{-7} \, [\Omega \cdot m]$

07. 본문 1-2-2 참조

08. 본문 1-3-2 참조

09. 본문 1-4-3 (1) 참조

10. 본문 1-6 참조

11. ④

12. ①

13. ②

14. ③

15. ④

16. ①

17. ②

제2장

01. 본문 2-1-1 (1) 참조

02. $\dfrac{K}{\sigma} = LT$ 에서

$K = \sigma LT = \dfrac{2.45 \times 10^{-8} \times 300}{1.7 \times 10^{-8}}$

$= 4.32 \times 10^2 \, [w/m \cdot K]$

03. 본문 2-2-1 참조

04. 본문 2-2-2 (1) 참조

05. 본문 2-2-2 (2) ④ 참조

06. 본문 2-2-3 (2) 참조

07. 본문 2-2-4 참조

08. 본문 2-5-1 (1) 참조

09. 본문 2-5-3 (2) ③ 참조

10. 본문 2-5-6 참조

11. ③

12. ①

13. ④

14. ②

15. ②

16. ④

17. ③

제3장

01. 본문 3-1 참조

02. 본문 3-2-1 (1) 참조

03. 본문 3-2-2 (1) 참조

04. 본문 3-2-3 (2) 참조

05. 본문 3-2-3 (3) 참조

06. 본문 3-2-4 (2) 참조

07. 본문 3-3-1 참조

08. 본문 3-3-4 참조

09. ④

10. ③

11. ②

12. ④

13. ②

제4장

01. 본문 4-1-2 (1) 참조

02. $D = \dfrac{\mu_n kt}{e}$

$$= \frac{0.37 \times 1.38 \times 10^{-23} \times 300}{1.6 \times 10^{-19}}$$

$$= 0.96 \times 10^{-2}\,[\mathrm{m}^2/\sec]$$

03. 본문 4-1-3 (1) 참조

04. 본문 4-1-3 (5) 참조

05. 본문 4-2-2 참조

06. 본문 4-3-1 참조

07. 본문 4-4-1 (2) ③ 참조

08. 본문 4-4-2 (3) 참조

09. 본문 4-4-5 (1) 참조

10. 본문 4-4-5 (2) 참조

11. ④

12. ①

13. ③

14. ④

15. ③

제5장

01. 본문 5-1-1 (2) 참조

02. 본문 5-1-1 (3) 참조

03. 본문 5-1-2 (2) 참조

04. 본문 5-4-2 (1) ⑤ 참조

05. 본문 5-4-2 (2) 참조

06. 본문 5-4-2 (2) ⑦ 참조

07. 본문 5-4-5 (1) 참조

08. 본문 5-4-5 (2) ⑥ 참조

09. 본문 5-4-6 (2) 참조

10. 본문 5-5 참조

11. 본문 5-6 참조

12. 본문 5-6-2 (5) 참조

13. 본문 5-7 참조

14. ④

15. ③

16. ③

17. ①

18. ②

19. ③

20. ①

제6장

01. 본문 6-1-1 (3) 참조

02. 본문 6-2-2 참조

03. 본문 6-2-3 참조

04. 본문 6-3 참조

05. 본문 6-3-1 (2) ② 참조

06. 본문 6-3-2 참조

07. 본문 6-3-2 (2) 참조

08. 본문 6-4-2 참조

09. 본문 6-5-2 참조

10. 본문 6-5-4 참조

11. ②

12. ③

13. ①

14. ④

15. ③

제7장

01. 본문 7-1 참조

02. 본문 7-2-3 참조

03. 본문 7-3-2 참소

04. 본문 7-4-1 참조

05. 본문 7-4-1 참조

06. 본문 7-4-2 (3) 참조

07. 본문 7-4-3 (1) 참조

08. 본문 7-4-4 참조

09. 본문 7-4-5 참조

10. 본문 7-4-6 참조

11. ②

12. ③

13. ①

14. ④

15. ②

제8장

01. 본문 8-2 참조

02. 본문 8-3-5 참조

03. 본문 8-4 참조

04. 본문 8-5 참조

05. 본문 8-6 참조

06. 본문 8-7 참조

07. 본문 8-8 참조

08. ②

09. ①

10. ③

11. ④

12. ②

13. ②

14. ①

15. ④

제9장

01. 본문 9-2 참조

02. 본문 9-2 참조

03. 본문 9-2 참조

04. 본문 9-3-2 참조

05. 본문 9-4-2 참조

06. 본문 9-5-2 (2) 참조

07. 본문 9-6-2 참조

08. 본문 9-6-5 참조

09. ④

10. ③

찾아보기

ㅊ

ㅋ

전기 · 전자 재료

2019년 1월 17일 제1판제1발행
2021년 2월 25일 제1판제2발행

저　자　진경시, 신재수
발행인　나영찬

발행처　**기전연구사** ————————

서울특별시 동대문구 천호대로 4길 16(신설동 104-29)
전 화 : 2235-0791/2238-7744/2234-9703
FAX : 2252-4559
등 록 : 1974. 5. 13. 제5-12호

정가 20,000원